高等职业教育"十三五"规划教材

建筑施工组织设计实训
（第3版）

主　编　郭阳明　杨德磊
副主编　王吉超　齐亚丽

北京理工大学出版社
BEIJING INSTITUTE OF TECHNOLOGY PRESS

内 容 提 要

本书按照高职高专院校人才培养目标以及专业教学改革的需要，依据建筑施工组织最新标准规范进行编写。全书共分为六个方面的实训，主要内容包括施工准备、流水施工与网络计划技术、施工方案、施工进度计划的编制、单位工程施工组织设计和建筑工程招投标等。通过实训，学生能熟练掌握建筑工程施工组织设计的编制方法和技巧。

本书可作为高职高专院校建筑工程技术等相关专业的教材，也可供工程项目施工现场相关技术和管理人员工作时参考使用。

版权专有　侵权必究

图书在版编目（CIP）数据

建筑施工组织设计实训/郭阳明，杨德磊主编.—3版.—北京：北京理工大学出版社，2019.8
ISBN 978-7-5682-6723-6

Ⅰ.①建… Ⅱ.①郭… ②杨… Ⅲ.①建筑工程—施工组织—设计—高等学校—教材 Ⅳ.①TU721

中国版本图书馆CIP数据核字（2019）第028513号

出版发行 / 北京理工大学出版社有限责任公司	
社　　址 / 北京市海淀区中关村南大街5号	
邮　　编 / 100081	
电　　话 / （010）68914775（总编室）	
（010）82562903（教材售后服务热线）	
（010）68948351（其他图书服务热线）	
网　　址 / http://www.bitpress.com.cn	
经　　销 / 全国各地新华书店	
印　　刷 / 北京紫瑞利印刷有限公司	
开　　本 / 787毫米×1092毫米　1/16	
印　　张 / 13.5	责任编辑 / 赵　岩
字　　数 / 317千字	文案编辑 / 赵　岩
版　　次 / 2019年8月第3版　2019年8月第1次印刷	责任校对 / 周瑞红
定　　价 / 36.00元	责任印制 / 边心超

图书出现印装质量问题，请拨打售后服务热线，本社负责调换

第3版前言

建筑产品的施工过程是一项复杂的组织活动和生产活动,如何依据建筑产品的生产特点和施工管理活动的特征,根据生产管理的普遍规律和施工生产的特殊规律,以具体的施工项目工程施工活动的现场作为管理对象,正确处理施工过程中的劳动力、劳动对象和劳动手段在空间布置和时间排列上的矛盾;如何针对性地进行行之有效的组织管理活动,保证和协调施工生产按计划、按步骤正常有序地进行;如何做到人尽其才、物尽其用,高速、优质、低成本、安全文明地完成施工合同承诺的各项目标,是施工组织设计与管理工作的关键。

建筑施工组织设计实训作为高职高专院校建筑工程技术等相关专业的一门重要的实训指导课程,是对施工组织和管理技术知识的综合应用,是以获得职业实践能力为出发点,目的在于有针对性、指导性地训练学生,使其在毕业后就能胜任建筑施工企业技术人员岗位的各项工作。由于建筑施工组织设计实训课程是一个重要的实践性教学环节,是施工组织管理技术应用训练的一个重要内容,故而本书编写时以培养"岗位职业能力型"人才为目标,以"必需、够用"为度,注重"讲清概念、强化应用"。通过本课程的学习,学生可对工程施工组织的基础知识及专业知识进行系统性、综合性、实际性的应用,可掌握对工程施工组织计划编制和运用的技能,可提高观察、分析解决问题的能力。

本书第1、2版自出版发行以来,经有关院校教学使用,反映较好,但随着各种新材料、新技术、新设备的不断涌现,标准规范的不断更新修订完善,书中的部分实训内容已经不能符合当前高等职业教育改革的形势,不能满足目前高职高专院校教学工作的需要,为此,我们组织了有关专家、学者,在进行深入了解、研究的基础上,对本书进行了修订。

本次修订以提高学生的职业实践能力和职业素质为宗旨,倡导先进性、注重可行性,注重淡化细节,强调对学生综合思维和能力的培养,编写时既考虑内容的相互关联和体系的完整性,又不拘泥于此。

本次修订后共分为六章,主要内容包括施工准备、流水施工与网络计划技术、施工方案、施工进度计划的编制、单位施工组织设计、建筑工程招投标等。本书由九江职业技术学院郭阳明、黄淮学院杨德磊担任主编,安阳工学院王吉超、吉林工程职业学院齐亚丽担任副主编;具体编写分工为:郭阳明编写第一章和第五章,杨德磊编写第四章和第六章,王吉超编写第三章,齐亚丽编写第二章。本次修订过程中,参阅了国内同行多部著作,部分高职高专院校老师也提出了很多宝贵意见供我们参考,在此表示衷心的感谢!

虽经推敲核证,但限于编者的专业水平和实践经验,书中仍难免有疏漏或不妥之处,恳请广大读者指正。

编　者

第 2 版前言

建筑施工组织设计是建筑施工的组织方案，是一项综合性很强的工作，是指导全面施工的技术经济文件，要求运用丰富的专业知识，合理选择建筑施工方法和途径，在空间和时间上对施工对象进行合理安排，从而达到优质、高效、低耗地完成建筑施工的目的。坚持施工程序，重视施工准备，编制合理的施工组织设计，按计划组织整个现场的施工活动，使建筑施工活动自始至终处于良好的管理和控制状态，对企业提高生产能力，加速工程进度，降低成本具有非常重要的意义。

为规范建筑施工组织设计的编制与管理，提高建筑工程施工管理水平，中华人民共和国住房和城乡建设部、国家质量监督检验检疫总局联合颁布了《建筑施工组织设计规范》（GB/T 50502—2009）。本教材的修订即以此规范为参考依据，并结合大量建筑施工组织设计典型范例进行，从而进一步强化了教材内容的规范性和实用性。本次修订主要做了以下工作：

（1）由于建筑施工组织设计实训强调理论联系实际，是一门综合性、实践性较强的课程，因而本次修订从实际应用出发，紧扣"实训"，选择了大量实训案例作为指导，以便于学生掌握实际编制施工组织设计的方法。

（2）对各章内容增加了实训背景、实训目的、实训能力标准要求、实训步骤、实训指导、实训注意事项、实训案例解析等指导性环节，以醒目、概括的方式给学生以指导，便于学生了解实训的实际意义和具体操作方法。

（3）根据最新标准规范，对流水施工与网络计划技术进行了重新编写；按照最新《标准施工招标资格预审文件》和《标准施工招标文件》，重新编写了建筑工程招投标的内容，并增加了建筑工程招标、资格预审、招标文件编制、投标文件编制、建筑工程施工合同签订的实训指导，保证了资料的准确性、先进性。

（4）增加了基础工程施工方案、主体工程施工方案、屋面与防水工程施工方案、装饰工程施工方案、施工方案的技术经济分析、工程施工定额应用、分部工程施工进度计划的编制等实训内容，充实了教材内容。

本版教材由杨德磊、侯春奇、梁利生担任主编；王吉超、田雷、姜波、陈晖担任副主编；郭阳明担任主审。

本教材在修订过程中参阅了国内同行多部著作，部分高职高专院校老师提出了很多宝贵意见，在此表示衷心的感谢！对于参与本教材第1版编写但未参与本次修订的老师、专家和学者，本版教材所有编写人员向你们表示敬意，感谢你们对高等职业教育教学改革所做出的不懈努力，希望你们对本教材保持持续关注并多提宝贵意见。

限于编者的学识及专业水平和实践经验，修订后的教材仍难免有疏漏或不妥之处，恳请广大读者指正。

编　者

第1版前言

建筑产品的施工过程是一项复杂的组织活动和生产活动,如何正确处理施工过程中的劳动力、劳动对象和劳动手段在空间布置和时间排列上的矛盾,如何进行行之有效的组织管理活动,保证和协调施工生产按计划、按步骤正常有序进行,如何做到人尽其才、物尽其用,优质高效、低成本、安全文明地完成施工合同承诺的各项目标,是施工组织设计与管理工作的关键。

"建筑施工组织设计实训"作为高职高专院校工程监理专业的实训指导课程,是对施工组织和管理技术知识的综合应用,旨在有针对性地训练学生,使其毕业后能胜任建筑施工企业技术岗位的各项工作。建筑施工组织设计实训课程是一个重要的实践性教学环节,是施工组织管理技术应用训练的一项重要内容。通过本课程的学习,学生可对工程施工组织的基础知识及专业知识进行系统性、综合性、实践性的应用,掌握工程施工组织计划编制和运用的技能,提高观察、分析和解决问题的能力。

本教材共分六章,第一章重点讲解了建筑工程招标的条件、范围、方式、程序,投标人资格预审与复审,招标投标文件的编制,以及建筑工程施工合同的作用、内容、谈判与签订等基础理论知识;第二章从施工调查、劳动组织准备、技术准备、物资准备、施工现场准备、施工准备工作计划等方面介绍了施工前应做好的各种准备工作;第三章介绍了施工程序、施工起点流向、流水段划分、施工顺序、施工方法、施工机械的确定方法,以及施工方案的技术经济比较方法;第四章讲述了施工进度图的形式及施工进度计划的编制方法;第五章介绍了单位工程施工平面图设计的原则、依据和步骤;第六章从实用角度出发,列举了单位工程施工组织设计的编制实例,以指导学生进行实践。

本教材的编写倡导先进性、注重可行性,注意淡化细节,强调对学生综合思维能力的培养,编写时既考虑内容的相互关联性和体系的完整性,又不拘泥于此,对部分在理论研究上有较大意义,但在实践中实施尚有困难的内容就没有进行深入的讨论。

本教材注重理论与实践的结合,注重对学生实用技能的培养,在基础理论的支持下,采用了大量翔实的资料以及从其他先进的建筑工程管理经验中采撷而来的"精髓",重点讲解招标投标文件、施工合同、施工组织设计的编制方法,达到"学有所用、学后能用"的目的,以使学生的知识、能力和素质满足施工现场相应的技术、管理及操作岗位的基本要求。

本教材由郭阳明、侯春奇主编,吴轩、田雷副主编,内容翔实、深入浅出,既可作为各高职高专院校土建工程管理类相关专业教材,也可作为建筑企业施工人员、技术人员、管理人员的参考用书。

本教材编写过程中参阅了国内同行多部著作,部分高职高专院校教师提出了很多宝贵意见,在此表示衷心的感谢!

本教材虽经推敲核证,但限于编者的专业水平和实践经验,仍难免有疏漏或不妥之处,恳请广大读者指正。

编 者

目录 Contents

第一章 施工准备 ……………………1

实训一 收集施工资料 ……………1
一、实训背景 ……………………1
二、实训目的 ……………………1
三、实训能力标准要求 …………1
四、实训指导 ……………………1
五、案例分析 ……………………5

实训二 现场准备 ……………………5
一、实训背景 ……………………5
二、实训目的 ……………………5
三、实训能力标准要求 …………5
四、实训指导 ……………………5
五、案例分析 ……………………7

实训三 图纸会审 ……………………7
一、实训背景 ……………………7
二、实训目的 ……………………7
三、实训能力标准要求 …………7
四、案例分析 ……………………7

实训四 资源准备 ……………………8
一、实训背景 ……………………8
二、实训目的 ……………………8
三、实训能力标准要求 …………8
四、实训指导 ……………………9
五、案例分析 ……………………11

实训五 编制施工准备工作计划 ……11
一、实训背景 ……………………11
二、实训目的 ……………………11
三、实训能力标准要求 …………11
四、实训指导 ……………………11
五、案例分析 ……………………13

第二章 流水施工与网络计划技术 ……17

实训一 建筑工程流水施工 …………17
一、实训背景 ……………………17
二、实训目的 ……………………17
三、实训能力标准要求 …………17
四、实训指导 ……………………17
五、案例分析 ……………………19

实训二 双代号网络图 ………………34
一、实训背景 ……………………34
二、实训目的 ……………………34
三、实训能力标准要求 …………34
四、实训指导 ……………………34
五、案例分析 ……………………43

实训三 单代号网络图 ………………49
一、实训背景 ……………………49
二、实训目的 ……………………49
三、实训能力标准要求 …………50
四、实训指导 ……………………50
五、案例分析 ……………………53

实训四 双代号时标网络图 …………58
一、实训背景 ……………………58
二、实训目的 ……………………58
三、实训能力标准要求 …………58
四、实训指导 ……………………58
五、案例分析 ……………………60

实训五　单代号搭接网络图 …… 65
　一、实训背景 …… 65
　二、实训目的 …… 65
　三、实训能力标准要求 …… 65
　四、实训指导 …… 65
　五、案例分析 …… 68

第三章　施工方案 …… 71
实训一　编制基础工程施工方案 …… 71
　一、实训背景 …… 71
　二、实训目的 …… 71
　三、实训能力标准要求 …… 71
　四、实训指导 …… 71
　五、案例分析 …… 78
实训二　编制主体工程施工方案 …… 80
　一、实训背景 …… 80
　二、实训目的 …… 81
　三、实训能力标准要求 …… 81
　四、实训指导 …… 81
　五、案例分析 …… 91
实训三　编制屋面防水工程施工方案 …… 92
　一、实训背景 …… 92
　二、实训目的 …… 93
　三、实训能力标准要求 …… 93
　四、实训指导 …… 93
　五、案例分析 …… 96
实训四　编制装饰工程施工方案 …… 98
　一、实训背景 …… 98
　二、实训目的 …… 98
　三、实训能力标准要求 …… 99
　四、实训指导 …… 99
　五、案例分析 …… 104
实训五　施工方案的技术经济分析 …… 106
　一、实训背景 …… 106
　二、实训目的 …… 106

　三、实训能力标准要求 …… 106
　四、实训指导 …… 106
　五、案例分析 …… 107

第四章　施工进度计划的编制 …… 109
实训一　工程施工定额及其应用 …… 109
　一、实训背景 …… 109
　二、实训目的 …… 109
　三、实训能力标准要求 …… 109
　四、实训指导 …… 109
　五、案例分析 …… 112
实训二　分部工程施工进度计划的
　　　　编制 …… 113
　一、实训背景 …… 113
　二、实训目的 …… 113
　三、实训能力标准要求 …… 113
　四、实训指导 …… 113
　五、案例分析 …… 115

第五章　单位工程施工组织设计 …… 119
实训一　单位工程施工平面图设计 …… 119
　一、实训背景 …… 119
　二、实训目的 …… 119
　三、实训能力标准要求 …… 119
　四、实训指导 …… 119
　五、案例分析 …… 122
实训二　临时供水设计 …… 124
　一、实训背景 …… 124
　二、实训目的 …… 124
　三、实训能力标准要求 …… 124
　四、实训指导 …… 124
　五、案例分析 …… 130
实训三　临时供电设计 …… 131
　一、实训背景 …… 131
　二、实训目的 …… 131

  三、实训能力标准要求……………131
  四、实训指导………………………131
 实训四 单位工程施工进度计划的
    编制……………………………134
  一、实训背景………………………134
  二、实训目的………………………134
  三、实训能力标准要求……………134
  四、实训指导………………………134
  五、案例分析………………………141
 实训五 单位工程施工组织设计编制…143
  一、实训背景………………………143
  二、实训目的………………………143
  三、实训能力标准要求……………143
  四、实训指导………………………143
  五、案例分析………………………161

第六章 建筑工程招投标……………187
 实训一 建筑工程招投标程序实训…187
  一、实训背景………………………187
  二、实训能力标准要求……………187
  三、实训指导………………………187

  四、案例分析………………………190
 实训二 工程施工资格审查……………193
  一、实训背景………………………193
  二、实训目的………………………193
  三、实训能力标准要求……………193
  四、实训指导………………………193
  五、案例分析………………………194
 实训三 招标文件的编制………………198
  一、实训背景………………………198
  二、实训能力标准要求……………198
  三、实训指导………………………198
  四、案例分析………………………199
 实训四 投标文件的编制………………202
  一、实训背景………………………202
  二、实训目的………………………203
  三、实训能力标准要求……………203
  四、实训指导………………………203
  五、案例分析………………………203

参考文献……………………………………206

第一章 施工准备

实训一　收集施工资料

一、实训背景

作为施工方，对模拟的拟建工程进行原始资料收集，为施工做充分准备。

二、实训目的

为了做好施工准备工作，应该对拟建工程进行实地勘察、审查分析，以获得有关数据，为编制合理的、切合实际的施工组织设计做充分准备。

三、实训能力标准要求

能够根据所收集的原始资料，得出与工程项目相关的可靠依据。与施工现场相关的各部门充分沟通，为工作的顺利进行提供帮助。

四、实训指导

1. 调查施工场地的自然条件

调查施工场地的自然条件包括地形和环境条件、地质条件、地震烈度、工程水文地质情况、气候条件。具体调查项目见表 1-1。

表 1-1　施工场地的自然条件调查表

项目	调查内容	调查目的
气温	(1)年平均最高、最低温度，最冷、最热月份的逐日平均温度。 (2)冬、夏季室外计算温度。 (3)≤−3 ℃、0 ℃、5 ℃的天数，起止时间	(1)确定防暑降温的措施。 (2)确定冬期施工的措施。 (3)估计混凝土、砂浆的强度
雨(雪)	(1)雨期起止时间。 (2)月平均降雨(雪)量、最大降雨(雪)量、一昼夜最大降雨(雪)量。 (3)全年雷暴日数	(1)确定雨期的施工措施。 (2)确定工地排水、防洪方案。 (3)确定工地防雷设施

续表

项目	调查内容	调查目的
风	(1)主导风向及频率(风玫瑰图)。 (2)≥8级风的全年天数和时间	(1)确定临时设施的布置方案。 (2)确定高空作业及吊装的技术安全措施
地形	(1)区域地形图：1/25 000~1/10 000。 (2)工程位置地形图：1/2 000~1/1 000。 (3)该地区城市规划图。 (4)经纬坐标桩、水准、基桩位置	(1)选择施工用地。 (2)布置施工总平面图。 (3)场地平整及土方量计算。 (4)了解障碍物及其数量
地质	(1)钻孔布置图。 (2)地质剖面图：土层类别、厚度。 (3)物理力学指标：天然含水量、孔隙比、塑性指数、渗透系数、压缩试验及地基强度。 (4)地层的稳定性：断层滑块、流砂。 (5)最大冻结深度。 (6)地基土的破坏情况：钻井、古墓、防空洞及地下构筑物	(1)土方施工方法的选择。 (2)地基土的处理方法。 (3)基础施工方法。 (4)复核地基基础设计。 (5)地下管道埋设深度。 (6)拟订障碍物拆除方案
地震	地震烈度	确定对基础的影响、注意事项
地下水	(1)最高、最低水位及时间。 (2)水的流速、流向、流量。 (3)水质分析，水的化学成分。 (4)抽水试验	(1)基础施工方案选择。 (2)降低地下水水位的方法。 (3)拟定防止侵蚀介质的措施
地面水	(1)临近江河湖泊与工地的距离。 (2)洪水、平水、枯水期的水位、流量及航道深度。 (3)水质分析。 (4)最大、最小冻结深度及时间	(1)确定临时给水方案。 (2)确定施工运输方式。 (3)确定水工工程施工方案。 (4)确定工地防洪方案

2. 调查、收集与工程项目相关的资料

(1)向建设单位和设计单位了解并取得可行性研究报告、工程地址选择、扩大初步设计等方面的资料，以便了解建设目的、任务和设计意图。

(2)弄清楚设计规模、工程特点。

(3)了解生产工艺流程与工艺设备特点及来源。

(4)弄清楚对工程分期、分批施工，配套交付使用的顺序要求，图纸交付的时间，以及工程施工的质量要求和技术难点等。

3. 调查施工区域的技术经济条件

(1)**当地水、电、蒸汽的供应条件**。其中包括城市自来水干管的供水能力，接管距离、地点和接管条件等。无城市供水设施，或距离太远而供水量不能满足需要时，要调查附近可提供施工生产、生活、消防用水的地面或地下水源的水质、水量，并设计临时取水和供水系统。

供应条件还包括可供施工使用的电源位置，引入工地的路径和条件，可以满足的容量和电压；电话、电报的利用可能性，需要增添的线路与设施等。冬期施工时，附近蒸汽的供应量、价格、接管条件等。

（2）**交通运输条件**。调查主要材料及构件运输通道情况，包括道路、街巷、途经桥涵的宽度、高度，允许载重量和转弯半径限制等。有超长、超重、超高或超宽的大型构件、大型起重机械和生产工艺设备需整体运输时，还要调查沿途架空电线（特别是横在道路上空的无轨电车线）、天桥的高度，并与有关部门商谈怎样避免大件运输对正常交通干扰的路线、时间及措施等。

（3）**地方材料供应情况及当地协作条件**。如砖、瓦、灰、砂、石的供应能力，质量，价格，运费等；附近构件制作，木材加工，金属结构，钢木门窗，商品混凝土，建筑机械的供应与维修、运输服务，脚手架、定型模板等大型工程租赁所能提供的服务项目及其数量、价格、供应条件等。

必须强调的是，建筑施工对外部条件的依赖性很强，各种必要技术、经济条件中的任何一种，在时间、规格、数量上出现差错或疏漏，都会打破正常的施工秩序。所以，必须逐项核查，力争在开工前落实。一切外部劳动力提供、资源供应，与市政、环境相互关系的确定（如临时用地的占用，水、电管线和道路的临时截断、改线、加固，各种障碍物的处理，施工公害防治以及材料运输的时间、路线等），都必须在开工前办理好申请、审批或签订合同、协议等手续，因此，它们应逐项列入施工准备工作计划中。

施工区域的技术经济条件调查项目可参照表1-2～表1-4进行。

表1-2 建设地区交通运输条件调查表

序号	项目	调查内容
1	铁路	(1)邻近铁路专用线、车站至工地距离及运输条件。 (2)站、场卸货线长度、起重能力和存储能力。 (3)需装载的单个货物的最大尺寸、重量。 (4)运费、装卸费和装卸能力
2	公路	(1)到施工现场的公路等级、路面构造、路宽及完好情况、允许最大载重，途经桥涵等级、允许最大载重量。 (2)当地专业运输机构及附近农村能够提供的运输能力（吨、千米数），汽车、人力、畜力车数量和效率，运费，装卸费和装卸能力。 (3)当地有汽车修配厂，至现场工地的距离，能提供的修理能力
3	水路	(1)货源，工地至邻近河流、码头、渡口的距离，道路情况。 (2)洪水、平水、枯水期，通航的最大船只及吨位，取得船只的可能性。 (3)码头装卸能力，最大起重量，增设码头的可能性；渡口的渡船能力，同时可载汽车、马车数，每个渡口约摆渡次数，能为施工提供的运输能力；运费、摆渡费、装卸费和装卸能力

表1-3 建设地区供水、供电、供气条件调查表

序号	项目	调查内容
1	供水排水	(1)与当地现有水源连接的可能性，可供水量，接管地点、管径、管材、埋深、水压、水质、水费，至工地的距离，地形地物情况。 (2)临时供水源：利用江河、湖水的可能性，水源、水量、水质及取水方式，至工地的距离，地形地物情况；临时水井位置、深度、出水量、水质。 (3)利用永久排水设施的可能性，施工排水的去向、距离、坡度，有无洪水影响，现有防洪设施、排洪能力

续表

序号	项目	调查内容
2	供电与电信	(1)电源位置，引入的可能性，允许供电容量、电压、导线截面、距离、电费；接线地点，至工地的距离，地形地物情况。 (2)建设、施工单位自有发电、变电设备型号、台数、能力。 (3)利用邻近电信设备的可能性，电话、电报局至工地的距离，增设电话设备和线路的可能性
3	供气	(1)来源，可供应能力、数量，接管地点，管径、埋深，至工地的距离，地形地物情况，供气价格。 (2)建设、施工单位自有锅炉型号、台数、能力、所需燃料、用水水质。 (3)当地建设单位提供压缩空气、氧气的能力，至工地的距离

表 1-4　地方资源情况调查表

序号	材料名称	产地	储存量	质量	开采(生产)量	开采费	出厂价	运距	运费	供应的可能性
1	2	3	4	5	6	7	8	9	10	11

注：材料名称栏按块石、碎石、砾石、砂、工业废料(包括冶金矿渣、炉渣、电站粉煤灰)填列。

4. 调查社会生活条件

(1)周围地区能为施工提供的房屋类型、面积、结构、位置、使用条件和满足施工需要的程度。工地附近主副食供应、医疗卫生、商业服务条件，公共交通、邮电条件、消防治安机构的支援能力，这些调查对新开拓地区的施工特别重要。

(2)附近地区机关、居民、企业分布状况及作息时间、生活习惯和交通情况。施工时吊装、运输、打桩、用火等作业所产生的安全问题、防火问题，以及振动、噪声、粉尘、有害气体、垃圾、泥浆、运输散落物等对周围人们的影响及防护要求，工地内外绿化、文物古迹的保护要求等。

社会生活条件调查项目可参考表 1-5。

表 1-5　建设地区社会劳动力、房屋设施和生活设施调查表

序号	项目	调查内容
1	社会劳动力	(1)当地能支援施工的劳动力数量、技术水平和来源。 (2)少数民族地区的风俗、民情、习惯。 (3)上述劳动力的生活安排、居住远近
2	房屋设施	(1)能作为施工用的现有房屋数量、面积、结构特征、位置、距离工地远近；水、暖、电、卫设备情况。 (2)上述建筑物的适用情况，能否作为宿舍、食堂、办公场所、生产场所等。 (3)需在工地居住的人数和必需的户数
3	生活设施	(1)当地主、副食品商店，日常生活用品供应，文化、教育设施，消防、治安等机构；供应或满足需要的能力。 (2)邻近医疗单位至工地的距离，可能提供服务的情况。 (3)周围有无产生有害气体的企业和地方疾病

五、案例分析

【应用案例 1-1】 某拟建工程,准备春节后开工。在开工前,建设方需要收集施工资料,试叙述如何安排其工作。

分析:

(1)建设方需要收集的内容:施工场地的自然、经济、社会等条件;建设项目设计任务书、有关文件;建设项目性质、规模、生产能力;生产工艺流程、主要工艺设备名称及来源、供应时间、分批和全部到货时间;建设期限、开工时间、交工先后顺序、竣工投产时间;总概算投资、年度建设计划;施工准备工作内容、安排、工作进度等。

(2)分组进行资料收集。

(3)对收集的施工资料进行分析总结、备案,以备施工时查阅。

实训二 现场准备

一、实训背景

作为拟建工程的施工主体,模拟现场施工准备,为工程顺利施工做好准备。

二、实训目的

掌握现场准备的方法和内容,培养综合运用理论知识解决实际问题的能力。

三、实训能力标准要求

能够独立组织施工现场准备。

四、实训指导

1. 测量工作

按照设计单位提供的建筑总平面图、给定的永久性经纬坐标控制网及水准控制基桩进行场区施工测量,设置场区的永久性经纬坐标桩、水准基桩和建立场区工程测量控制网。

2. "三通一平"

"三通一平"是指在拟建工程施工范围内的施工用水、用电、道路接通和平整施工场地。

(1)**水通**。施工现场的水通包括给水和排水。施工用水包括生产、生活和消防用水,按施工总平面布置图的规划接通用水设施。施工用水设施应尽量利用永久性的给水线路,对临时管线的铺设,既要满足用水点的需要和使用方便的要求,又要尽量缩短管线。

施工现场也要有组织地做好排水工作,尤其在雨期,排水如有问题,将会严重影响施工的顺利进行。

(2) **电通**。施工现场的用电包括生产用电和生活用电。应根据各种施工机械用电量及照明用电量，计算选择配电变压器，并与供电部门或建设单位联系，按施工组织设计的要求布设好连接电力干线的工地内外临时供电线路及通信线路。当供电系统供电不足时，应考虑在现场建立发电系统，以保证施工的顺利进行。

(3) **道路接通**。施工现场的道路，是组织大量物资进场的运输动脉。为保证各种建筑材料、施工机械、生产设备和构件按计划到场，必须按施工总平面布置图的要求修通道路。为了节省工程费用，应尽可能利用已有道路或结合正式工程的永久性道路。为防止施工时损坏路面，可先做路基，拟建工程施工完毕后再做路面。

(4) **场地平整**。场地平整就是将天然地面改造成工程上所要求的设计平面。由于场地平整时兼有挖和填工作，而挖和填的体形常常是不规则的，所以一般采用方格网法分块计算。平整前应先做好各项准备工作，如清除场地内所有地上、地下障碍物；排除地面积水；铺筑临时道路等。

3. **临时设施的搭建**

施工现场的临时设施较多，这里主要指施工期间临时搭建、租赁的各种房屋等。临时设施必须选址合理、用材正确，确保满足使用功能和安全、卫生、环保、消防要求。

(1) **临时设施的种类**。

1) 办公设施包括办公室、会议室、保卫传达室。

2) 生活设施包括宿舍、食堂、厕所、淋浴室、阅览娱乐室、卫生保健室。

3) 生产设施包括材料仓库、防护棚、加工棚（站、厂，如混凝土搅拌站、砂浆搅拌站、木材加工厂、钢筋加工厂、金属加工厂和机械维修厂）、操作棚。

4) 辅助设施包括道路、现场排水设施、围墙、大门、供水处、吸烟处。

(2) **临时设施的设计**。施工现场搭建的生活设施、办公设施、两层以上或大跨度及其他临时房屋建筑物应当进行结构计算，绘制简单施工图纸，并经企业技术负责人审批方可搭建。临时建筑物设计应符合《建筑结构可靠度设计统一标准》(GB 50068—2001)、《建筑结构荷载规范》(GB 50009—2012)的规定。临时建筑物使用年限定为5年。临时办公用房、宿舍、食堂、厕所等建筑物结构重要性系数为1.0，工地非危险品仓库等建筑物结构重要性系数为0.9，工地危险品仓库按相关规定设计。临时建筑及设施设计可不考虑地震作用。

(3) **临时设施的选址**。办公生活临时设施的选址首先应考虑与作业区相隔离，保持安全距离；其次，位置的周边环境必须具有安全性。例如，不得设置在高压线下，也不得设置在沟边、崖边、河流边、强风口处、高墙下以及滑坡泥石流等灾害地质带上和山洪可能冲击到的区域。安全距离是指在施工坠落半径和高压线防电距离之外。

(4) **临时设施的布置原则**。

1) 合理布局，协调紧凑，充分利用地形，节约用地。

2) 尽量利用建设单位在施工现场或附近能提供的现有房屋和设施。

3) 临时房屋应本着节约、减少浪费的精神，充分利用当地材料，尽量采用活动式或容易拆装的房屋。

4) 临时房屋布置应方便生产和生活。

5) 临时房屋的布置应符合安全、消防和环境卫生的要求。

(5) **临时设施的布置方式**。

1)生活性临时房屋布置在工地现场以外时,生产性临时设施按照生产的需要在工地选择适当的位置,行政管理的办公室等应靠近工地或是工地现场出入口。

2)生活性临时房屋布置在工地现场以内时,一般布置在现场的四周或集中于一侧。

3)生产性临时房屋,如混凝土搅拌站、钢筋加工厂、木材加工厂等,应经过全面分析比较来确定位置。

建筑施工准备工作的意义

(6)临时房屋的结构类型。

1)活动式临时房屋,如钢骨架活动房屋、彩钢板房。

2)固定式临时房屋,主要为砖木结构、砖石结构和砖混结构。

临时房屋应优先选用钢骨架彩钢板房,生活办公设施不宜选用菱苦土板房。

五、案例分析

【应用案例1-2】 某拟建工程,准备春节后开工。在开工前需要进行现场准备,试叙述如何安排其工作。

分析:

(1)测量场地,实施"三通一平"措施,搭建临时设施等。

(2)对搭建的临时设施,必须合理选址、正确用材,确保满足使用功能和安全、卫生、环保、消防要求。

实训三 图纸会审

一、实训背景

作为拟建工程的施工主体,模拟图纸会审的过程,为编写会议纪要做准备。

二、实训目的

掌握图纸会审的方法和内容,培养阅读建筑施工图的能力,培养参与图纸会审和编写会审纪要的能力。

三、实训能力标准要求

具备进行图纸会审的能力,并能编写图纸会审会议纪要。

四、案例分析

【应用案例1-3】 某拟建工程,准备4月份开工。施工单位自审设计图纸后,将图纸交予各参建单位,希望各参建单位能够熟悉建筑施工图,并对建筑施工图进行审查。

问题: 主要应审查哪些内容?

分析:

(1)审查拟建工程的地点、建筑总平面图同国家、城市或地区规划是否一致,以及建筑物或构筑物的设计功能和使用要求是否符合卫生、防火及美化城市方面的要求。

(2)审查设计图纸是否完整、齐全,以及设计和资料是否符合国家有关工程建设的设计、施工方面的方针和政策。

(3)审查设计图纸与说明书在内容上是否一致,以及设计图纸与其各组成部分之间有无矛盾或错误。

(4)审查建筑总平面图与其他结构图在几何尺寸、坐标、标高、说明等方面是否一致,技术要求是否正确。

(5)审查工业项目的生产工艺流程和技术要求,掌握配套投产的先后次序和相互关系,审查设备安装图纸与其相配合的土建施工图纸在坐标、标高上是否一致,审查土建施工质量是否满足设备安装的要求。

(6)审查地基处理与基础设计同拟建工程地点的工程水文、地质等条件是否一致,以及建筑物或构筑物与地下建筑物或构筑物、管线之间的关系。

(7)明确拟建工程的结构形式和特点,复核主要承重结构的强度、刚度和稳定性是否满足要求,审查设计图纸中的工程复杂、施工难度大和技术要求高的分部分项工程或新结构、新材料、新工艺,检查现有施工技术水平和管理水平能否满足工期和质量要求,并采取可行的技术措施加以保证。

(8)明确建设期限、分期分批投产或交付使用的顺序和时间,以及工程所用的主要材料、设备的数量、规格、来源和供货日期。

(9)明确建设、设计和施工等单位之间的协作、配合关系,以及建设单位可以提供的施工条件。

实训四 资源准备

一、实训背景

作为拟建工程的施工主体,模拟进行资源准备,为工程顺利施工做好准备。

二、实训目的

掌握劳动力计划的安排方法与物资准备工作的程序,培养综合运用理论知识解决实际问题的能力。

三、实训能力标准要求

能够开展资源准备工作。

四、实训指导

1. 审核劳动力安排计划

(1) **建立精干的施工队组**。施工队组的建立要认真考虑专业、工种的合理配合,技工、普工的比例要满足合理的劳动组织,要符合流水施工组织方式的要求,确定建立施工队组(专业施工队组或混合施工队组),要坚持合理、精干的原则;同时制订出该工程的劳动力需要量计划。

(2) **集结施工力量、组织劳动力进场**。工地的领导机构确定之后,按照开工日期和劳动力需要量计划,组织劳动力进场。同时要进行安全、防火和文明施工等方面的教育,并安排好职工的生活。

(3) **向施工队组、工人进行施工组织设计、计划和技术交底**。

1) 施工组织设计、计划和技术交底的目的是把拟建工程的设计内容、施工计划和施工技术等要求,详尽地向施工队组和工人交代。这是落实计划和技术责任制的好办法。

2) 施工组织设计、计划和技术交底应在单位工程或分部分项工程开工前及时进行,以保证工程严格地按照设计图纸、施工组织设计、安全操作规程和施工验收规范等要求进行施工。

3) 施工组织设计、计划和技术交底的内容包括工程的施工进度计划、月(旬)作业计划;施工组织设计,尤其是施工工艺;质量标准、安全技术措施、降低成本措施和施工验收规范的要求;新结构、新材料、新技术和新工艺的实施方案和保证措施;图纸会审中所确定的有关部位的设计变更和技术核定等事项。交底工作应该按照管理系统逐级进行,由上而下直到工人队组。交底的方式有书面形式、口头形式和现场示范形式等。

队组、工人接受施工组织设计、计划和技术交底后,要组织其成员进行认真的分析研究,弄清关键部位、质量标准、安全措施和操作要领。必要时应该进行示范,并明确任务及做好分工协作,同时建立健全岗位责任制和保证措施。

(4) **建立健全各项管理制度**。工地的各项管理制度是否建立健全,直接影响到各项施工活动的顺利进行。有章不循的后果是严重的,而无章可循则更加危险。因此,必须建立健全工地的各项管理制度。

通常,各项管理制度如下:工程质量检查与验收制度;工程技术档案管理制度;建筑材料(构件、配件、制品)的检查验收制度;技术责任制度;施工图纸学习与会审制度;技术交底制度;职工考勤、考核制度;工地及班组经济核算制度;材料出入库制度;安全操作制度;机具使用保养制度。

2. 审核物资计划

(1) **物资准备工作的内容**。

1) **建筑材料的准备**。建筑材料的准备主要是根据施工预算进行分析,按照施工进度计划要求,按材料名称、规格、使用时间、材料储备定额和消耗定额进行汇总,编制出材料需要量计划,为组织备料,确定仓库、场地堆放所需的面积和组织运输等提供依据。

2) **构(配)件、制品的加工准备**。根据施工预算提供的构(配)件、制品的名称、规格、质量和消耗量,确定加工方案和供应渠道以及进场后的储存地点和方式,编制出需要量计划,为组织运输、确定堆场面积等提供依据。

3) **建筑安装机具的准备。**根据采用的施工方案安排施工进度，确定施工机械的类型、数量和进场时间，确定施工机具的供应办法和进场后的存放地点和方式，编制工艺设备需要量计划，为组织运输、确定堆场面积提供依据。

4) **生产工艺设备的准备。**按照拟建工程生产工艺流程及工艺设备的布置图提出工艺设备的名称、型号、生产能力和需要量，确定分期分批进场时间和保管方式，编制工艺设备需要量计划，为组织运输、确定进场面积提供依据。

(2) **物资准备工作的程序。**物资准备工作的程序是做好物资准备的重要手段。

1) 根据施工预算、分部(项)工程施工方法和施工进度的安排，拟订构(配)件及制品、施工机具和工艺设备等物资的需要量计划。

2) 根据各种物资需要量计划组织货源，确定加工、供应地点和供应方式，签订物资供应合同。

3) 根据各种物资的需要量计划和合同，拟订运输计划和运输方案。

4) 按照施工总平面图的要求组织物资按计划时间进场，在指定地点按规定方式进行储存或堆放。

施工物资准备的要求

3. 项目经理部的设置及项目经理的职责权限

(1) **项目经理部的设置。**

1) **设立项目经理部的步骤。**确定项目经理部的管理任务和组织形式→确定项目经理部的层次、职能部门和工作岗位→确定人员、职责、权限→对项目管理目标责任书确定的目标进行分解→制定规章制度和目标责任考核与奖惩制度。

2) **项目经理部的组织形式。**项目经理部的组织形式应根据施工项目的规模、结构复杂程度、专业特点、人员素质和地域范围确定。大中型项目宜按照矩阵式项目管理组织设置项目经理部。远离企业管理层的大中型项目宜按照项目式或事业部式组织形式设置项目经理部。

3) **项目经理部的职能部门设置和人员配置。**项目经理部职能部门的设置应紧紧围绕项目管理内容的需要，可以按专业设置计划、技术、质量、安全、物资、劳务、核算、合同、调度等部门，也可以按项目管理任务设置进度、质量、安全、成本、生产要素、合同、信息、现场、协调等部门。项目经理部人员的配置要求有两条：一是"大型项目的项目经理必须有一级项目经理资质"；二是"大型项目管理人员中的高级职称人员不应低于10%"。建立规章制度是组织为保证其任务的完成和目标的实现，对例行性活动应遵循的方法、程序、要求及标准所做的规定，是组织的内部法规；有的制度是企业制定的，项目经理部应无条件遵守；当企业现有的规章制度不能满足项目管理需要时，项目经理部可以自行制定规章制度，但是应报企业或其授权的职能部门批准。

(2) **项目经理的职责。**其职责包括：代表企业实施施工项目管理；履行项目管理目标责任书规定的任务；组织编制项目管理实施规划，这就要发挥项目经理在项目管理中的领导作用；对进入现场的生产要素进行优化配置和动态管理；建立质量管理体系和安全管理体系并组织实施；做好组织协调，解决项目管理中出现的问题；做好利益分配；进行现场文明施工管理，发现和处理突发事件；参与工程竣工验收，准备结算资料，分析总结，接受审计；处理项目经理部的善后工作；协助企业进行项目的检查、鉴定和评奖申报。

(3) **项目经理的权限。**其权限包括：参与投标和签订施工合同权；授权组建项目经理部和用人权；资金投入、使用和计酬决策权；授权采购权；授权使用作业队伍权；主持工作和组织制定管理制度权；组织协调权。

五、案例分析

【应用案例 1-4】 某拟建工程，准备春节后开工。在开工前需要进行资源准备，试叙述如何安排其工作。

分析：

(1) 安排劳动力计划等。

(2) 组建项目经理部，分配工作。

实训五 编制施工准备工作计划

一、实训背景

拟建工程开工前应编制施工准备工作计划，编写开工报告。

二、实训目的

掌握施工准备工作计划的编制方法，学会填写开工报审表和开工报告。

三、实训能力标准要求

能够独立编制施工准备工作计划。

四、实训指导

施工准备工作涉及的范围广、内容多，应视该工程本身及其具备条件的不同而不同，一般可归纳为原始资料的收集，施工现场的准备，施工技术资料的准备，生产资料的准备，施工现场人员的准备和冬、雨期施工准备六个方面。

为了落实各项施工准备工作，做到有步骤、有安排、有组织地全面做好施工准备，必须根据各项施工准备的内容、时间和人员，编制施工准备工作计划。施工准备工作计划表，见表1-6。

表1-6 施工准备工作计划表

序号	施工准备项目	简要内容	负责单位	负责人	起止时间		备 注
					月 日	月 日	

施工准备工作计划是施工组织设计的重要组成部分，应根据施工方案、施工进度计划和资源需要量等进行编制。除上述表格和形象计划外，还可采用网络计划（后续实训内容）进行编制，以明确各项准备工作之间的关系，并找出关键工作，同时可以在网络计划上进行施工准备期的调整。

1. 准备开工

施工准备工作计划编制完成后，应进行落实和检查到位情况。因此，开工前应建立严格的施工准备工作责任制和施工准备工作检查制度，不断调整施工准备工作计划，把开工前的准备工作落到实处。工程开工还应具备相关开工条件并遵循工程基本建设程序，才能填写开工报审表。

(1)国家发改委关于基本建设大中型项目的开工条件。

1)项目法人已经成立。项目组织管理机构和规章制度健全，项目经理和管理机构成员已经到位，项目经理已经过培训，具备承担项目施工工作的资质条件。

2)项目初步设计及总概算已经批复。若项目总概算批复时间至项目申请开工时间超过两年（含两年），或自批复至开工时间，动态因素变化大，总投资超出原批概算10%以上的，需重新核定项目总概算。

3)项目资本金和其他建设资金已经落实，资金来源符合国家有关规定，承诺手续完备，并经审计部门认可。

4)项目施工组织设计大纲已经编制完成。

5)项目主体工程(或控制性工程)的施工单位已经通过招标确定，施工承包合同已经签订。

6)项目法人与项目设计单位已签订设计图纸交付协议。项目主体工程(或控制性工程)的施工图纸至少可以满足连续3个月施工的需要。

7)项目施工监理单位已经通过招标选定。

8)项目征地、拆迁的施工场地"七通一平"(供电、供水、道路、通信、燃气、排水、排污和场地平整)工作已经完成，有关外部配套生产条件已签订协议。项目主体工程(或控制性工程)施工准备工作已经做好，具备连续施工的条件。

9)项目建设需要的主要设备和材料已经订货，项目所需建筑材料已落实来源和运输条件，并已备好连续施工3个月的材料用量。需要进行招标采购的设备、材料及落实招标组织机构，采购计划与工程进度相衔接。

国务院各主管部门负责对本行业中央项目开工条件进行检查，各省(自治区、直辖市)计划部门负责对本地区地方项目开工条件进行检查。凡上报国家发改委申请开工的项目，必须附有国务院有关部门或地方计划部门的开工条件检查意见。国家发改委将对相关规定申请开工的项目进行核查。其中，大中型项目批准开工前，国家发改委将派人去现场检查落实开工条件。凡未达到开工条件的，不予批准开工。

对于小型项目的开工条件，各地区、各部门可参照本规定制定具体管理办法。

(2)工程项目开工条件。依据《建设工程监理规范》(GB 50319—2013)，工程项目开工前，施工准备工作具备以下条件时，施工单位应向监理单位报送工程开工报审表及相关资料，并报送建设单位批准后，由总监理工程师签发工程开工名。

1)设计交底和图纸会审已完成。

2)施工组织设计已由总监理工程师签认。

3)施工单位现场质量、安全生产管理体系已建立，管理及施工人员已到位，施工机械具备使用条件，主要工程材料已经落实。

4)进场道路及水、电、通风等已经满足开工要求。

2. 填写开工报告

当施工准备工作的各项内容已经完成，满足开工条件，且已经办理了施工许可证，则项目经理部应申请开工报告，报上级批准后才能开工。实行监理的工程，还应将开工报告送监理工程师审批，由监理工程师签发开工通知书。

五、案例分析

【应用案例1-5】 请完成××公司科研楼工程开工报审表。

当现场具备开工条件且已做好各项施工准备后，施工单位应及时填写工程开工报审表经项目监理部审批、总监理工程师审批后报建设单位。工程开工报审表样式见表1-7。

表1-7 工程开工报审表

工程名称：××大厦工程　　　　　　　　　　　　　　　　　编号：×××

致：　××房地产开发公司　（建设单位） 　　××监理公司××大厦工程项目监理部　（项目监理机构） 　　我方承担的　××大厦　工程，已完成相关准备工作，具备开工条件，申请于　××　年　××　月　××　日开工，请予以审批。 　　附件：证明文件资料 　　　　　施工现场质量管理检查记录表 　　　　　　　　　　　　　　　　　　　　承包单位(盖章)：　××建筑工程公司 　　　　　　　　　　　　　　　　　　　　项　目　经　理：　××× 　　　　　　　　　　　　　　　　　　　　日　　　　　期：　××年×月×日
审查意见： 　　1. 建设单位已组织工程建设各方完成了设计交底和图纸会审工作。但图纸会审中的相关意见已落实。 　　2. 施工组织设计已由项目监理机构审核同意。 　　3. 施工单位已建立了完整的施工现场质量及安全生产管理体系。 　　4. 施工管理人员及特种施工人员资质已审查并已到位，主要施工机械已进场并具备使用条件。主要工程材料已进行采购。 　　5. 施工现场"五通一平"工作已按施工组织设计的要求完成。 　　经审查，本工程施工现场准备工作满足开工要求，请建设单位审批。 　　　　　　　　　　　项目监理机构：(盖章)××监理公司××大厦工程项目监理部 　　　　　　　　　　　总监理工程师(签字加盖执行业印章)：××× 　　　　　　　　　　　日期：××年×月×日
审批意见： 　　本工程已取得施工许可证，相关资金已经落实并按合同约定拨付给施工单位，同意开工。 　　　　　　　　　　　　　　　　　　　建设单位(盖章)：××建筑工程有限公司 　　　　　　　　　　　　　　　　　　　建设单位代表(签字)：××× 　　　　　　　　　　　　　　　　　　　日期：××年×月×日

(1)工程开工报审程序。工程开工报审的一般程序如下:

1)承包单位自查后认为施工准备工作已完成,具备开工条件时,向项目监理机构报送《工程开工报审表》及相关资料。

2)专业监理工程师审核承包单位报送的《工程开工报审表》及相关资料,现场核查各项准备工作的落实情况,报项目总监理工程师审批。

3)项目总监理工程师根据专业监理工程师的审核,签署审查意见,具备开工条件时按《委托监理合同》的授权报建设单位备案或审批。

(2)填表说明。

1)工程满足开工条件后,承包单位报项目监理机构复核和批复开工时间。

2)整个项目一次开工,只填报一次,如工程项目中含有多个单位工程且开工时间不同,则每个单位工程都应填报一次。

3)总监理工程师审核开工条件并经建设单位同意后签发工程开工令。

4)本表一式三份,由项目监理机构、建设单位、监理单位各持一份。

(3)填表注意事项。

1)工程名称:工程名称是指相应的建设项目或单位工程名称,应与施工图的工程名称一致。

2)证明文件资料:证明文件资料是指证明已具备开工条件的相关资料。承包单位应将施工组织设计的审批,施工现场质量管理检查记录表的内容审核情况,施工测量放线资料,现场主要管理人员和特殊工种人员资格证和上岗证、现场管理人员、机具、施工人员进场情况,工程主要材料落实情况以及施工现场道路、水、电、通信等是否已达到开工条件等证明文件作为附件同时报送。

3)审核意见:总监理工程师应组织专业监理工程师对施工单位的准备情况进行检查,除检查所报内容外,还应对施工现场临时设施是否满足开工要求,地下障碍物是否清除或查明、测量控制桩、实验室是否经项目监理机构审查确认等进行检查并逐项记录检查结果。

当总监理工程师确认具备开工条件时,应签署审核意见,并应报建设单位批准后,总监理工程师签发工程开工令。否则,应简要指出不符合开工条件要求之处。

4)本表必须由项目经理签字并加盖施工单位公章。

【案例分析1-6】 请根据给定信息,完成××公司科研楼工程的开工报告。

要求:(1)根据科研楼设计施工图,填写建筑面积,并确定工程类别。本工程开工日期为2013年11月1日,竣工日期为2014年11月20日。

(2)预算造价、计划总投资、施工许可证证号、质量、安全监督手续备案号等信息可自行拟定,或由指导老师统一指定。

单位工程开工报告见表1-8。

填表注意事项:

(1)工程类别是以单位工程为对象进行划分的。根据建筑工程类别划分标准,民用建筑主要分为四个类别,具体标准见表1-9。

同一类别有两个或两个以上指标的,住宅和公共建筑必须同时满足两个指标的才能确定为本类标准,只符合其中一个指标的,按低一类标准执行。

(2)主要实物工程量的单位和数量按照招标控制价中的工程量或按照施工单位的已标价工程量清单中的工程量填写。

表 1-8 单位工程开工报告

工程名称				工程地址			
建设单位				施工单位			
工程类别				结构类型			
预算造价				计划总投资			
建筑面积		开工日期			竣工日期		
主要实物工程量	工程名称	单位	数量	主要实物工程量	工程名称	单位	数量
	土方工程	m^3			门窗制安工程	m^2	
	基础混凝土工程	m^3			屋面防水工程	m^2	
	主体钢筋安装	t			内墙抹灰工程	m^2	
	主体现浇混凝土	m^3			楼地面工程	m^2	
	围护墙内隔墙砌筑	m^3			外墙面砖	m^2	
资料与文件				准备情况			
批准的建设立项文件或年度计划							
征用土地批准文件及红线图							
投标、议标、中标文件							
施工合同或协议书							
资金落实情况的文件资料							
"三通一平"的文件材料							
施工方案及现场平面布置图							
设计文件、施工图及施工图审查意见							
主要材料、设备落实情况							
施工许可证							
质量、安全监督手续							

建设单位(公章):	监理单位(公章):	施工单位(公章):
项目负责人(签字): 年 月 日	总监理工程师(签字): 年 月 日	项目负责人(签字): 年 月 日

表 1-9　民用建筑的主要类别

项目			一类	二类	三类	四类
民用建筑	住宅	层数　层	>24	>15	>7	≤7
		面积　m²	>12 000	>8 000	>3 000	≤3 000
		檐高　m	>67	>42	>20	≤20
	公共建筑	层数　层	>20	>13	>5	≤5
		面积　m²	>12 000	>8 000	>3 000	≤3 000
		檐高　m	>67	>42	>17	≤17
	特殊建筑		Ⅰ级	Ⅱ级	Ⅲ级	Ⅳ级

(3)批准的建设立项文件或年度计划填写"建设文件已立项，年度计划已制定"。

(4)征用土地批准文件及红线图，投标、议标、中标文件，施工合同或协议书，资金落实情况的文件资料，"三通一平"的文件材料等项目针对的是资料，所以填写"齐备"或者"已具备"等。

(5)施工方案及现场平面布置图填写"已编制"。

(6)设计文件、施工图及施工图审查意见填"设计文件、施工图已经审查机构审查合格，见审查意见"。

(7)主要材料、设备落实情况填"正在落实"。

(8)施工许可证和质量、安全监督手续填"已办理"，并分别填写有关证书编号。

(9)建设单位、施工单位和监理单位的项目负责人须签字，并加盖单位公章。

第二章 流水施工与网络计划技术

实训一 建筑工程流水施工

一、实训背景

对拟建工程模拟建筑工程流水施工的组织设计,并用横道图和网络图表示。

二、实训目的

掌握流水施工的概念、特点,流水施工基本参数及计算方法,流水施工组织方法,培养综合运用理论知识解决实际问题的能力。

三、实训能力标准要求

根据施工图纸,能正确划分施工过程,计算流水施工各项参数,独立组织流水施工。根据流水施工方式,能够独立绘制单位工程横道图施工进度计划。

四、实训指导

流水施工是指所有的施工过程按一定的时间间隔依次投入施工,各个施工过程陆续开工,陆续竣工,使同一施工过程的施工班组保持连续、均衡,不同施工过程尽可能平行搭接施工的组织方式。

1. 流水施工的表达方式

在实际工程施工中,一般用横道图、斜线图和网络图来表达施工的进度计划。

(1)**横道图**。横道图是以施工过程的名称和顺序为纵坐标、以时间为横坐标而绘制的一系列分段上下相错的水平线段,用来分别表示各施工过程在各个施工段上工作的起止时间和先后顺序的图标。

(2)**斜线图**。斜线图是以施工段及其施工顺序为纵坐标、以时间为横坐标绘制而成的斜线图形。

横道图的特点

(3) **网络图**。网络图是由一系列的圆圈节点和箭线组合而成的网状图形，用来表示各施工过程或施工段上各项工作的先后顺序和相互依赖、相互制约的关系。

2. 组织施工的三种方式

工程项目的施工组织方式根据其工程特点、平面及空间布置、工艺流程等要求，可以采用依次施工、平行施工、流水施工等方式组织施工。

(1) **依次施工**。依次施工是将拟建工程项目中的每一个施工对象分解为若干个施工过程，按施工工艺要求依次完成每一个施工过程；当一个施工对象完成后，再按同样的顺序完成下一个施工对象，依此类推，直至完成所有施工对象。

(2) **平行施工**。平行施工是指组织多个施工班组使所有施工段的同一施工过程在同一时间、不同空间同时施工，同时竣工的施工组织方式。

(3) **流水施工**。流水施工是将拟建工程的建造过程按照工艺先后顺序划分成若干个施工过程，每一个施工过程由专业施工班组负责施工，同时将施工对象在平面或空间上划分成劳动量大致相等的施工段。各专业施工班组要依次连续完成各施工段的施工任务，且相邻两个专业施工班组要最大限度地平行搭接。

3. 流水施工的基本参数

在组织流水施工时，用以表达流水施工在工艺流程、空间布置和时间排列等方面开展状态的数据，称为流水施工参数。按其性质的不同，流水施工参数可分为工艺参数、空间参数和时间参数三种。

(1) **工艺参数**。工艺参数主要是指在组织流水施工时，用以表达流水施工在施工工艺方面进展状态的参数，通常包括施工过程和流水强度两个参数。

1) **施工过程**。组织建设工程流水施工时，根据施工组织及计划安排的需要而将计划任务划分成的子项称为施工过程。应根据实际需要确定施工过程划分的粗细程度。当编制控制性施工进度计划时，组织流水施工的施工过程可以划分得粗一些，施工过程可以是单位工程，也可以是分部工程。当编制实施性施工进度计划时，施工过程可以划分得细一些，施工过程可以是分项工程，甚至是将分项工程按照专业工种不同分解而成的施工工序。

2) **流水强度**。流水强度是指流水施工的某施工过程(专业工作队)在单位时间内所完成的工程量，一般用"V_i"表示。

(2) **空间参数**。空间参数是指在组织流水施工时，用以表达流水施工在空间布置上开展状态的参数，通常包括工作面、施工段和施工层。

1) **工作面**。工作面是指供某专业工种的工人或某种施工机械进行施工的活动空间。工作面的大小，表明能安排施工人数或机械台数的多少。每个作业的工人或每台施工机械所需工作面的大小，取决于单位时间内其完成的工程量和安全施工的要求。工作面确定得合理与否，将直接影响专业工作队的生产效率。因此，必须合理确定工作面。

2) **施工段**。施工段数一般用 m 表示，它是流水施工的主要参数之一。当组织流水施工对象有层间关系时，为使各专业工作队能够连续工作，每层施工段数目应满足 $m \geqslant n$。

3) **施工层**。在组织流水施工时，为了满足专业工种对操作高度和施工工艺的要求，通常将拟建工程项目在竖向上划分为若干个操作层，这些操作层称为施工层。施工层的划分，要按工程项目的具体情况，根据建筑物的高度、楼层确定。如砌砖墙施工层高为 1.2 m，装饰工程层多以楼层为主。

(3) **时间参数**。时间参数是指在组织流水施工时,用以表达流水施工在时间排列上所处状态的参数,主要包括流水节拍、流水步距、平行搭接时间、技术间歇时间和组织间歇时间等。

1) **流水节拍**。流水节拍是指在组织流水施工时,每个专业工作队在各个施工段上完成相应的施工任务所需要的工作持续时间。流水节拍通常用 t_i 表示,是流水施工的基本参数之一。

2) **流水步距**。流水步距是指组织流水施工时,相邻两个施工过程(或专业工作队)相继开始施工的最小间隔时间。流水步距一般用 $K_{j,j+1}$ 来表示,其中 $j(j=1,2,\cdots,n-1)$ 为专业工作队或施工过程的编号。流水步距是流水施工的主要参数之一。

4. 流水施工的组织方式

流水施工总的可分为**无节奏流水施工**和**有节奏流水施工**两大类。建筑工程流水施工中,有节奏流水施工又可分为等节奏流水施工和异节奏流水施工;异节奏流水施工又可分为等步距异节拍流水施工和异步距异节拍流水施工。

(1) 等节奏流水施工是指同一个施工过程在各施工段上的流水节拍固定的一种流水施工方式。

(2) 异节奏流水施工是指同一个施工过程在各施工段上的流水节拍彼此相等,不同的施工过程在同一施工段上的流水节拍彼此不等而互为倍数的流水施工方式,也称成倍节拍专业流水,主要包括等步距异节拍流水施工和异步距异节拍流水施工两种。

(3) 无节奏流水施工指同一个施工过程在各施工段上的流水节拍不完全相等的一种流水施工方式。

五、案例分析

【**应用案例 2-1**】 某工厂需要修建 4 台设备的基础工程,施工过程包括基础开挖、基础处理和浇筑混凝土。因设备型号与基础条件等不同,4 台设备(施工段)的施工过程有着不同的流水节拍,见表 2-1。

表 2-1 基础工程流水节拍表 （周）

施工过程	施工段			
	设备A	设备B	设备C	设备D
基础开挖	2	3	2	2
基础处理	4	4	2	3
浇筑混凝土	2	3	2	3

问题:试绘制该设备基础工程的流水施工图。

分析:从流水节拍的特点可以看出,本工程应按无节奏流水施工方式组织施工。

(1) 确定施工流向,由设备 A→B→C→D,施工段数 $m=4$。

(2) 确定施工过程数 $n=3$,包括基础开挖、基础处理和浇筑混凝土。

(3)采用"累加数列错位相减取大差法"求流水步距:

$$\begin{array}{r}2,\quad 5,\quad 7,\quad 9\\ -)\quad 4,\quad 8,\quad 10,\quad 13\\ \hline K_{1+2}=\max\{2,\quad 1,\quad -1,\quad -1,\quad -13\}=2\end{array}$$

$$\begin{array}{r}4,\quad 8,\quad 10,\quad 13\\ -)\quad 2,\quad 5,\quad 7,\quad 10\\ \hline K_{1+2}=\max\{4,\quad 6,\quad 6,\quad 5,\quad -10\}=6\end{array}$$

(4)计算流水施工工期:
$$T=(2+6)+(2+3+2+3)=18(周)$$

(5)绘制无节奏流水施工进度图,如图 2-1 所示。

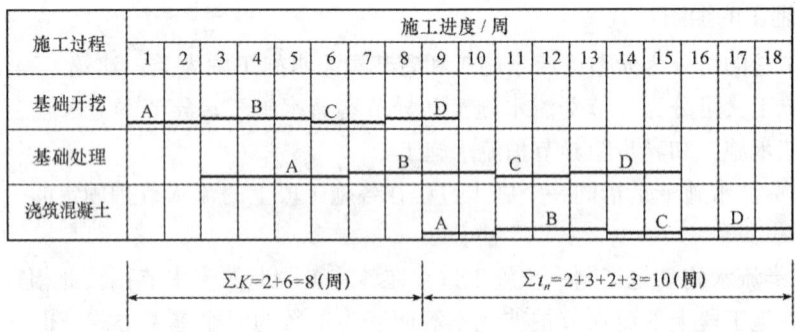

图 2-1 设备基础工程流水施工进度图

【应用案例 2-2】 某工程由Ⅰ、Ⅱ、Ⅲ、Ⅳ4 个施工过程组成,它在平面上划分为 6 个施工段,每个施工过程在各个施工段上的流水节拍见表 2-2。为缩短计划总工期,允许施工过程Ⅰ与Ⅱ有平行搭接时间 1 天;在施工过程Ⅱ完成后,其相应施工段至少应有技术间歇时间 2 天;在施工过程Ⅲ完成后,其相应施工段至少应有作业准备时间 1 天。

表 2-2 施工持续时间

施工过程	流水节拍/天					
	①	②	③	④	⑤	⑥
Ⅰ	4	5	4	4	5	4
Ⅱ	3	2	2	3	2	3
Ⅲ	2	4	3	2	4	2
Ⅳ	3	3	2	2	3	3

问题:试编制流水施工方案。
分析:根据题设条件和要求,该工程只能组织无节奏流水施工。
(1)确定流水步距。
1) $K_{Ⅰ,Ⅱ}$:

$$
\begin{array}{r}
4,\ 5,\ 4,\ 4,\ 5,\ 4\ \cdots\cdots\ t_i^{\mathrm{I}} \\
-)\ 3,\ 2,\ 2,\ 3,\ 2,\ 3\ \cdots\cdots\ t_i^{\mathrm{II}} \\
\hline
1,\ 3,\ 2,\ 1,\ 3,\ 1\ \cdots\cdots\ \Delta t_i^{\mathrm{I},\mathrm{II}} \\
(+)(+)(+)(+)(+) \\
1,\ 4,\ 6,\ 7,\ 10,\ 11\ \cdots\cdots\ \sum_{i=1}^{i}\Delta t_i^{\mathrm{I},\mathrm{II}} \\
+)\ 3,\ 2,\ 2,\ 3,\ 2,\ 3\ \cdots\cdots\ t_i^{\mathrm{II}} \\
\hline
4,\ 6,\ 8,\ 10,\ 12,\ 14\ \cdots\cdots\ k_i^{\mathrm{I},\mathrm{II}}
\end{array}
$$

所以 $K_{\mathrm{I},\mathrm{II}} = \max\{k_i^{\mathrm{I},\mathrm{II}}\} = \max\{4, 6, 8, 10, 12, 14\} = 14$(天)

2) $K_{\mathrm{II},\mathrm{III}}$:

$$
\begin{array}{r}
3,\ 2,\ 2,\ 3,\ 2,\ 3 \\
-)\ 2,\ 4,\ 3,\ 2,\ 4,\ 2 \\
\hline
1,\ -2,\ -1,\ 1,\ -2,\ 1 \\
1,\ -1,\ -2,\ -1,\ -3,\ -2 \\
+)\ 2,\ 4,\ 3,\ 2,\ 4,\ 2 \\
\hline
3,\ 3,\ 1,\ 1,\ 1,\ 0
\end{array}
$$

所以 $K_{\mathrm{II},\mathrm{III}} = \max\{3, 3, 1, 1, 1, 0\} = 3$(天)。

3) $K_{\mathrm{III},\mathrm{IV}}$:

$$
\begin{array}{r}
2,\ 4,\ 3,\ 2,\ 4,\ 2 \\
-)\ 3,\ 3,\ 2,\ 2,\ 3,\ 3 \\
\hline
-1,\ 1,\ 1,\ 0,\ 1,\ -1 \\
-1,\ 0,\ 1,\ 1,\ 2,\ 1 \\
+)\ 3,\ 3,\ 2,\ 2,\ 3,\ 3 \\
\hline
2,\ 3,\ 3,\ 3,\ 5,\ 4
\end{array}
$$

所以 $K_{\mathrm{III},\mathrm{IV}} = \max\{2, 3, 3, 3, 5, 4\} = 5$(天)

(2) 计算总工期。由题设条件可知：$C_{\mathrm{I},\mathrm{II}} = 1$ 天，$Z_{\mathrm{II},\mathrm{III}} = 2$ 天，$G_{\mathrm{III},\mathrm{IV}} = 1$ 天，可得

$$T = (14+3+5)+(3+3+2+2+3+3)+2+1-1$$
$$= 22+16+2 = 40(天)$$

(3) 绘制流水施工进度图，如图 2-2 所示。

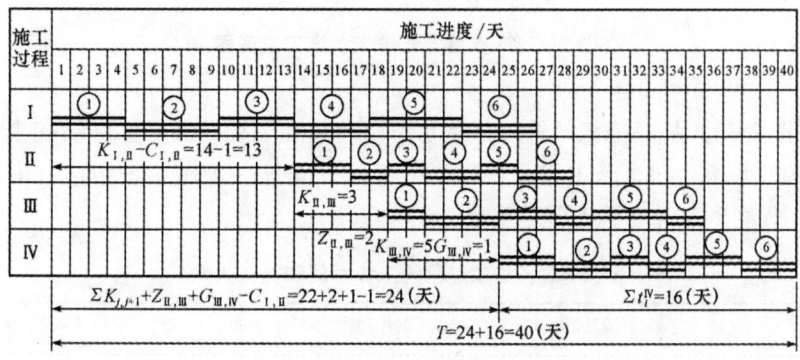

图 2-2 流水施工进度图

【应用案例 2-3】 某工程由支模板、扎钢筋和浇筑混凝土 3 个分项工程组成；它在平面上划分为 6 个施工段；各个施工段的流水节拍依次为 6 天、4 天和 2 天。

问题：试编制工期最短的流水施工方案。

分析：根据题设条件和要求，该题只能组织等步距异节拍流水施工。假定题设 3 个分项工程依次由施工班组 I、II、III 来完成，其施工段编号依次为 ①、②、…、⑥。

(1) 确定流水步距。其计算式为

$$K_b = 最大公约数\{6, 4, 2\} = 2（天）$$

(2) 确定施工班组数目。其计算式为

$$b_I = t_i^I / K_b = 6/2 = 3（个）$$

$$b_{II} = t_i^{II} / K_b = 4/2 = 2（个）$$

$$b_{III} = t_i^{III} / K_b = 2/2 = 1（个）$$

$$n_1 = \sum_{j=1}^{3} b_j = 3 + 2 + 1 = 6（个）$$

(3) 确定计算总工期。其计算式为

$$T = (6 + 6 - 1) \times 2 = 22（天）$$

(4) 绘制流水施工进度图，如图 2-3 所示。

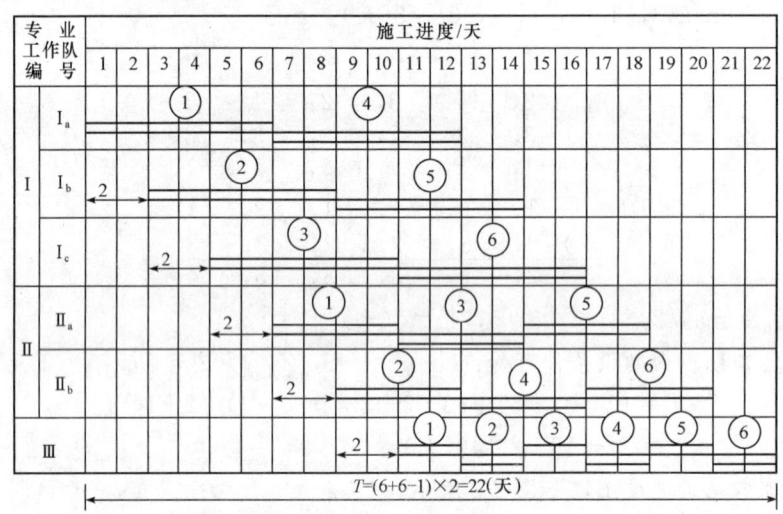

图 2-3 等步距异节拍流水施工进度图

【应用案例 2-4】 某三栋相同的砌体结构房屋的基础工程，划分为基槽挖土、混凝土垫层、砌砖基础、回填土四个施工过程，每个施工过程安排一个施工班组，一班制施工，各施工过程的工作时间和施工人数见表 2-3。

表 2-3 各施工过程的工作时间和施工人数

序号	施工过程	工作时间/天	施工人数/人
1	基槽挖土	2	15
2	混凝土垫层	1	20

续表

序号	施工过程	工作时间/天	施工人数/人
3	砌砖基础	3	12
4	回填土	1	10

问题： 采用依次施工、平行施工、流水施工，应如何安排施工进度计划？

分析：

(1) 采用依次施工。若按依次施工组织生产，其施工进度计划如图 2-4、图 2-5 所示。

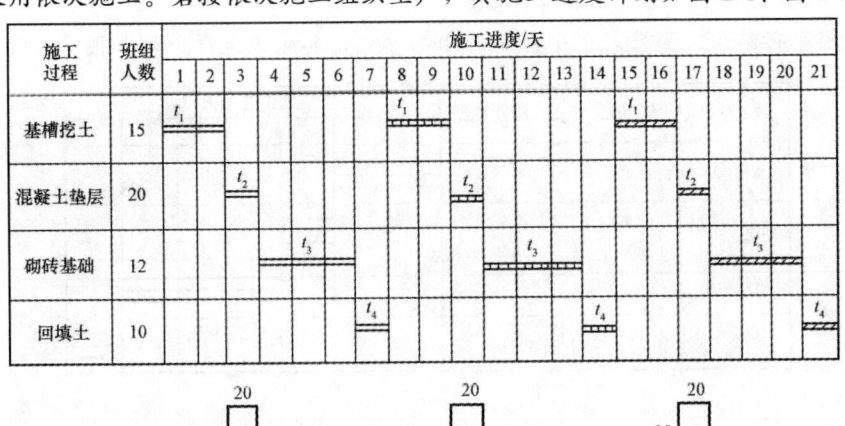

图 2-4　按栋（或施工段）依次施工

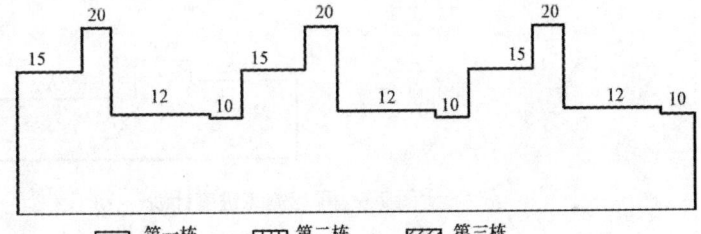

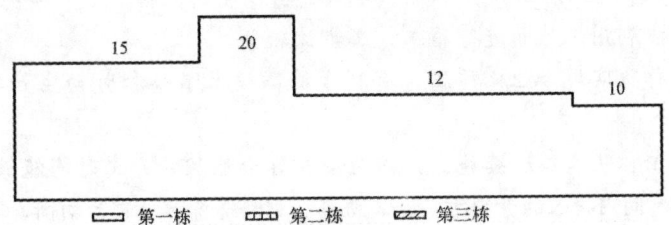

图 2-5　按施工过程依次施工

从图2-4和图2-5中可以看出，依次施工方式具有以下特点。

1)没有充分利用工作面进行施工，工期长。

2)如果按专业成立工作队，则各专业队不能连续作业，有时间间歇，劳动力及施工机具等资源无法均衡使用。

3)如果由一个工作队完成全部施工任务，则不能实现专业化施工，不利于提高劳动生产率和工程质量。

4)单位时间内投入的劳动力、施工机具、材料等资源量较少，有利于资源供应的组织。

5)施工现场的组织、管理比较简单。

(2)采用平行施工。如果采用平行施工组织方式，其施工进度计划如图2-6所示。

施工过程	施工班组数	班组人数	施工进度/天						
			1	2	3	4	5	6	7
基槽挖土	4	15	t_1						
混凝土垫层	4	20			t_2				
砌砖基础	4	12					t_3		
回填土	4	10							t_4

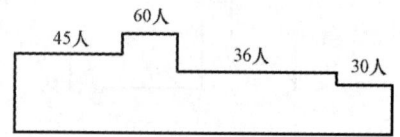

图2-6 平行施工进度计划

从图2-6中可以看出，平行施工方式具有以下特点：

1)能充分利用工作面进行施工，工期短。

2)如果每一个施工对象均按专业成立工作队，则各专业队不能连续作业，劳动力及施工机具等资源无法均衡使用。

3)如果由一个工作队完成一个施工对象的全部施工任务，则不能实现专业化施工，不利于提高劳动生产率和工程质量。

4)单位时间内投入的劳动力、施工机具、材料等资源量成倍增加，不利于资源供应的组织。

5)施工现场的组织、管理比较复杂。

(3)采用流水施工。如果采用流水施工组织方式，其施工进度计划如图2-7所示。

从图2-7中可以看出，流水施工方式具有以下特点：

1)尽可能利用工作面进行施工，工期比较短。

2)各工作队实现专业化施工，有利于提高技术水平和劳动生产率，也有利于提高工程质量。

3)专业工作队能够连续施工，同时使相邻专业队的开工时间能够最大限度地搭接。

4)单位时间内投入的劳动力、施工机具、材料等资源量较为均衡，有利于资源供应的组织。

5)为施工现场的文明施工和科学管理创造了有利条件。

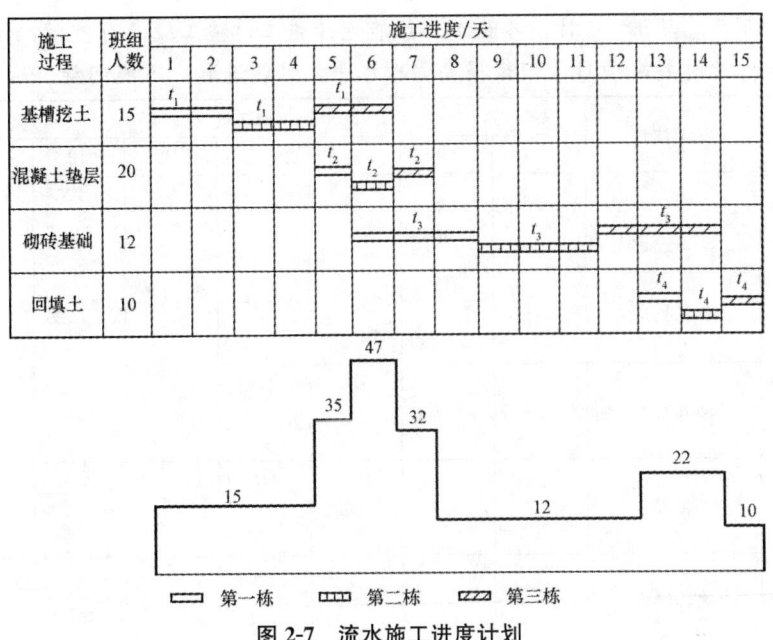

图 2-7 流水施工进度计划

【应用案例 2-5】 某二层现浇结构混凝土工程,施工过程数 $n=3$,各施工班组在各施工段上的工作时间都为 2 天,则施工段数(m)与施工过程数(n)之间会出现三种情况,即 $m>n$、$m=n$ 和 $m<n$,如图 2-8～图 2-10 所示。

问题:当 $m>n$、$m=n$ 和 $m<n$ 时,它们各自的施工特点是什么?

分析:如图 2-8 所示,当 $m>n$ 时,各施工班组能够连续作业,但施工段有空闲,利用这种空闲,可以弥补由于技术间歇、组织管理间歇和备料等要求所必需的时间。

施工层	施工过程	施工进度/天									
		2	4	6	8	10	12	14	16	18	20
Ⅰ	支模	①	②	③	④						
	绑扎钢筋		①	②	③	④					
	浇混凝土			①	②	③	④				
Ⅱ	支模					①	②	③	④		
	绑扎钢筋						①	②	③	④	
	浇混凝土							①	②	③	④

图 2-8 施工计划安排($m>n$)

如图 2-9 所示，当 $m=n$ 时，各施工班组能连续施工，施工段没有空闲，这是理想化的流水施工方案。此时要求项目管理者提高管理水平，只能进取，不能回旋、后退。

施工层	施工过程	施工进度/天							
		2	4	6	8	10	12	14	16
I	支模	①	②	③					
	绑扎钢筋		①	②	③				
	浇混凝土				①	②	③		
II	支模				①	②	③		
	绑扎钢筋					①	②	③	
	浇混凝土						①	②	③

图 2-9　施工计划安排($m=n$)

如图 2-10 所示，当 $m<n$ 时，各专业工作队不能连续施工，施工段没有空闲，出现停工、窝工现象。这种流水施工是不适宜的，应加以杜绝。

施工层	施工过程	施工进度/天						
		2	4	6	8	10	12	14
I	支模	①	②					
	绑扎钢筋		①	②				
	浇混凝土			①	②			
II	支模				①	②		
	绑扎钢筋					①	②	
	浇混凝土						①	②

图 2-10　施工计划安排($m<n$)

【应用案例 2-6】 某三层工业厂房,其主体结构为现浇钢筋混凝土框架,框架全部由 6 m×6 m 的单元构成。横向为 3 个单元,纵向为 21 个单元,共划分为 3 个温度区段。其平面及剖面简图,如图 2-11 所示。施工工期为 63 个工作日。施工时平均气温为 15 ℃。劳动力:木工不得超过 20 人,混凝土工与钢筋工可根据计划要求配备。机械设备为 J1-400 混凝土搅拌机 2 台,混凝土振捣器和卷扬机可根据计划要求配备。

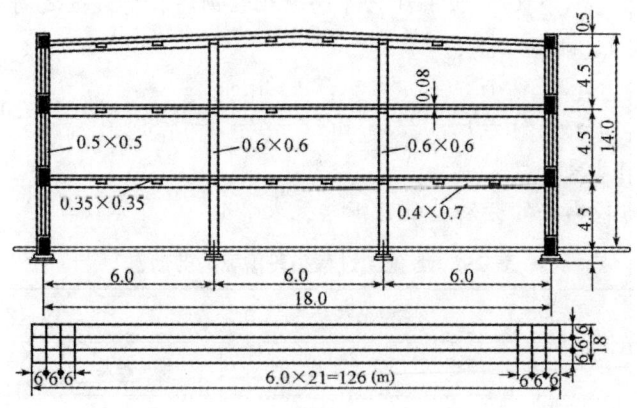

图 2-11 某钢筋混凝土框架结构工业厂房平面、剖面简图

问题:应如何组织流水施工?

分析:

(1)计算工程量与劳动量。本工程每层每个温度区段的模板、钢筋、混凝土的工程量根据施工图计算;定额根据劳动定额手册和工人实际生产率确定;劳动量按工程量和定额计算。

(2)划分施工过程。本工程框架部分采用以下施工顺序:绑扎柱钢筋→支柱模板→支主梁模板→支次梁模板→支板模板→绑扎梁钢筋→绑扎板钢筋→浇筑柱混凝土→浇筑梁、板混凝土。

根据施工顺序和劳动组织,本工程划分为绑扎柱钢筋,支模板,绑扎梁、板钢筋和浇筑混凝土四个施工过程。各施工过程中均包括楼梯间部分。

(3)按划分的施工段确定流水节拍并绘制流水指示图。由于本工程 3 个温度区段大小一致,各层构造基本相同,各施工过程工程量相差均小于 15%,因此,首先考虑组织全等或成倍节拍流水。

1)划分施工段。考虑结构的整体性,利用温度缝作为分界线,最理想的是每层划分为 3 个施工段。为了保证各工作队能连续施工,按全等节拍组织流水作业,每层最少施工段数可按要求进行计算。其中,$n=4$,$K=t$,$Z_2=1.5$(根据气温条件,混凝土达到初凝强度需要 36 h);$\sum Z_1=0$。可得

$$m=4+\frac{1.5}{t}$$

因此,每层如划分为 3 个施工段,则不能保证工作队连续工作。根据该工程的结构特征,将每个温度区段分为两段,每层划分为 6 个施工段。施工段数大于计算所需要的段数。各工作队可以连续工作,各施工层间增加了间歇时间,这是可取的。

2)确定流水节拍和各工作队人数。根据工期要求,接全等节拍流水工期公式,先初算流水节拍。

$$T = (j \cdot m + n - 1) \cdot k + \sum Z_1 - \sum C$$

式中　j——工程的层数。

因 $K=t,\sum Z_1 = 0,\sum C = 0.33t$(只考虑绑扎柱钢筋和支极板之间可搭接施工,取搭接时间为 $0.33t$),$T=63$,则有

$$t = \frac{T}{j \cdot m + n - 1 - 0.33} = \frac{63}{3 \times 6 + 4 - 1 - 0.33} = 3.05(天)$$

故流水节拍选用 3 天。

将各施工过程每段需要的劳动量进行汇总见表 2-4。

表 2-4　各施工过程每段需要的劳动量

施工过程	需要的劳动量/工日			附注
	一层	二层	三层	
绑扎柱钢筋	13	12.3	12.3	
支模板	55.7	54.8	62.3	包括楼梯
绑扎梁、板钢筋	28.1	28.1	27.9	包括楼梯
浇筑混凝土	102.4	100.3	93	包括楼梯

①确定绑扎柱钢筋的流水节拍和工作队人数:由表 2-4 可知,绑扎柱钢筋所需劳动量为 13 个工日。由劳动定额知,绑扎柱钢筋工人小组至少需要 5 人,则流水节拍等于 13/5=2.6(天),取 3 天。

②确定支模板的流水节拍和工作队人数:框架结构支柱、梁、板模板,根据经验一般需要 2~3 天,流水节拍采用 3 天。所需工人数为 55.7/3=18.6(人)。由劳动定额知,支模板要求工人小组一般为 5 人或 6 人。本方案木工工作队采用 18 人,分 3 个小组施工。木工人数满足规定的人数条件。

③确定绑扎梁、板钢筋的流水节拍和工作队人数:流水节拍采用 3 天。所需工人数为 28.1/3=9.4(人)。由劳动定额知,绑扎梁、板钢筋要求工人小组一般为 3~4 人。本方案钢筋工作队采用 9 人,分 3 个小组施工。

④确定浇筑混凝土的流水节拍和工作队人数:根据表 2-4 知,浇筑混凝土工程量最多的施工段的工程量为(46.1+156.2+6.6)/2=104.5(m^3)。每台 J1-400 混凝土搅拌机搅拌半干硬性混凝土的生产率为 36 m^3/台班,故需要台班数 104.5/36=2.9(台班)。选用一台混凝土搅拌机,流水节拍采用 3 天。所需工人数为 102.4/3=34.1(人)。根据劳动定额,浇筑混凝土要求工人小组一般为 20 人左右。本方案混凝土工作队采用 34 人,分 2 个小组施工。

3)绘制流水施工指示图(图 2-12)。

所需工期 $T=(3 \times 6+4-1) \times 3+0-1=62(天)$

层次	施工过程	工程量 单位	工程量 数量	时间定额	劳动量/工日	流水节拍/天	工人人数	施工进度/天
一	绑扎柱钢筋	t	32.7	2.38	78	3	5	
一	支模板	m²	4 856.4	0.068 5	334.2	3	18	
一	绑扎梁、板钢筋	t	49.95	3.38	168.6	3	9	
一	浇筑混凝土	m³	627.7	0.97	614.4	3	34	
二	绑扎柱钢筋	t	30.9	2.38	73.8	3	5	
二	支模板	m²	4 793.4	0.068 5	328.8	3	18	
二	绑扎梁、板钢筋	t	49.95	3.38	168.6	3	9	
二	浇筑混凝土	m³	617.7	0.97	601.8	3	34	
三	绑扎柱钢筋	t	30.9	2.38	73.8	3	5	
三	支模板	m²	46.77	0.066 4	313.8	3	18	
三	绑扎梁、板钢筋	t	50.49	3.38	167.4	3	9	
三	浇筑混凝土	m³	597.9	0.93	558	3	34	

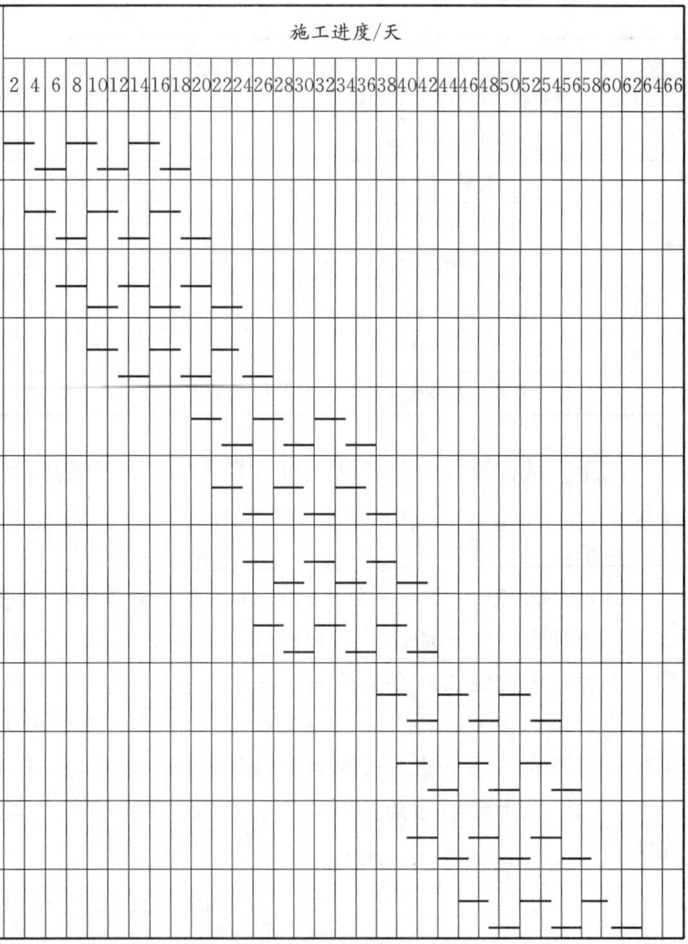

图 2-12 流水施工指示图

【应用案例 2-7】 工程背景：本工程为四层四单元砖混结构的房屋，建筑面积为 1 560 m²，基础采用钢筋混凝土条形基础，主体结构为砖混结构，楼板为现浇钢筋混凝土，屋面工程为现浇钢筋混凝土屋面板，贴两毡三油防水，外加架空隔热层。装饰工程为铝合金窗，胶合板门，外墙用白色外墙砖贴面，内墙为普通抹灰，外加 106 涂料饰面。本工程合同工期为 110 天，工程已具备开工条件，劳动量见表 2-5。

表 2-5 某四层砖混结构房屋劳动量一览表

序号	分项名称	劳动量/工日	序号	分项名称	劳动量/工日
一	基础工程		二	主体工程	
1	基槽挖土	180	7	脚手架	102
2	浇筑混凝土垫层	20	8	构造柱筋	68
3	绑扎基础钢筋	40	9	构造柱墙	1 120
4	浇筑基础混凝土	100	10	构造柱模板	80
5	浇筑素混凝土墙基	35	11	构造柱混凝土	280
6	基础回填土	50	12	梁板模板(含楼梯)	528

续表

序 号	分项名称	劳动量/工日	序 号	分项名称	劳动量/工日
13	拆柱梁板模板(含楼梯)	120	19	顶棚普通抹灰	220
14	梁板筋(含楼梯)	200	20	内墙普通抹灰	156
15	梁板混凝土(含楼梯)	600	21	铝合金窗	24
三	屋面工程		22	胶合板门	20
16	屋面防水层	54	23	外墙面砖	240
17	屋面隔热层	32	24	油漆	19
四	装饰工程		五	水电安装	
18	楼地面及楼梯抹灰	190			

问题： 试计算此工程各施工过程在各施工段上的流水节拍和工期，并绘制流水施工进度计划表。

分析：

(1)基础工程。基础工程包括基槽挖土、浇筑混凝土垫层、绑扎基础钢筋、浇筑基础混凝土、浇筑素混凝土墙基、基础回填土等施工过程。考虑到基础混凝土与素混凝土墙基是同一工种，班组施工可合并为一个施工过程。

基础工程合并后共有五个施工过程($n=5$)，每个施工过程按等节拍组织施工，考虑到工作面的因素，每个施工过程划分为两个施工段($m=2$)，流水节拍和流水工期计算如下：

1)基槽挖土劳动量为180工日，安排20人组成施工班组，采用一班作业，则流水节拍为

$$t_{基槽挖土}=\frac{Q_{基槽挖土}}{每班劳动量\times 施工段数}=\frac{180}{20\times 2}=4.5(天)$$

考虑组织安排，双流水节拍为5天。

2)浇筑混凝土垫层劳动量为20工日，安排20人组成施工班组，采用一班作业，根据工艺要求，垫层施工完成后需养护1.5天，则流水节拍为

$$t_{垫层}=\frac{Q_{垫层}}{每班劳动量\times 施工段数}=\frac{20}{20\times 2}=0.5(天)$$

3)绑扎基础钢筋劳动量为40工日，安排20人组成施工班组，采用一班作业，则流水节拍为

$$t_{钢筋}=\frac{Q_{钢筋}}{每班劳动量\times 施工段数}=\frac{40}{20\times 2}=1(天)$$

4)浇筑基础混凝土与素混凝土墙基共为135工日，施工班组人员为20人，采用三班制，基础混凝土完成后需养护2天，则流水节拍为

$$t_{混凝土}=\frac{Q_{混凝土}}{每班劳动量\times 施工段数\times 工作班次}=\frac{135}{20\times 2\times 3}=1.125(天)，取1天$$

5)基础回填土劳动量为50工日，施工班组人数为20人，采用一班制，混凝土墙基完成1天后回填，则流水节拍为

$$t_{基础回填土}=\frac{Q_{基础回填土}}{每班劳动量\times 施工段数}=\frac{50}{20\times 2}=1.25(天)，取1.5天$$

(2)主体结构。主体结构工程包括脚手架、构造柱筋、构造柱墙、构造柱模板、构造柱混凝土、梁板模板(含楼梯)、折柱梁板模板(含楼梯)、梁板筋(含楼梯)、梁板混凝土(含楼梯)等分项施工过程。脚手架工程可穿插进行。由于各个施工过程的劳动量相差较大,不利于按等节奏方式组织施工,故采用异节奏流水施工方式。

由于基础工程采用两个施工段组织施工,所以主体也按两个施工段组织施工,即 $n=8$,$m=2$,$m<n$。根据流水施工原理,按此方式组织施工,工作面连续,专业工作队有窝工现象,但本工程只要求砌墙专业工程队施工连续,就能保证工程顺利进行,其余的班组可在现场统一调配。

根据上述条件和施工工艺要求,在组织流水施工时,为加快施工进度,既要考虑工艺要求,也要适当采用搭接施工,所以,此分部工程施工的流水节拍按以下方式确定:

1)构造柱筋劳动量为 68 工日,施工班组人数为 9 人,采用一班制,则流水节拍为

$$t_{构造筋}=\frac{Q_{构造筋}}{每班劳动量\times施工段数\times层数}=\frac{68}{9\times2\times4}=0.94(天),取 1 天$$

2)构造柱墙劳动量为 1 120 工日,施工班组人数 20 人,采用一班制,则流水节拍为

$$t_{构造墙}=\frac{Q_{构造墙}}{每班劳动量\times施工段数\times层数}=\frac{1\,120}{20\times2\times4}=7(天)$$

3)构造柱模板劳动量为 80 工日,施工班组人数 10 人,采用一班制,则流水节拍为

$$t_{构造模板}=\frac{Q_{构造模板}}{每班劳动量\times施工段数\times层数}=\frac{80}{10\times2\times4}=1(天)$$

4)构造柱混凝土劳动量为 280 工日,施工班组人数 10 人,采用三班制,则流水节拍为

$$t_{构造柱混凝土}=\frac{Q_{构造柱混凝土}}{每班劳动量\times施工段数\times层数\times班次}=\frac{280}{10\times2\times4\times3}=1.16(天),取 1.5 天$$

5)梁板模板(含楼梯)劳动量为 528 工日,施工班组人数 23 人,采用一班制,则流水节拍为

$$t_{梁板模板}=\frac{Q_{梁板模板}}{每班劳动量\times施工段数\times层数}=\frac{528}{23\times2\times4}=2.87(天),取 3 天$$

6)折柱梁板模板(含楼梯)劳动量为 120 工日,施工班组人数 15 人,采用一班制,则流水节拍为

$$t_{折柱梁板模板}=\frac{Q_{折柱梁板模板}}{每班劳动量\times施工段数\times层数}=\frac{120}{15\times2\times4}=1(天)$$

7)梁板筋(含楼梯)劳动量为 200 工日,施工班组人数 25 人,采用一班制,则流水节拍为

$$t_{梁板筋}=\frac{Q_{梁板筋}}{每班劳动量\times施工段数\times层数}=\frac{200}{25\times2\times4}=1(天)$$

8)梁板混凝土(含楼梯)劳动量为 600 工日,施工班组人数 25 人,采用三班制,则流水节拍为

$$t_{梁板混凝土}=\frac{Q_{梁板混凝土}}{每班劳动量\times施工段数\times层数\times班次}=\frac{600}{25\times2\times4\times3}=1(天)$$

(3)屋面工程。屋面工程包括屋面防水层和层面隔热层,考虑屋面防水要求高,所以,防水层和隔热层不分施工段,即各自组织一个班组独立完成该项任务。

1)屋面防水层劳动量为54工日,施工班组人数为10人,采用一班制,其流水节拍为

$$t_{防水层}=\frac{Q_{防水层}}{每班劳动量×施工段数}=\frac{54}{10×1}=5.4(天),取6天$$

2)屋面隔热层劳动量为32工日,施工班组人数为16人,采用一班制,其流水节拍为

$$t_{隔热层}=\frac{Q_{隔热层}}{每班劳动量×施工段数}=\frac{32}{16×1}=2(天)$$

(4)装饰工程。装饰工程包括楼地面及楼梯抹灰、顶棚普通抹灰、内墙普通抹灰、铝合金窗、胶合板门等。由于装饰阶段施工过程多,工程量相差大,组织等节拍流水比较困难,而且不经济,故可以采用异节拍流水或无节奏流水方式。从工程量中可知,抹灰工的工程量较大,也比较集中,因此,可以组织连续的异节拍流水施工。其施工过程为:楼地面及楼梯抹灰→顶棚、内墙抹灰→铝合金窗安装→胶合板门安装→油漆→外墙面砖粘贴。根据工艺和现场组织要求,可以先考虑1~6项组织流水施工,第7项穿插进行,由于本装饰工程共分4层,可分为4个施工段,故各施工过程的施工人数、工作班次及流水节拍依次如下:

1)楼地面及楼梯抹灰劳动量为190工日,施工班组16人,采用一班制,其流水节拍为

$$t_{楼地面及楼梯抹灰}=\frac{Q_{楼地面及楼梯抹灰}}{每班劳动量×施工段数}=\frac{190}{16×4}=2.97(天),取3天$$

2)顶棚普通抹灰劳动量为220工日,施工班组20人,采用一班制,其流水节拍为

$$t_{顶棚普通抹灰}=\frac{Q_{天棚普通抹灰}}{每班劳动量×施工段数}=\frac{220}{20×4}=2.75(天),取3天$$

3)内墙普通抹灰劳动量为156工日,施工班组20人,采用一班制,其流水节拍为

$$t_{内墙普通抹灰}=\frac{Q_{内墙普通抹灰}}{每班劳动量×施工段数}=\frac{156}{20×4}=1.95(天),取2天$$

4)铝合金窗劳动量为24工日,施工班组4人,采用一班制,其流水节拍为

$$t_{铝合金窗}=\frac{Q_{铝合金窗}}{每班劳动量×施工段数}=\frac{24}{4×4}=1.5(天)$$

5)胶合板门劳动量为20工日,施工班组3人,采用一班制,其流水节拍为

$$t_{胶合板门}=\frac{Q_{胶合板门}}{每班劳动量×施工段数}=\frac{20}{3×4}=1.67(天),取2天$$

6)油漆劳动量为19工日,施工班组3人,采用一班制,其流水节拍为

$$t_{油漆}=\frac{Q_{油漆}}{每班劳动量×施工段数}=\frac{19}{3×4}=1.58(天),取2天$$

7)外墙面砖劳动量为240工日,自上而下不分层连续施工,施工班组20人,采用一班制,其流水节拍为

$$t_{外墙砖}=\frac{Q_{外墙砖}}{每班劳动量×施工段数}=\frac{240}{20×1}=12(天)$$

按以上计算的流水节拍及施工段数画出此工程流水施工进度计划图,如图2-13所示。

序号	分项工程	劳动量/工日	人数	班制	天数
一	基础工程				
1	基础挖土	180	20	1	10
2	浇筑混凝土垫层	20	20	1	1
3	绑扎基础钢筋	40	20	1	2
4	基础混凝土(含柱基)	135	20	3	2
5	基础回填土	50	20	1	3
二	主体工程				
6	脚手架	102	3	1	
7	构造柱筋	68	9	1	8
8	构造柱模	1 120	20	1	56
9	构造柱模板	80	10	1	8
10	构造柱混凝土	280	10	3	12
11	梁板模板混凝(含楼梯)	528	23	1	24
12	梁板筋(含楼梯)	200	25	1	8
13	梁板混凝土(含楼梯)	600	25	3	8
14	拆柱梁板模板(含楼梯)	120	15	1	8
三	屋面工程				
15	屋面防水层	54	10	1	6
16	屋面隔热层	32	16	1	2
四	装饰工程				
17	楼地面及楼梯抹灰	190	16	1	12
18	顶棚普通抹灰	220	20	1	12
19	内墙普通抹灰	156	20	1	8
20	铝合金窗	24	4	1	6
21	胶合板门	20	3	1	8
22	油漆	19	3	1	8
23	外墙面砖	240	20	1	12
五	水电安装				

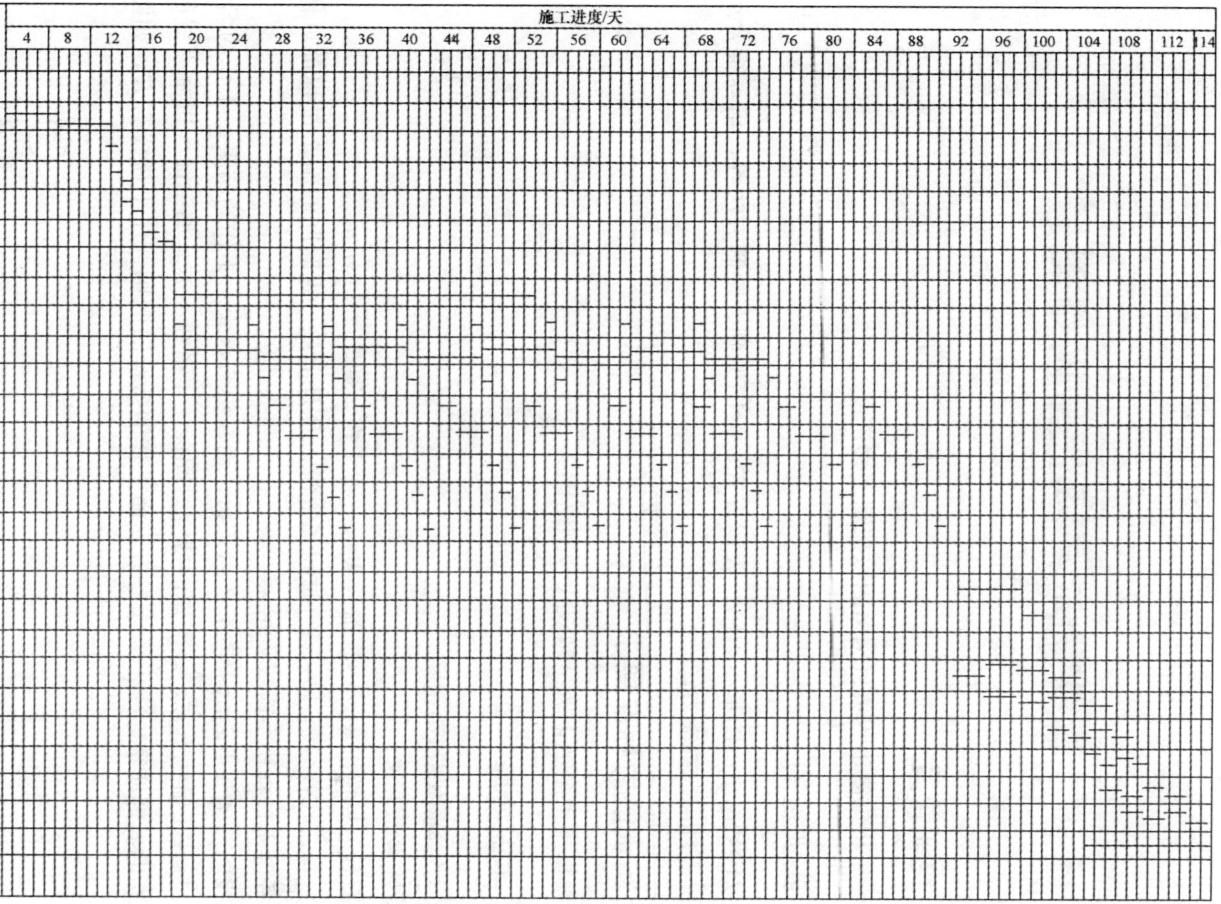

图 2-13 流水施工进度计划表

实训二　双代号网络图

一、实训背景

对拟建工程编制工程项目网络图以控制工程进度。

二、实训目的

掌握双代号网络图的基本识图、表达方式、绘图原则、绘制方法等，培养综合运用理论知识解决实际问题的能力。

三、实训能力标准要求

能够根据施工图纸正确绘制双代号网络图。

四、实训指导

1. 双代号网络图基本识图

（1）**箭线表示方法。**

1）在双代号网络图中，一根箭线表示一项工作，如图 2-14 所示。

2）每一项工作都要消耗一定的时间和资源。凡是消耗一定时间的施工过程都可作为一项工作。各施工过程用实箭线表示。

3）箭线的箭尾节点表示一项工作的开始，而箭头节点表示工作的结束。工作的名称（或字母代号）标注于箭线上方，该工作的持续时间标注于箭线下方。如果箭线以垂直线的形式出现，工作的名称通常标注于箭线左方，而工作的持续时间则标注于箭线右方，如图 2-15 所示。

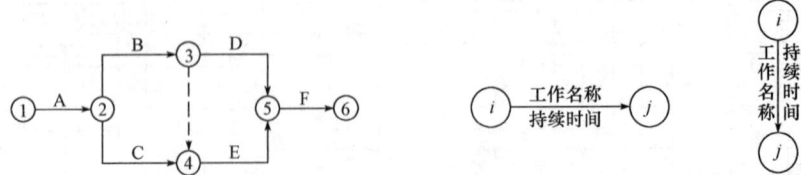

图 2-14　双代号网络图　　　　　图 2-15　双代号网络图工作表示方法

4）在非时标网络图中，箭线的长度不直接反映工作所占用的时间长短。箭线宜画成水平直线，也可画成折线或斜线。水平直线投影的方向应自左向右，表示工作的进行方向。

5）在双代号网络图中，为了正确表达施工过程的逻辑关系，有时必须使用一种虚箭线。这种虚箭线没有工作名称，不占用时间，不消耗资源，只解决工作之间的连接问题，被称为**虚工作**。虚工作在双代号网络计划中起施工过程之间的逻辑连接或逻辑间断的作用。

(2) 节点表达方式。

1) 在网络图中，节点不同于工作，它只标志着工作的结束和开始的瞬间，具有承上启下的衔接作用，而不需要消耗时间或资源。

2) 节点分起点节点、终点节点和中间节点。网络图的第一个节点称为起点节点，表示一项计划的开始；网络图的最后一个节点称为终点节点，表示一项计划的结束；其余节点都称为中间节点，任何一个中间节点都既是其紧前各施工过程的结束节点，又是其紧后各施工过程的开始节点。

3) 节点位置号的确定如下：无紧前工作的开始节点的位置号为0；有紧前工作的开始节点的位置号等于其紧前工作的开始节点的位置号最大值加1；有紧后工作的完成节点的位置号等于其紧后工作的开始节点的位置号的最小值；无紧后工作的完成节点的位置号等于其紧后工作的完成节点的位置号最大值加1。

(3) 工作的表示方法和工作之间的关系。

1) 工作的表示方法：一个工作用一条箭线和两个节点表示，如图2-16所示。

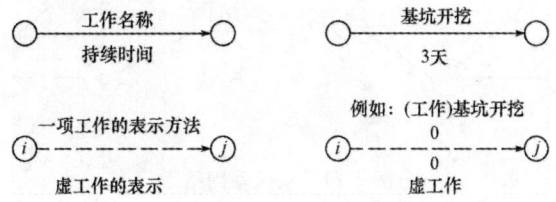

图 2-16　双代号网络图工作的表示方法图例

2) 工作之间的三种关系如图2-17所示。

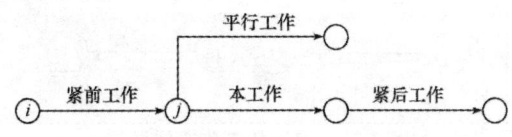

图 2-17　双代号网络图中工作之间的三种关系

2. 绘制双代号网络图的基本原则

(1) **双代号网络图必须正确表达已定的逻辑关系。** 例如，已知工作之间的逻辑关系见表2-6，若绘出网络图2-18(a)则是错误的，因为工作A不是工作D的紧前工作。此时，可用虚箭线将工作A和工作D的联系断开，如图2-18(b)所示。

表 2-6　逻辑关系表

工　作	紧前工作
A	—
B	—
C	A、B
D	B

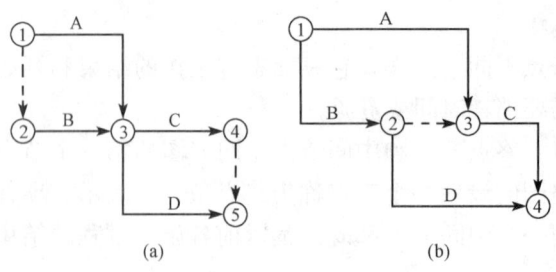

图 2-18 双代号网络图
(a)错误画法；(b)正确画法

(2)**在双代号网络图中严禁出现循环回路**。图 2-19(a)中的②→③→⑤→②就是循环回路，它表示的网络图在逻辑关系上是错误的，在工艺关系上是矛盾的。

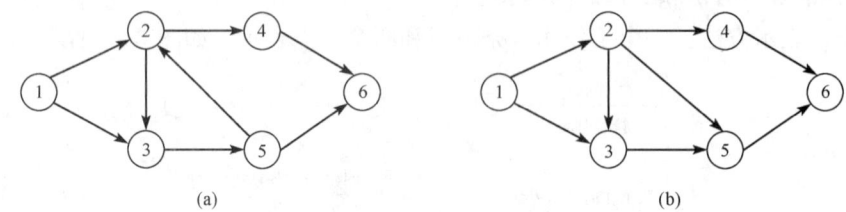

图 2-19 双代号网络图
(a)错误画法；(b)正确画法

(3)**双代号网络图中，在节点之间严禁出现双向箭头和无箭头的连线**。图 2-20 所示为错误的工作箭线画法，因为工作进行的方向不明确，因而不能达到网络图有向的要求。

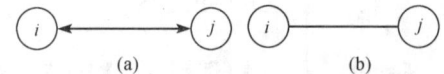

图 2-20 错误的工作箭线画法
(a)双向箭头；(b)无箭头

(4)**双代号网络图中严禁出现没有箭尾节点的箭线或没有箭头节点的箭线**。图 2-21 所示为错误的画法。

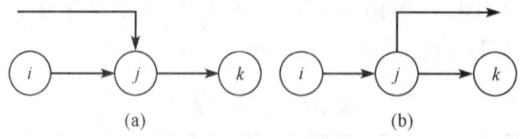

图 2-21 错误的画法
(a)存在没有箭尾节点的箭线；(b)存在没有箭头节点的箭线

(5)当双代号网络图的某些节点有多条外向箭线或多条内向箭线时，在保证一项工作有唯一的一条箭线和对应的一对节点编号前提下，可使用母线法绘图。当箭线线型不同时，可在从母线上引出的支线上标出，如图 2-22 所示。

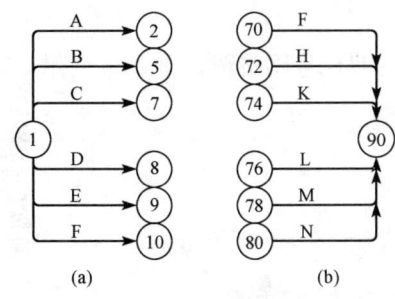

图 2-22 母线法绘图

(a)有多条外向箭线时母线法绘图；(b)有多条内向箭线时母线法绘图

(6)绘制网络图时，箭线不宜交叉，当交叉不可避免时，可用过桥法或指向法，如图 2-23 所示。

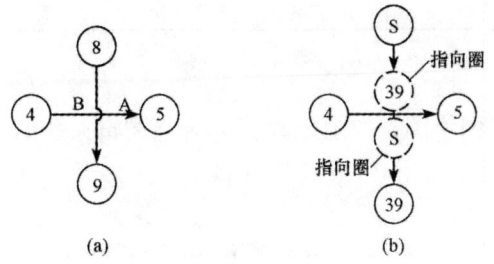

图 2-23 箭线交叉的表示方法

(a)过桥法；(b)指向法

(7)双代号网络图是由许多条线路组成的、环环相套的封闭图形，应只有一个起点节点，在不分期完成任务的网络图中，应只有一个终点节点，而其他所有节点均是中间节点（既有指向它的箭线，又有背离它的箭线）。图 2-24 所示网络图中有两个起点节点①和②，两个终点节点⑦和⑧。该网络图的正确画法如图 2-25 所示，即将节点①和②合并为一个起点节点，将节点⑦和⑧合并为一个终点节点。

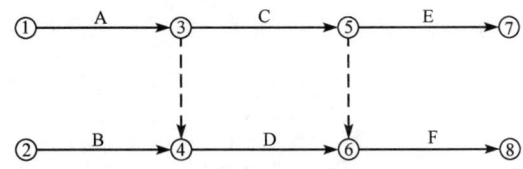

图 2-24 存在多个起点节点和多个终点节点的错误网络图

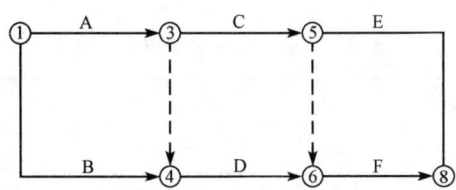

图 2-25 存在多个起点节点和多个终点节点的正确网络图

3. 双代号网络图的模型

（1）**依次开始**。依次开始的双代号网络图如图 2-26 所示，其逻辑关系见表 2-7。

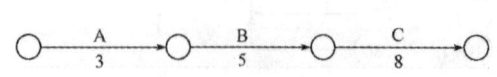

图 2-26 三个工作依次开始双代号网络图的绘制

双代号网络图的绘制方法与步骤

表 2-7 三个工作依次开始的逻辑关系表

工作	A	B	C	工作	A	B	C
紧后工作	B	C	—	紧前工作	—	A	B

（2）**约束关系**。

1）全约束关系双代号网络图，如图 2-27 所示，其逻辑关系见表 2-8。

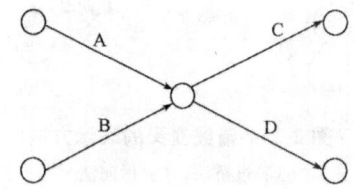

图 2-27 全约束关系双代号网络图的绘制

表 2-8 全约束关系逻辑关系表

工作	A	B	工作	C	D
紧后工作	C、D	C、D	紧前工作	A、B	A、B

2）半约束关系双代号网络图，如图 2-28 所示，其逻辑关系见表 2-9。

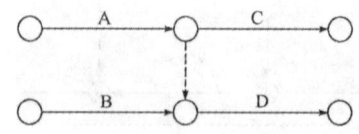

图 2-28 半约束关系双代号网络图的绘制

表 2-9 半约束关系逻辑关系表

工作	A	B	工作	C	D
紧后工作	C、D	D	紧前工作	A	A、B

3）三分之一约束关系双代号网络图，如图 2-29 所示，其逻辑关系见表 2-10。

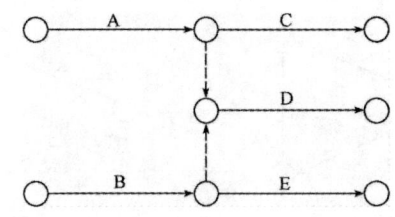

图 2-29 三分之一约束关系双代号网络图的绘制

表 2-10 三分之一约束关系逻辑关系表

工作	A	B	工作	C	E	D
紧后工作	C、D	D、E	紧前工作	A	B	A、B

(3) **同时开始**。同时开始的双代号网络图，如图 2-30 所示，其逻辑关系见表 2-11。

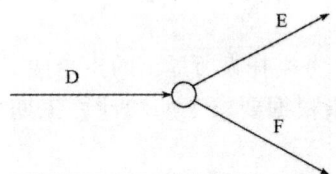

图 2-30 两个工作同时开始双代号网络图的绘制

表 2-11 两个工作同时开始的逻辑关系表

工作	D	工作	E	F
紧后工作	E、F	紧前工作	D	D

(4) **同时结束**。同时结束的双代号网络图，如图 2-31 所示，其逻辑关系见表 2-12。

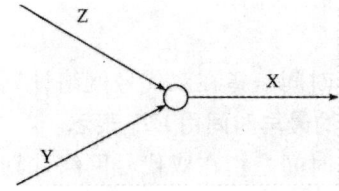

图 2-31 两个工作同时结束双代号网络图的绘制

表 2-12 两个工作同时结束的逻辑关系表

工作	X	工作	Z	Y
紧前工作	Z、Y	紧后工作	X	X

(5) **两个工作同时开始且同时结束**。两个工作同时开始且同时结束的双代号网络图如图 2-32 所示。

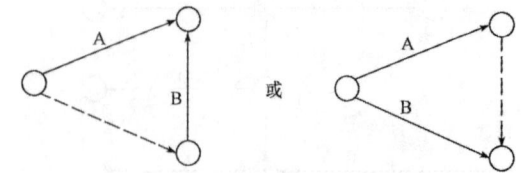

图 2-32 两个工作同时开始且同时结束双代号网络图的绘制

4. 双代号网络图时间参数的确定

(1) 工作持续时间。工作持续时间是指一项工作从开始到完成的时间。在双代号网络计划中，工作 $i-j$ 的持续时间用 D_{i-j} 表示。

(2) 工期。工期是指完成一项任务所需要的时间。在网络计划中，工期一般有以下三种：

双代号网络计划
时间参数计算

1) **计算工期**。计算工期是根据网络计划时间参数计算而得到的工期，用 T_c 表示。

2) **要求工期**。要求工期是任务委托人所提出的指令性工期，用 T_r 表示。

3) **计划工期**。计划工期是指根据要求工期和计算工期所确定的作为实施目标的工期，用 T_p 表示。

① 当已规定了要求工期时，计划工期不应超过要求工期，即

$$T_p \leqslant T_r \tag{2-1}$$

② 当未规定要求工期时，可令计划工期等于计算工期，即

$$T_p = T_c \tag{2-2}$$

(3) 时间参数的计算内容。

1) **节点时间计算**：逐一计算每一个节点的最早和最迟时间（时刻），同时得到计划总工期，包括两种时间参数的计算。

2) **工作时间计算**：逐一计算每一项工作的最早与最迟开始时间（时刻）和最早与最迟完成时间（时刻），包括四种时间参数的计算。

(4) 节点的两时间参数。

1) **节点最早时间**。节点最早时间是指在双代号网络计划中，以该节点为开始节点的各项工作的最早开始时间。**节点 i 的最早时间用 ET_i 表示**。

2) **节点最迟时间**。节点最迟时间是指在双代号网络计划中，以该节点为完成节点的各项工作的最迟完成时间。**节点 i 的最迟时间用 LT_i 表示**。

(5) 工作的六个时间参数。

1) **最早开始时间**。工作的最早开始时间是指在其所有紧前工作全部完成后，本工作有可能开始的最早时刻。**工作 $i-j$ 的最早开始时间用 ES_{i-j} 表示**。

2) **最早完成时间**。工作的最早完成时间是指在其所有紧前工作全部完成后，本工作有可能完成的最早时刻。工作的最早完成时间等于本工作的最早开始时间与其持续时间之和。**工作 $i-j$ 的最早完成时间用 EF_{i-j} 表示**。

3) **最迟完成时间**。工作的最迟完成时间是指在不影响整个任务按期完成的前提下，本工作必须完成的最迟时刻。**工作 $i-j$ 的最迟完成时间用 LF_{i-j} 表示**。

4) **最迟开始时间**。工作的最迟开始时间是指在不影响整个任务按期完成的前提下，本工作必须开始的最迟时刻。工作的最迟开始时间等于本工作的最迟完成时间与其持续时间之差。**工作 $i-j$ 的最迟开始时间用 LS_{i-j} 表示。**

5) **总时差**。工作的总时差是指在不影响总工期的前提下，本工作可以利用的机动时间。但是在网络计划的执行过程中，如果利用某项工作的总时差，则有可能使该工作后续工作的总时差减小。**工作 $i-j$ 的总时差用 TF_{i-j} 表示。**

6) **自由时差**。工作的自由时差是指在不影响其紧后工作最早开始时间的前提下，本工作可以利用的机动时间。在网络计划的执行过程中，工作的自由时差是该工作可以自由使用的时间。**工作 $i-j$ 的自由时差用 FF_{i-j} 表示。**

(6) **双代号网络图时间参数的计算。**

1) **节点时间参数的计算。**

① 节点最早时间（ET）的计算。节点最早时间指从该节点开始的各工作可能的最早开始时间，等于以该节点为结束点的各工作可能最早完成时间的最大值。节点最早时间可以统一表明以该节点为开始节点的所有工作最早的可能开工时间。

a. 起点节点 i 如未规定最早时间 ET_i 时，其值应等于零，即

$$ET_i = 0 (i=1) \tag{2-3}$$

b. 当节点 j 只有一条内向箭线时，其最早时间为

$$ET_j = ET_i + D_{i-j} \tag{2-4}$$

c. 当节点 j 有多条内向箭线时，其最早时间 ET_j 应为

$$ET_j = \max\{ET_i + D_{i-j}\} \tag{2-5}$$

式中　ET_i——工作 $i-j$ 的开始节点 i 的最早时间；

ET_j——工作 $i-j$ 的完成节点 j 的最早时间；

D_{i-j}——工作 $i-j$ 的持续时间。

② 节点最迟时间（LT）的计算。节点最迟时间是指以某一节点为结束点的所有工作必须全部完成的最迟时间，也就是在不影响计划总工期的条件下，该节点必须完成的时间。由于它可以统一表示到该节点结束的任一工作必须完成的最迟时间，但却不能统一表明从该节点开始的各不同工作最迟必须开始的时间，所以，也可以将它看作节点的各紧前工作最迟必须完成时间。

a. 节点 i 的最迟时间 LT_i 应从网络计划的终点节点开始，逆着箭线方向依次逐项计算，当部分工作分期完成时，有关节点的最迟时间必须从分期完成节点开始逆向逐项计算。

b. 终点节点 n 的最迟时间应按网络计划的计划工期 T_p 确定，即

$$LT_n = T_p \tag{2-6}$$

分期完成节点的最迟时间应等于该节点规定的分期完成时间。

c. 其他节点 i 的最迟时间 LT_i 应为

$$LT_i = \min\{LT_j - D_{i-j}\} \tag{2-7}$$

式中　LT_i——工作 $i-j$ 开始节点 i 的最迟时间；

LT_j——工作 $i-j$ 完成节点 j 的最迟时间；

D_{i-j}——工作 $i-j$ 的持续时间。

2) **工作时间参数的计算。** 工作时间是指各工作的开始时间和完成时间，共有四种情况，即最早开始时间、最早完成时间、最迟开始时间、最迟完成时间。

①工作最早开始时间（ES）的计算。工作的最早开始时间指各紧前工作（紧排在本工作之前的工作）全部完成后，本工作有可能开始的最早时刻。工作 $i-j$ 的最早开始时间 ES_{i-j} 的计算应符合下列规定：

a. 工作 $i-j$ 的最早开始时间 ES_{i-j} 应从网络计划的起点节点开始，顺着箭线方向依次逐项计算。

b. 以起点节点 i 为箭尾节点的工作 $i-j$，当未规定其最早开始时间 ES_{i-j} 时，其值应等于零，即

$$ES_{i-j}=0(i=1) \tag{2-8}$$

c. 当工作 $i-j$ 只有一项紧前工作 $h-i$ 时，其最早开始时间 ES_{i-j} 应为

$$ES_{i-j}=ES_{h-i}+D_{h-i} \tag{2-9}$$

d. 当工作 $i-j$ 有多项紧前工作时，其最早开始时间 ES_{i-j} 为

$$ES_{i-j}=\max\{ES_{h-i}+D_{h-i}\} \tag{2-10}$$

式中 ES_{i-j}——工作 $i-j$ 的最早开始时间；

ES_{h-i}——工作 $i-j$ 的紧前工作 $h-i$ 的最早开始时间；

D_{h-i}——工作 $i-j$ 的紧前工作 $h-i$ 的持续时间。

②工作最早完成时间（EF）的计算。工作最早完成时间指各紧前工作完成后，本工作有可能完成的最早时刻。工作 $i-j$ 的最早完成时间 EF_{i-j} 应按下式进行计算：

$$EF_{i-j}=ES_{i-j}+D_{i-j} \tag{2-11}$$

③工作最迟完成时间（LF）的计算。工作最迟完成时间指在不影响整个任务按期完成的前提下，工作必须完成的最迟时刻。

a. 工作 $i-j$ 的最迟完成时间 LF_{i-j} 应从网络计划的终点节点开始，逆着箭线方向依次逐项计算。

b. 以终点节点 $(j=n)$ 为箭头节点的工作的最迟完成时间 LF_{i-n}，应按网络计划的计划工期 T_p 确定，即

$$LF_{i-n}=T_p \tag{2-12}$$

c. 其他工作 $i-j$ 的最迟完成时间 LF_{i-j} 应按下式计算：

$$LF_{i-j}=\min\{LF_{j-k}-D_{j-k}\} \tag{2-13}$$

式中 LF_{j-k}——工作 $i-j$ 的各项紧后工作 $j-k$ 的最迟完成时间；

D_{j-k}——工作 $i-j$ 的各项紧后工作（紧排在本工作之后的工作）的持续时间。

④工作最迟开始时间（LS）的计算。工作的最迟开始时间指在不影响整个任务按期完成的前提下，工作必须开始的最迟时刻。

工作 $i-j$ 的最迟开始时间 LS_{i-j} 应按下式计算：

$$LS_{i-j}=LF_{i-j}-D_{i-j} \tag{2-14}$$

3）**时差计算**。时差就是一项工作在施工过程中可以灵活机动使用而又不致影响总工期的一段时间。

①总时差（TF）的计算。在网络图中，工作只能在最早开始时间与最迟完成时间内活动。在这段时间内，除满足本工作作业时间所需外还可能有富余的时间，这富余的时间是工作可以灵活机动使用的总时间，称为工作的总时差。由此可知，工作的总时差是不影响本工作按最迟开始时间开工而形成的机动时间，其计算公式为

$$TF_{i-j}=LF_{i-j}-EF_{i-j}=LS_{i-j}-ES_{i-j}=LT_j-(ET_i+D_{i-j}) \qquad (2-15)$$

式中　TF_{i-j}——工作 $i-j$ 的总时差。

式中其余符号意义同前。

②自由时差(FF)的计算。自由时差就是在不影响其紧后工作最早开始时间的条件下，某工作所具有的机动时间。

a. 对于有紧后工作的工作，其自由时差等于本工作的紧后工作最早开始时间与本工作最早完成时间之差的最小值，即

$$FF_{i-j}=\min\{ES_{j-k}-EF_{i-j}\}=\min\{ES_{j-k}-ES_{i-j}-D_{i-j}\} \qquad (2-16)$$

式中　FF_{i-j}——工作 $i-j$ 的自由时差。

其余符号意义同前。

b. 对于无紧后工作的工作，也就是以网络计划终点节点为完成节点的工作，其自由时差等于计划工期与本工作最早完成时间之差，即

$$FF_{i-n}=T_p-EF_{i-n}=T_p-ES_{i-n}-D_{i-n} \qquad (2-17)$$

式中　FF_{i-n}——以网络计划终点节点 n 为完成节点的工作 $i-n$ 的自由时差；

　　　T_p——网络计划的计划工期；

　　　EF_{i-n}——以网络计划终点节点 n 为完成节点的工作 $i-n$ 的最早完成时间；

　　　ES_{i-n}——以网络计划终点节点 n 为完成节点的工作 $i-n$ 的最早开始时间；

　　　D_{i-n}——以网络计划终点节点 n 为完成节点的工作 $i-n$ 的持续时间。

需要指出的是，对于网络计划中以终点节点为完成节点的工作，其自由时差与总时差相等。此外，由于工作的自由时差是其总时差的构成部分，所以，当工作的总时差为零时，其自由时差必然为零，可不必进行专门计算。

4）**关键工作和关键线路的确定**。在网络计划中，总时差为最小的工作应为关键工作。当计划工期等于计算工期时，总时差为零($TF_{i-j}=0$)的工作为关键工作。

在网络计划中，自始至终全部由关键工作组成的线路或线路上总的工作持续时间最长的线路应为关键线路。在关键线路上可能有虚工作存在。

关键线路在网络图上应用粗线、双线或彩色线标注。关键线路上各项工作的持续时间总和应等于网络计划的计算工期，这一特点也是判断关键线路是否正确的准则。

五、案例分析

【**应用案例 2-8**】　某三跨车间地面水磨石工程，分镶玻璃条、铺抹水泥石子浆面层、浆面磨光三个施工过程，每个施工过程划分为 A、B、C 三个施工段进行搭接施工，其施工持续时间见表 2-13。

表 2-13　施工持续时间

施工过程名称	持续时间/天		
	A 跨	B 跨	C 跨
镶玻璃条	4	3	4
铺水泥石子	3	2	3
浆面磨光	2	1	2

问题：试绘制双代号网络图。

分析：

(1) 根据施工工艺可以得出各工作逻辑关系，见表 2-14。

表 2-14　各工作逻辑关系

工作名称	镶 A	镶 B	镶 C	铺 A	铺 B	铺 C	浆 A	浆 B	浆 C
紧前工作	—	镶 A	镶 B	镶 A	镶 B、铺 A	镶 C、铺 B	铺 A	铺 B、浆 A	铺 C、浆 B
持续时间	4	3	4	3	2	3	2	1	2

(2) 根据逻辑关系绘制双代号网络图草图，如图 2-33 所示。

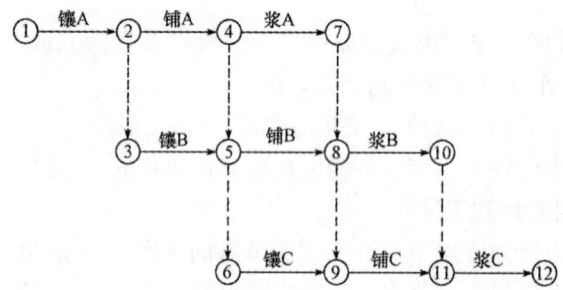

图 2-33　地面水磨石工程双代号网络图草图

(3) 检查逻辑关系并检查是否有多余的虚工作，绘制最终双代号网络图，如图 2-34 所示。

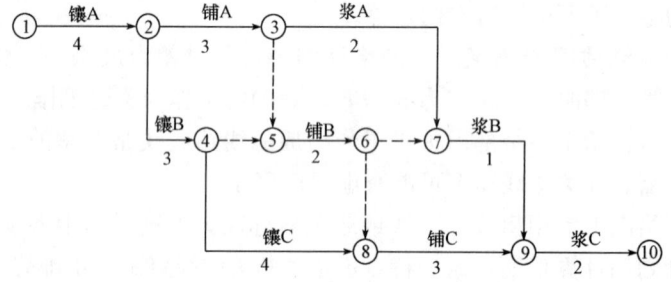

图 2-34　地面水磨石工程修改后的双代号网络图

【应用案例 2-9】　已知某分部工程的双代号网络图，如图 2-35 所示。请用标号法快速确定该分部工程的计算工期和关键线路。

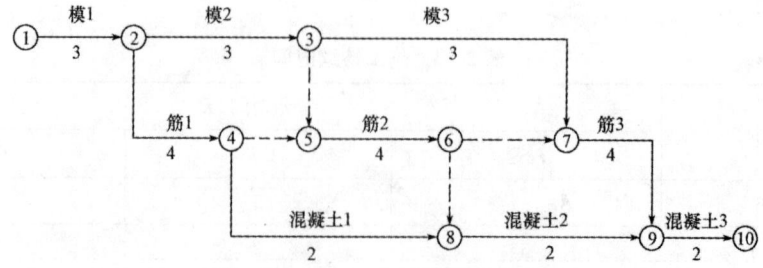

图 2-35　某分部工程双代号网络图

分析：

(1)确定起点节点的标号值并标号。设 $b_1=0$，其标号如图 2-36 所示。

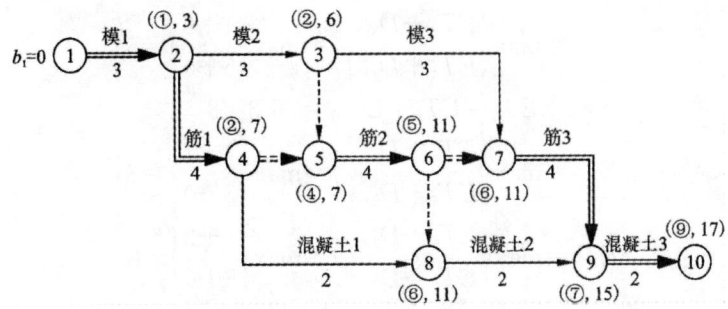

图 2-36　双代号网络计划计算结果(标号法)

(2)计算其他节点的标号值并标号。

$b_2=b_1+D_{1-2}=0+3=3$；

$b_3=b_2+D_{2-3}=3+3=6$；

$b_4=b_2+D_{2-4}=3+4=7$；

$b_5=\max(b_3+D_{3-5},\ b_4+D_{4-5})=\max(6+0,\ 7+0)=7$；

$b_6=b_5+D_{5-6}=7+4=11$；

$b_7=\max(b_3+D_{3-7},\ b_6+D_{6-7})=11$；

$b_8=\max(b_4+D_{4-8},\ b_6+D_{6-8})=11$；

$b_9=\max(b_7+D_{7-9},\ b_8+D_{8-9})=15$；

$b_{10}=b_9+D_{9-10}=15+2=17$。

各节点的标号如图 2-36 所示。

(3)确定网络计划的工期。$T_c=b_{10}=17$ 天。

(4)确定关键线路。从网络计划的终点节点开始，逆着箭线方向溯起源节点，该任务的关键线路为：①→②→④→⑤→⑥→⑦→⑨→⑩。用双箭线标示于图 2-36 上。

【应用案例 2-10】　某工程由挖基槽、砌基础和回填土 3 个分项工程组成，它在平面上划分为Ⅰ、Ⅱ、Ⅲ3 个施工段，各分项工程在各个施工段的持续时间如图 2-37 所示。

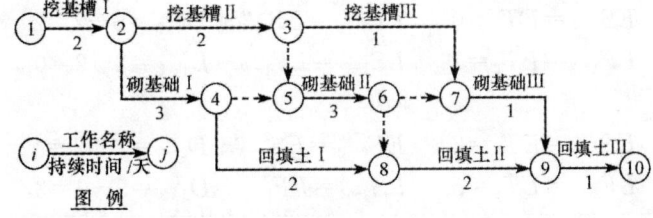

图 2-37　某工程双代号网络计划图

问题：试计算该网络计划图的各项时间参数。

分析：

(1)计算 ET_i，假定 $ET_1=0$，可得

$$ET_2=ET_1+D_{1-2}=0+2=2$$

$$ET_3=ET_2+D_{2-3}=2+2=4$$
$$ET_4=ET_2+D_{2-4}=2+3=5$$
$$ET_5=\max\begin{Bmatrix}ET_3+D_{3-5}\\ET_4+D_{4-5}\end{Bmatrix}=\max\begin{Bmatrix}4+0\\5+0\end{Bmatrix}=5$$
$$ET_6=ET_5+D_{5-6}=5+3=8$$
$$ET_7=\max\begin{Bmatrix}ET_3+D_{3-7}\\ET_6+D_{6-7}\end{Bmatrix}=\max\begin{Bmatrix}4+1\\8+0\end{Bmatrix}=8$$
$$ET_8=\max\begin{Bmatrix}ET_4+D_{4-8}\\ET_6+D_{6-8}\end{Bmatrix}=\max\begin{Bmatrix}5+2\\8+0\end{Bmatrix}=8$$
$$ET_9=\max\begin{Bmatrix}ET_7+D_{7-9}\\ET_8+D_{8-9}\end{Bmatrix}=\max\begin{Bmatrix}8+1\\8+2\end{Bmatrix}=10$$
$$ET_{10}=ET_9+D_{9-10}=10+1=11$$

(2)计算 LT_i，因本计划无规定工期，所以假定 $ET_{10}=11$，得：
$$LT_9=LT_{10}-D_{9-10}=11-1=10$$
$$LT_8=LT_9-D_{8-9}=10-2=8$$
$$LT_7=LT_9-D_{7-9}=10-1=9$$
$$LT_6=\min\begin{Bmatrix}LT_7-D_{6-7}\\LT_8-D_{6-8}\end{Bmatrix}=\min\begin{Bmatrix}9-0\\8-0\end{Bmatrix}=8$$
$$LT_5=LT_6-D_{5-6}=8-3=5$$
$$LT_4=\min\begin{Bmatrix}LT_5-D_{4-5}\\LT_8-D_{4-8}\end{Bmatrix}=\min\begin{Bmatrix}5-0\\8-2\end{Bmatrix}=5$$
$$LT_3=\min\begin{Bmatrix}LT_7-D_{3-7}\\LT_5-D_{3-5}\end{Bmatrix}=\min\begin{Bmatrix}9-1\\5-0\end{Bmatrix}=5$$
$$LT_2=\min\begin{Bmatrix}LT_3-D_{2-3}\\LT_4-D_{2-4}\end{Bmatrix}=\min\begin{Bmatrix}5-2\\5-3\end{Bmatrix}=2$$
$$LT_1=LT_2-D_{1-2}=2-2=0$$

(3)计算工作时间参数 ES_{i-j}、EF_{i-j}、LF_{i-j} 和 LS_{i-j}，得：

工作 1—2：
$$ES_{1-2}=ET_1=0 \quad EF_{1-2}=ES_{1-2}+D_{1-2}=0+2=2$$
$$LF_{1-2}=LT_2=2 \quad LS_{1-2}=LF_{1-2}-D_{1-2}=2-2=0$$

工作 2—3：
$$ES_{2-3}=ET_2=2 \quad EF_{2-3}=ES_{2-3}+D_{2-3}=2+2=4$$
$$LF_{2-3}=LT_3=5 \quad LS_{2-3}=LF_{2-3}-D_{2-3}=5-2=3$$

工作 2—4：
$$ES_{2-4}=ET_2=2 \quad EF_{2-4}=ES_{2-4}+D_{2-4}=2+3=5$$
$$LF_{2-4}=LT_4=5 \quad LS_{2-4}=LF_{2-4}-D_{2-4}=5-3=2$$

工作 3—5：
$$ES_{3-5}=ET_3=4 \quad EF_{3-5}=ES_{3-5}+D_{3-5}=4+0=4$$
$$LF_{3-5}=LT_5=5 \quad LS_{3-5}=LF_{3-5}-D_{3-5}=5-0=5$$

工作 3—7：
$$ES_{3-7}=ET_3=4 \quad EF_{3-7}=ES_{3-7}+D_{3-7}=4+1=5$$
$$LF_{3-7}=LT_7=9 \quad LS_{3-7}=LF_{3-7}-D_{3-7}=9-1=8$$

工作 4—5：
$$ES_{4-5}=ET_4=5 \quad EF_{4-5}=ES_{4-5}+D_{4-5}=5+0=5$$
$$LF_{4-5}=LT_5=5 \quad LS_{4-5}=LF_{4-5}-D_{4-5}=5-0=5$$

工作 4—8：
$$ES_{4-8}=ET_4=5 \quad EF_{4-8}=ES_{4-8}+D_{4-8}=5+2=7$$
$$LF_{4-8}=LT_8=8 \quad LS_{4-8}=LF_{4-8}-D_{4-8}=8-2=6$$

工作 5—6：
$$ES_{5-6}=ET_5=5 \quad EF_{5-6}=ES_{5-6}+D_{5-6}=5+3=8$$
$$LF_{5-6}=LT_6=8 \quad LS_{5-6}=LF_{5-6}-D_{5-6}=8-3=5$$

工作 6—7：
$$ES_{6-7}=ET_6=8 \quad EF_{6-7}=ES_{6-7}+D_{6-7}=8+0=8$$
$$LF_{6-7}=LT_7=9 \quad LS_{6-7}=LF_{6-7}-D_{6-7}=9-0=9$$

工作 6—8：
$$ES_{6-8}=ET_6=8 \quad EF_{6-8}=ES_{6-8}+D_{6-8}=8+0=8$$
$$LF_{6-8}=LT_8=8 \quad LS_{6-8}=LF_{6-8}-D_{6-8}=8-0=8$$

工作 7—9：
$$ES_{7-9}=ET_7=8 \quad EF_{7-9}=ES_{7-9}+D_{7-9}=8+1=9$$
$$LF_{7-9}=LT_9=10 \quad LS_{7-9}=LF_{7-9}-D_{7-9}=10-1=9$$

工作 8—9：
$$ES_{8-9}=ET_8=8 \quad EF_{8-9}=ES_{8-9}+D_{8-9}=8+2=10$$
$$LF_{8-9}=LT_9=10 \quad LS_{8-9}=LF_{8-9}-D_{8-9}=10-2=8$$

工作 9—10：
$$ES_{9-10}=ET_9=10 \quad EF_{9-10}=ES_{9-10}+D_{9-10}=10+1=11$$
$$LF_{9-10}=LT_{10}=11 \quad LS_{9-10}=LF_{9-10}-D_{9-10}=11-1=10$$

(4) 计算总时差 TF_{i-j} 和自由时差 FF_{i-j}，得：

工作 1—2：
$$TF_{1-2}=LS_{1-2}-ES_{1-2}=0-0=0$$
$$FF_{1-2}=ET_2-EF_{1-2}=2-2=0$$

工作 2—3：
$$TF_{2-3}=LS_{2-3}-ES_{2-3}=3-2=1$$
$$FF_{2-3}=ET_3-EF_{2-3}=4-4=0$$

工作 2—4：
$$TF_{2-4}=LS_{2-4}-ES_{2-4}=2-2=0$$
$$FF_{2-4}=ET_4-EF_{2-4}=5-5=0$$

工作 3—5：
$$TF_{3-5}=LS_{3-5}-ES_{3-5}=5-4=1$$

$$FF_{3-5}=ET_5-EF_{3-5}=5-4=1$$

工作 3—7：

$$TF_{3-7}=LS_{3-7}-ES_{3-7}=8-4=4$$
$$FF_{3-7}=ET_7-EF_{3-7}=8-5=3$$

工作 4—5：

$$TF_{4-5}=LS_{4-5}-ES_{4-5}=5-5=0$$
$$FF_{4-5}=ET_5-ET_{4-5}=5-5=0$$

工作 4—8：

$$TF_{4-8}=LS_{4-8}-ES_{4-8}=6-5=1$$
$$FF_{4-8}=ET_8-EF_{4-8}=8-7=1$$

工作 5—6：

$$TF_{5-6}=LS_{5-6}-ES_{5-6}=5-5=0$$
$$FF_{5-6}=ET_6-EF_{5-6}=8-8=0$$

工作 6—7：

$$TF_{6-7}=LS_{6-7}-ES_{6-7}=9-8=1$$
$$FF_{6-7}=ET_7-EF_{6-7}=8-8=0$$

工作 6—8：

$$TF_{6-8}=LS_{6-8}-ES_{6-8}=8-8=0$$
$$FF_{6-8}=ET_8-EF_{6-8}=8-8=0$$

工作 7—9：

$$TF_{7-9}=LS_{7-9}-ES_{7-9}=9-8=1$$
$$FF_{7-9}=ET_9-EF_{7-9}=10-9=1$$

工作 8—9：

$$TF_{8-9}=LS_{8-9}-ES_{8-9}=8-8=0$$
$$FF_{8-9}=ET_9-EF_{8-9}=10-10=0$$

工作 9—10：

$$TF_{9-10}=LS_{9-10}-ES_{9-10}=10-10=0$$
$$FF_{9-10}=ET_{10}-EF_{9-10}=11-11=0$$

【应用案例 2-11】 某工程，建设单位与施工单位按照《建设工程施工合同（示范文本）》签订了施工合同，合同工期为 9 个月，合同价为 840 万元，各项工作均按最早时间安排且均匀速施工，经项目监理机构批准的施工进度计划如图 2-38 所示（时间单位：月），施工单位的报价单（部分）见表 2-15。施工合同中约定：预付款按合同价的 20% 支付，工程款付至合同价的 50% 时开始扣回预付款，3 个月内平均扣回；质量保修金为合同价的 5%，从第 1 个月开始，按月应付款的 10% 扣留，扣足为止。

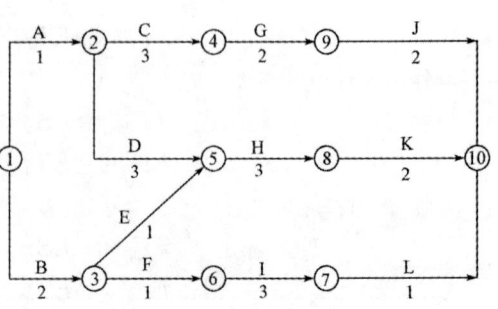

图 2-38 施工进度计划（时间单位：月）

表 2-15　施工单位报价单(部分)

工作	A	B	C	D	E	F
合价/万元	30	54	30	84	300	21

工程于 2006 年 4 月 1 日开工。施工过程中发生了如下事件：

事件 1：施工过程中建设单位接到政府安全管理部门将于 7 月对工程现场进行安全施工大检查的通知后，要求施工单位结合现场安全施工状况进行自查，对存在的问题进行整改。施工单位进行了自查整改，向项目监理机构递交了整改报告，同时要求建设单位支付为迎接检查进行整改所发生的 2.8 万元费用。

事件 2：现场浇筑的混凝土楼板出现多条裂缝，经有资质的检测单位检测分析，认定是商品混凝土质量问题。对此，施工单位认为混凝土厂家是建设单位推荐的，建设单位负有推荐不当的责任，应分担检测费用。

问题：(1)批准的施工进度计划中有几条关键线路？并列出这些关键线路。

(2)开工后前 3 个月施工单位每月获得的工程款为多少？

分析：

(1)项目监理机构批准的施工进度计划表中，共有 4 条关键线路：

1)A→D→H→K(或：①→②→⑤→⑧→⑩)；

2)A→D→H→J(或：①→②→⑤→⑧→⑨→⑩)；

3)A→D→I→K(或：①→②→⑤→⑥→⑦→⑧→⑩)；

4)A→D→I→J(或：①→②→⑤→⑥→⑦→⑧→⑨→⑩)。

(2)开工后前 3 个月，施工单位每月应获得的工程款计算如下：

第 1 个月：
$$30+54/2=57(万元)$$

第 2 个月：
$$54/2+30/2+84/3=70(万元)$$

第 3 个月：
$$30/3+84/3+300+21=359(万元)$$

实训三　单代号网络图

一、实训背景

对拟建工程进行单代号网络图的绘制，为工程顺利施工做好准备。

二、实训目的

掌握单代号网络图绘图的原则与时间参数的计算，培养综合运用理论知识解决实际问题的能力。

三、实训能力标准要求

能够独立绘制单代号网络图。

四、实训指导

1. 单代号网络图绘图的基本原则

(1) 正确表达已定的逻辑关系。在单代号网络图中,工作之间逻辑关系的表示方法比较简单,表 2-16 是用单代号表示的几种常见的逻辑关系。

表 2-16　单代号网络图逻辑关系表示方法

序号	工作之间的逻辑关系	单代号网络图的表示方法
1	A、B、C 三项工作依次完成	A → B → C
2	A、B 完成后进行 D	A、B → D
3	A 完成后,B、C 同时开始	A → B、C
4	A 完成后进行 C,A、B 完成后进行 D	A → C;A、B → D

(2) 单代号网络图中,严禁出现循环回路。

(3) 单代号网络图中,严禁出现双向箭头或无箭头的连线。

(4) 单代号网络图中,严禁出现没有箭尾节点的箭线和没有箭头节点的箭线。

(5) 绘制网络图时,箭线不宜交叉。当交叉不可避免时,可采用过桥法和指向法绘制。

(6) 单代号网络图应只有一个起点节点和一个终点节点;当网络图中有多个起点节点或多个终点节点时,应在网络图的两端分别设置一项虚工作,作为该网络图的起点节点和终点节点,如图 2-39 所示。其他再无任何虚工作。

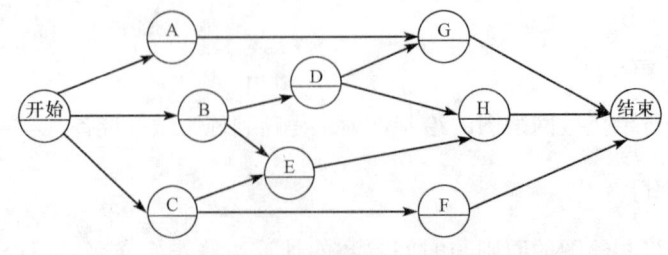

图 2-39　带虚拟起点节点和终点节点的单代号网络图

2. 单代号网络图绘图的基本方法

(1)在保证网络逻辑关系正确的前提下,图面要布局合理、层次清晰、突出重点。

(2)尽量避免交叉箭线。交叉箭线容易造成线路逻辑关系混乱,绘图时应尽量避免。当无法避免时,对于较简单的相交箭线,可采用过桥法处理。如图 2-40(a)所示,工作 C、D 是工作 A、B 的紧后工作,不可避免地出现了交叉,用过桥法处理后网络图如图 2-40(b)所示。较复杂的相交线路可采用增加中间虚拟节点的办法进行处理,以简化图面。如图 2-41(a)所示,工作 D、F、G 是工作 A、B、C 的紧后工作,出现了较复杂的交叉箭线,这时可增加一个中间虚拟节点(一个空圈),化解交叉箭线,如图 2-41(b)所示。

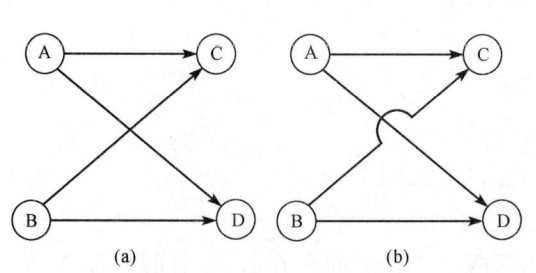

图 2-40 用过桥法处理交叉箭线
(a)处理前;(b)处理后

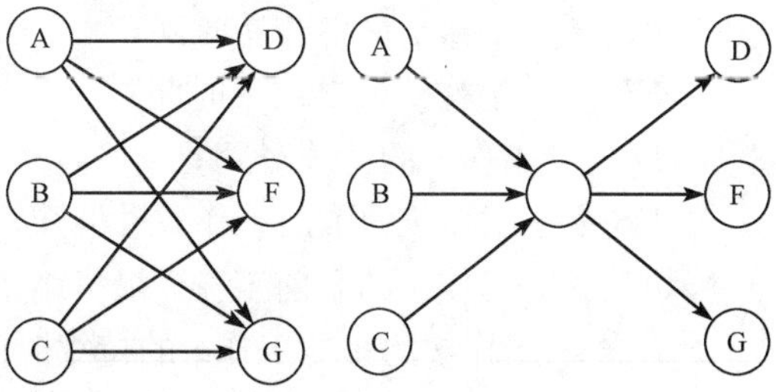

图 2-41 用虚拟中间虚拟节点处理交叉箭线
(a)处理前;(b)处理后

3. 单代号网络图的时间参数确定

(1)**工作持续时间**。工作持续时间是指一项工作从开始到完成的时间。在单代号网络计划中,工作 i 的持续时间用 D_i 表示。

(2)**工作的六个时间参数**。

1)**最早开始时间**。工作的最早开始时间是指在其所有紧前工作全部完成后,本工作有可能开始的最早时刻。**工作 i 的最早开始时间用 ES_i 表示。**

2)**最早完成时间**。工作的最早完成时间是指在其所有紧前工作全部完成后,本工作有可能完成的最早时刻。工作的最早完成时间等于本工作的最早开始时间与其持续时间之和。**工作 i 的最早完成时间用 EF_i 表示。**

3)**最迟完成时间**。工作的最迟完成时间是指在不影响整个任务按期完成的前提下,本工作必须完成的最迟时刻。**工作 i 的最迟完成时间用 LF_i 表示。**

4)**最迟开始时间**。工作的最迟开始时间是指在不影响整个任务按期完成的前提下,本工作必须开始的最迟时刻。工作的最迟开始时间等于本工作的最迟完成时间与其持续时间之差。**工作 i 的最迟开始时间用 LS_i 表示。**

5)**总时差**。工作的总时差是指在不影响总工期的前提下,本工作可以利用的机动时间。但是在网络计划的执行过程中,如果利用某项工作的总时差,则有可能使该工作后续工作的总时差减小。**工作 i 的总时差用 TF_i 表示。**

6)**自由时差**。工作的自由时差是指在不影响其紧后工作最早开始时间的前提下,本工作可以利用的机动时间。在网络计划的执行过程中,工作的自由时差是该工作可以自由使用的时间。**工作 i 的自由时差用 FF_i 表示。**

(3)**单代号网络图的时间参数。**

1) 工作最早开始时间和最早结束时间的计算。

①工作 i 的最早开始时间 ES_i 应从网络计划的起点节点开始，顺着箭线方向依次逐项计算。

②起点节点 i 的最早开始时间 ES_i 如无规定，其值应等于零，即

$$ES_i = 0 \quad (i=1) \tag{2-18}$$

③各项工作最早开始和结束时间的计算公式为

$$\left.\begin{array}{l} ES_j = \max\{ES_i + D_i\} = \min\{EF_i\} \\ EF_j = ES_j + D_j \end{array}\right\} \tag{2-19}$$

式中　ES_j——工作 j 最早开始时间；

　　　EF_j——工作 j 最早结束时间；

　　　D_j——工作 j 的持续时间；

　　　ES_i——工作 j 的紧前工作 i 最早开始时间；

　　　EF_i——工作 j 的紧前工作 i 最早结束时间；

　　　D_i——工作 j 的紧前工作 i 的持续时间。

2) 相邻两项工作之间时间间隔的计算。 相邻两项工作之间存在着时间间隔，i 工作与 j 工作的时间间隔记为 $LAG_{i,j}$。时间间隔指相邻两项工作之间，后项工作的最早开始时间与前项工作的最早完成时间之差，其计算公式为

$$LAG_{i,j} = ES_j - EF_i \tag{2-20}$$

式中　$LAG_{i,j}$——工作 i 与其紧后工作 j 之间的时间间隔；

　　　ES_j——工作 i 的紧后工作 j 的最早开始时间；

　　　EF_i——工作 i 的最早完成时间。

3) 工作总时差的计算。 工作总时差的计算应从网络计划的终点节点开始，逆着箭线方向按节点编号从大到小的顺序依次进行。

①网络计划终点节点 n 所代表的工作的总时差（TF_n）应等于计划工期 T_p 与计算工期 T_c 之差，即

$$TF_n = T_p - T_c \tag{2-21}$$

当计划工期等于计算工期时，该工作的总时差为零。

②其他工作的总时差应等于本工作与其各紧后工作之间的时间间隔加该紧后工作的总时差所得之和的最小值，即

$$TF_i = \min\{LAG_{i,j} + TF_j\} \tag{2-22}$$

式中　TF_i——工作 i 的总时差；

　　　$LAG_{i,j}$——工作 i 与其紧后工作 j 之间的时间间隔；

　　　TF_j——工作 i 的紧后工作 j 的总时差。

4) 自由时差的计算。 工作 i 的自由时差 FF_i 的计算应符合下列规定：

①终点节点所代表的工作 n 的自由时差 FF_n 应为

$$FF_n = T_p - EF_n \tag{2-23}$$

式中　FF_n——终点节点 n 所代表的工作的自由时差；

　　　T_p——网络计划的计划工期；

　　　EF_n——终点节点 n 所代表的工作的最早完成时间（计算工期）。

②其他工作 i 的自由时差 FF_i 应为

$$FF_i = \min\{LAG_{i,j}\} \tag{2-24}$$

5）**工作最迟完成时间的计算。**

①工作 i 的最迟完成时间 LF_i 应从网络计划的终点节点开始，逆着箭线方向依次逐项计算。当部分工作分期完成时，有关工作的最迟完成时间应从分期完成的节点开始，逆向逐项计算。

②终点节点所代表的工作 n 的最迟完成时间 LF_n，应按网络计划的计划工期 T_p 确定，即

$$LF_n = T_p \tag{2-25}$$

③其他工作 i 的最迟完成时间 LF_i 应为

$$LF_i = \min\{LS_i\} \tag{2-26}$$

或

$$LF_i = EF_i + TF_i \tag{2-27}$$

式中　LF_i——工作 j 的紧前工作 i 的最迟完成时间；
　　　LS_i——工作 i 的紧后工作 j 的最迟开始时间；
　　　EF_i——工作 i 的最早完成时间；
　　　TF_i——工作 i 的总时差。

6）**工作最迟开始时间的计算。** 工作 i 的最迟开始时间的计算公式为

$$LS_i = LF_i - D_i \tag{2-28}$$

式中　LS_i——工作 i 的最迟开始时间；
　　　LF_i——工作 i 的最迟完成时间；
　　　D_i——工作 i 的持续时间。

7）**关键工作和关键线路的确定。**

①单代号网络图关键工作的确定同双代号网络图。

②利用关键工作确定关键线路。如前所述，总时差最小的工作为关键工作。将这些关键工作相连，并保证相邻的两项关键工作之间的时间间隔为零而构成的线路就是关键线路。

③利用相邻两项工作之间的时间间隔确定关键线路。从网络计划的终点节点开始，逆着箭线方向依次找出相邻两项工作之间时间间隔为零的线路就是关键线路。

单代号网络计划的优点

五、案例分析

【应用案例 2-12】 已知各工作之间的逻辑关系见表 2-17。

表 2-17　工作逻辑关系表

工作	A	B	C	D	E	G	H
紧前工作	—	—	—	—	A、B	B、C、D	C、D

问题： 试绘制单代号网络计划图。
分析： 绘制单代号网络计划图的过程如图 2-42 所示。

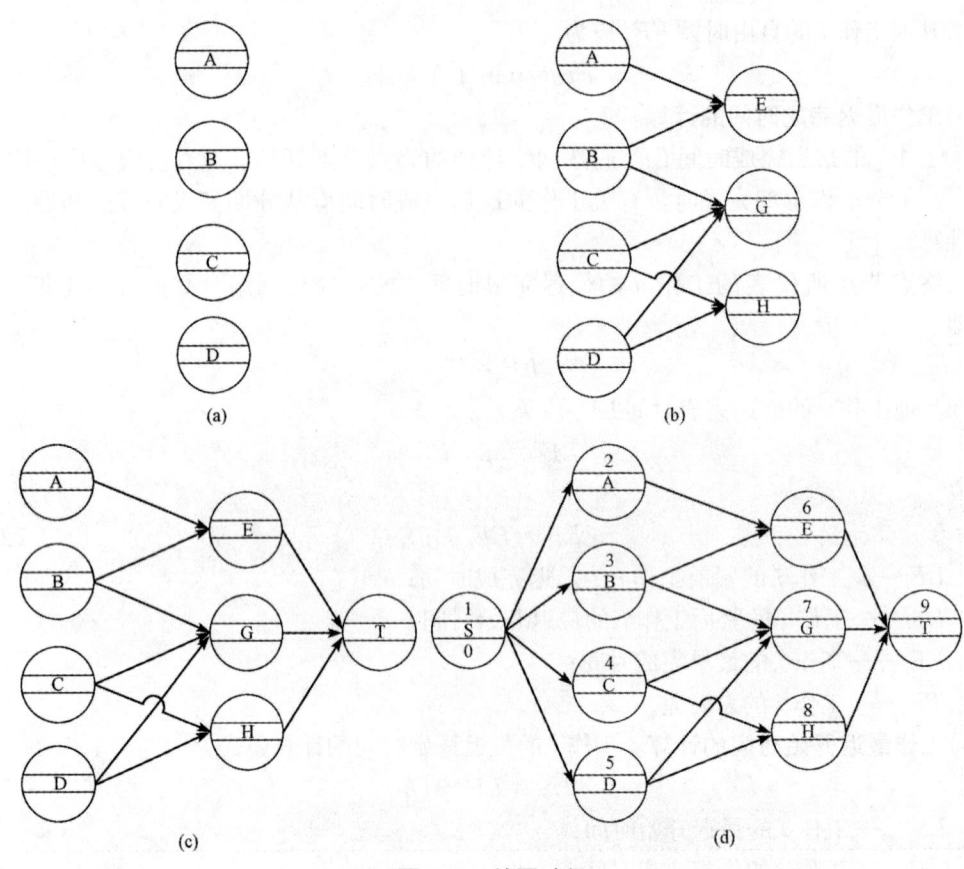

图 2-42　绘图过程

【应用案例 2-13】 试用分析计算法计算图 2-43 所示单代号网络计划图的时间参数。

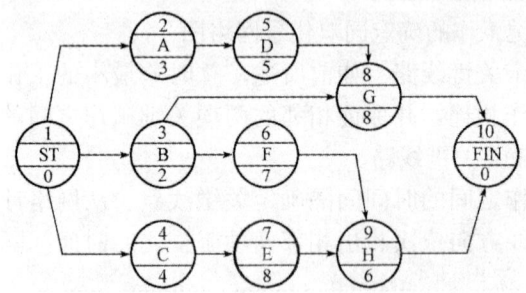

图 2-43　单代号网络计划图

分析：

(1) 工作最早开始与结束时间计算。

1) 起始节点：它等价于一个作业时间为零的工作，所以

$$ES_1=0；EF_1=0$$

2) 中间节点：

$$\begin{bmatrix} ES_2=EF_1=0 \\ EF_2=0+3=3 \end{bmatrix} \quad \begin{bmatrix} ES_3=EF_1=0 \\ EF_3=0+2=2 \end{bmatrix}$$

$$\begin{cases} ES_4 = EF_1 = 0 \\ EF_4 = 0 + 4 = 4 \end{cases} \quad \begin{cases} ES_5 = EF_2 = 3 \\ EF_5 = 3 + 5 = 8 \end{cases}$$

$$\begin{cases} ES_6 = EF_3 = 2 \\ EF_6 = 2 + 7 = 9 \end{cases} \quad \begin{cases} ES_7 = EF_4 = 4 \\ EF_7 = 4 + 8 = 12 \end{cases}$$

$$\begin{cases} ES_8 = \max\{EF_5, EF_3\} = \max\{8, 2\} = 8 \\ EF_8 = 8 + 8 = 16 \end{cases}$$

$$\begin{cases} ES_9 = \max\{EF_6, EF_7\} = \max\{9, 12\} = 12 \\ EF_9 = 12 + 6 = 18 \end{cases}$$

3)终止节点：它等价于一个作业时间为零的工作，所以

$$ES_C = EF_{10} = \max\{EF_8, EF_9\} = \max\{16, 18\} = 18$$

(2)工作最迟开始与结束时间计算。

1)终止节点：如无指令工期(T_{ap})，则令 LF_n 为计划工期，即

$$LF_{10} = EF_{10} = 18; \quad LS_{10} = LF_{10} - D_{10} = 18$$

2)中间节点：

$$\begin{cases} LF_9 = LS_{10} = 18 \\ LS_9 = 18 - 6 = 12 \end{cases} \quad \begin{cases} LF_8 = LS_{10} = 18 \\ LS_8 = 18 - 8 = 10 \end{cases}$$

$$\begin{cases} LF_7 = LS_9 = 12 \\ LS_7 = 12 - 8 = 4 \end{cases} \quad \begin{cases} LF_6 = LS_9 = 12 \\ LS_6 = 12 - 7 = 5 \end{cases}$$

$$\begin{cases} LF_5 = LS_8 = 10 \\ LS_5 = 10 - 5 = 5 \end{cases} \quad \begin{cases} LF_4 = LS_7 = 4 \\ LS_4 = 4 - 4 = 0 \end{cases}$$

$$\begin{cases} LF_3 = \min\{LS_6, LS_8\} = \min\{5, 10\} = 5 \\ LS_3 = 5 - 2 = 3 \end{cases}$$

$$\begin{cases} LF_2 = LS_5 = 5 \\ LS_2 = 5 - 3 = 2 \end{cases}$$

3)起始节点：$LF_1 = LS_1 = \min\{LS_2, LS_3, LS_4\} = \min\{2, 3, 0\} = 0$。

(3)工作时差计算。工作总时差的计算与双代号网络图相同，不再重复。其自由时差计算如下：

$$FF_2 = LS_5 - EF_2 = 3 - 3 = 0$$

$$FF_3 = \min\{ES_8, ES_6\} - EF_3 = \min\{8, 2\} - 2 = 0$$

$$FF_4 = 4 - 4 = 0 \quad\quad FF_5 = 8 - 8 = 0$$

$$FF_6 = 12 - 9 = 3 \quad\quad FF_7 = 12 - 12 = 0$$

$$FF_8 = 18 - 16 = 2 \quad\quad FF_9 = 18 - 18 = 0$$

【案例分析 2-14】 以(图 2-44)网络计划图为例来说明用图上计算法计算单代号网络计划时间参数的步骤。

分析：

(1)计算 ES_i 和 EF_i。由起点节点开始，首先假定整个网络计划的开始时间为0，此处 $ES_1 = 0$，然后从左至右按工作(节点)编号递增的顺序，逐个进行计算，直到终点节点止，并随时将计算结果填入图中的相应位置。

(2)计算 LF_i 和 LS_i。由终点节点开始，假定终点节点的最迟完成时间 $LF_{10} = EF_i = $ 右至左按工作编号递减顺序逐个计算，直到起点节点止，随时将计算结果填入图中的相应位置。

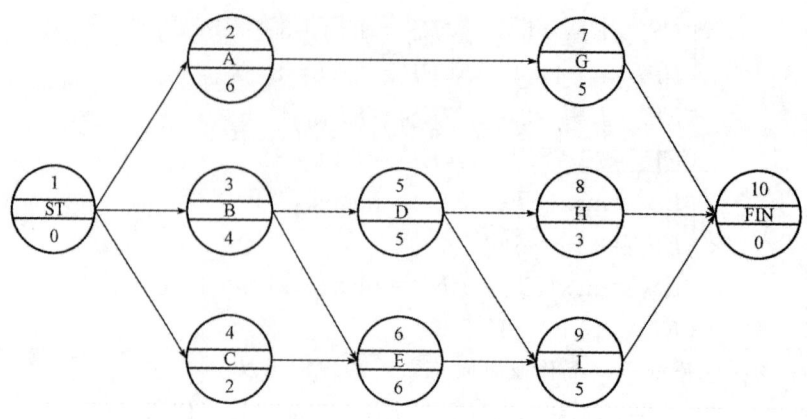

图 2-44 单代号网络计划图

(3)计算 TF_i 和 FF_i。从起点节点开始,逐个工作进行计算并随时将计算结果填入图中的相应位置。

(4)判断关键工作和关键线路。根据 $TF_i=0$ 进行判断,以粗箭线标出关键线路。

(5)确定计划总工期。本例计划总工期为 15 天,计算结果如图 2-45 所示。

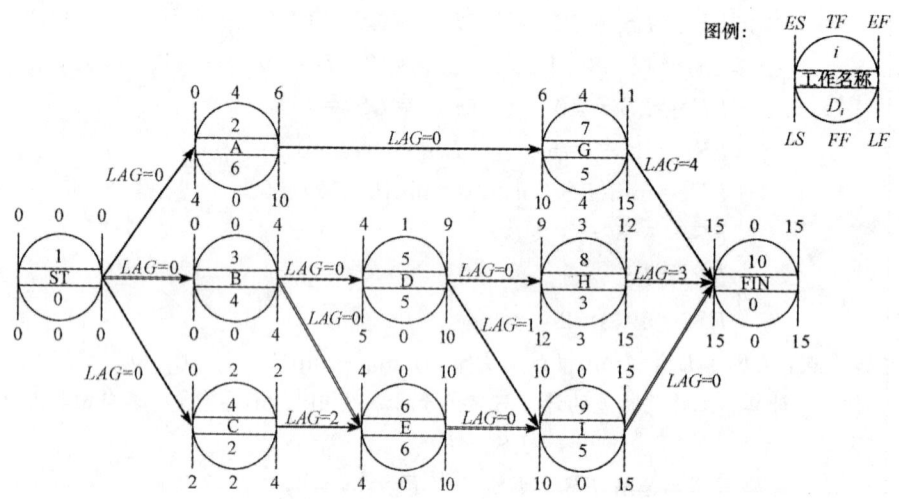

图 2-45 单代号网络计划的时间参数计算结果

【应用案例 2-15】 某工程,施工合同中约定:工期为 19 周;钢筋混凝土基础工程量增加超出 15%时,结算时对超出部分按原价的 90%调整单价。经总监理工程师批准的施工总进度计划如图 2-46 所示,其中 A、C 工作为钢筋混凝土基础工程,B、G 工作为片石混凝土基础工程,D、E、F、H、I 工作为设备安装工程,K、L、J、N 工作为设备调试工作。

施工过程中,发生了如下事件:

事件 1:合同约定 A、C 工作的综合单价为 700 元/m^3,在 A、C 工作开始前,设计单位修改了设备基础尺寸,A 工作的工程量由原来的 4 200 m^3 增加到 7 000 m^3,C 工作的工程量由原来的 3 600 m^3 减少到 2 400 m^3。

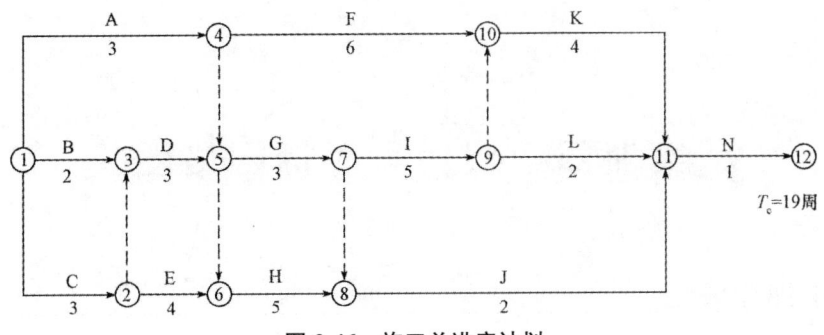

图 2-46 施工总进度计划

事件 2：A、D 工作完成后，建设单位拟将后续工程的总工期缩短 2 周，要求项目监理机构帮助拟定一个合理的赶工方案以便与施工单位洽商，项目监理机构提出的后续工作可以缩短的时间及其赶工费率见表 2-18。

表 2-18 后续工作可缩短的时间与赶工费率

工作名称	F	G	H	I	J	K	L	N
可缩短的时间/周	2	1	0	1	2	2	1	0
赶工费率/(万元·周$^{-1}$)	0.5	0.4	—	3.0	2.0	1.0	1.5	—

问题：

(1)在事件 1 中，设计修改后，在单位时间完成工程量不变的前提下，A、C 工作的持续时间分别为多少周？对合同总工期是否有影响？为什么？

(2)在事件 2 中，项目监理机构如何调整计划才能既实现建设单位的要求又能使赶工费用最少？说明理由。增加的最少赶工费用是多少？

分析：

事件 1 中：

1)A 工作的施工速度 $=4\ 200/3=1\ 400(m^3/周)$，A 工作的持续时间 $=7\ 000/1\ 400=5.0$（周）。而 C 工作的施工速度 $=3\ 600/3=1\ 200(m^3/周)$，C 工作的持续时间 $=2\ 400/1\ 200=2.0$（周）。

2)因 A 工作原有总时差为 2 周，所以，A 工作的持续时间变为 5 周对合同总工期没有影响；因 C 工作原为关键工作，故 C 工作的持续时间变为 2 周将会使合同总工期减少 1 周。

事件 2 中：

1)A、D 工作完成后的关键路线为 G→I→K→N。由于 G 工作的赶工费率最低，故第 1 次调整应缩短关键工作 G 的持续时间 1 周，增加赶工费 0.4 万元，压缩总工期 1 周。

2)调整后的关键线路仍然为 G→I→K→N，在可压缩的关键工作中，由于 K 工作的赶工费率最低，故第 2 次调整应缩短关键工作 K 的持续时间 1 周，增加赶工费 1.0 万元，压缩总工期 1 周。

3)经过以上两次优化调整，已达到缩短总工期 2 周的目的，增加赶工费为

$$0.4+1.0=1.4(万元)$$

实训四 双代号时标网络图

一、实训背景

对拟建工程进行双代号时标网络图的绘制,为工程顺利施工做好准备。

二、实训目的

掌握双代号时标网络图的绘制原则与时间参数计算方法,培养综合运用理论知识解决实际问题的能力。

三、实训能力标准要求

能够独立绘制双代号时标网络图。

四、实训指导

1. 双代号时标网络图的一般规定

(1)双代号时标网络图必须以水平时间坐标为尺度表示工作时间。双代号时标的时间单位应根据需要在编制网络计划之前确定,可为时、天、周、月或季。

(2)双代号时标网络图应以实箭线表示工作,以虚箭线表示虚工作,以波形线表示工作的自由时差。

(3)双代号时标网络图中所有符号在时间坐标上的水平投影位置,都必须与其时间参数相对应。节点中心必须对准相应的时标位置。

2. 时标网络计划的绘制原则

(1)时标网络计划应以实箭线表示工作,以虚箭线表示虚工作,以波形线表示工作的自由时差。无论哪一种箭线,均应在其末端绘出箭头。

(2)当工作中有时差时,按图 2-47 所示的方法表达,波形线紧接在实箭线的末端;当虚工作中有时差时,按图 2-48 所示的方式表达,不得在波形线之后画实线。

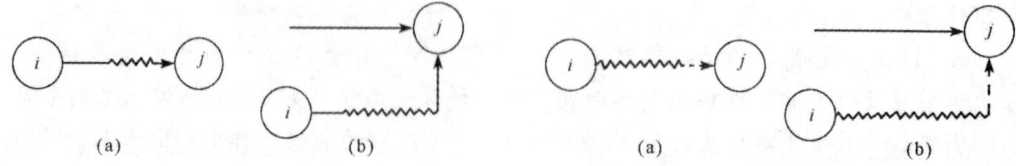

图 2-47 时标网络计划的箭线画法   图 2-48 虚工作含有时差时的表示方法

(3)时标网络计划中所有符号在时间坐标上的水平投影位置,都必须与其时间参数相对应。节点中心必须对准相应的时标位置。虚工作必须以垂直方向的虚箭线表示,有自由时差时加波形线表示。

3. 双代号时标网络图的绘制方法

(1)**间接绘制法**。间接绘制法是先计算网络图的时间参数,再根据时间参数在时间坐标上进行绘制的方法。其绘制步骤和方法如下:

1)先绘制双代号网络图,计算节点的最早时间参数,确定关键工作及关键线路。

2)根据需要确定时间单位,并绘制时标横轴。

3)根据节点的最早时间确定各节点的位置。

4)依次在各节点间画出箭线及时差。绘制时宜先画关键工作、关键线路,再画非关键工作。如箭线长度不足以达到工作的完成节点,应用波形线补足,将箭头画在波形线与节点连接处。用虚箭线连接各有关节点,将有关的工作连接起来。

(2)**直接绘制法**。直接绘制法是不计算网络图时间参数,直接在时间坐标上进行绘制的方法。其绘制步骤和方法可归纳为绘图口诀,绘图口诀内容为:"时间长短坐标限,曲直斜平利相连;箭线到齐画节点,画完节点补波线;零线尽量拉垂直,否则安排有缺陷。"

1)时间长短坐标限:箭线的长度代表着具体的施工时间,受到时间坐标的制约。

2)曲直斜平利相连:箭线的表达方式可以是直线、折线和斜线等,但布图应合理,直观、清晰。

3)箭线到齐画节点:工作的开始节点必须在该工作的全部紧前工作都画出后,定位在这些紧前工作最晚完成的时间刻度上。

4)画完节点补波线:某些工作的箭线长度不足以达到其完成节点时,用波形线补足。

5)零线尽量拉垂直:虚工作持续时间为零,应尽可能让其为垂直线。

6)否则安排有缺陷:若出现虚工作占据时间的情况,其原因是工作面停歇或施工作业队组工作不连续。

4. 双代号时标网络图时间参数的计算

(1)**关键线路**。时标网络计划中的关键线路可从网络计划的终点节点开始,逆着箭线方向进行判定。自始至终不出现波形线的线路即为关键线路。因为不出现波形线,就说明在这条线路上相邻两项工作之间的时间间隔全部为零,也就是在计算工期等于计划工期的前提下,这些工作的总时差和自由时差全部为零。

(2)**工期**。网络计划的计算工期应等于终点节点所对应的时标值与起点节点所对应的时标值之差。

(3)**相邻两项工作之间时间间隔**。除以终点节点为完成节点的工作外,工作箭线中波形线的水平投影长度表示工作与其紧后工作之间的时间间隔。

(4)**工作六个时间参数**。

1)工作最早开始时间和最早完成时间。工作箭线左端节点中心所对应的时标值为该工作的最早开始时间。当工作箭线中不存在波形线时,其右端节点中心所对应的时标值为该工作的最早完成时间;当工作箭线中存在波形线时,工作箭线实线部分右端点所对应的时标值为该工作的最早完成时间。

2)工作总时差。工作总时差的判定应从网络计划的终点节点开始,逆着箭线方向依次进行。

①以终点节点为完成节点的工作,其总时差应等于计划工期与本工作最早完成时间之差,即

$$TF_{i-n}=T_p-EF_{i-n} \qquad (2-29)$$

式中 TF_{i-n}——以网络计划终点节点 n 为完成节点的工作的总时差；
T_p——网络计划的计划工期；
EF_{i-n}——以网络计划终点节点 n 为完成节点的工作的最早完成时间。

②其他工作的总时差等于其紧后工作的总时差加本工作与该紧后工作之间的时间间隔所得之和的最小值，即

$$TF_{i-j} = \min\{TF_{j-k} + LAG_{i-j,j-k}\} \quad (2-30)$$

式中 TF_{i-j}——工作 $i-j$ 的总时差；
TF_{j-k}——工作 $i-j$ 的紧后工作 $j-k$（非虚工作）的总时差；
$LAG_{i-j,j-k}$——工作 $i-j$ 与其紧后工作 $j-k$（非虚工作）之间的时间间隔。

3) **工作自由时差。**

①以终点节点为完成节点的工作，其自由时差应等于计划工期与本工作最早完成时间之差，即

$$FF_{i-n} = T_p - EF_{i-n} \quad (2-31)$$

式中 FF_{i-n}——以网络计划终点节点 n 为完成节点的工作的自由时差；
T_p——网络计划的计划工期；
EF_{i-n}——以网络计划终点节点 n 为完成节点的工作的最早完成时间。

②其他工作的自由时差就是该工作箭线中波形线的水平投影长度。但当工作之后只紧接虚工作时，则该工作箭线上一定不存在波形线，而其紧接的虚箭线中波形线水平投影长度的最短者为该工作的自由时差。

4) **工作最迟开始时间和最迟完成时间。**

①工作最迟开始时间等于本工作的最早开始时间与其总时差之和，即

$$LS_{i-j} = ES_{i-j} + TF_{i-j} \quad (2-32)$$

式中 LS_{i-j}——工作 $i-j$ 的最迟开始时间；
ES_{i-j}——工作 $i-j$ 的最早开始时间；
TF_{i-j}——工作 $i-j$ 的总时差。

②工作最迟完成时间等于本工作的最早开始时间与其总时差之和，即

$$LF_{i-j} = EF_{i-j} + TF_{i-j} \quad (2-33)$$

式中 LF_{i-j}——工作 $i-j$ 的最迟完成时间；
EF_{i-j}——工作 $i-j$ 的最早完成时间；
TF_{i-j}——工作 $i-j$ 的总时差。

时标网络计划的坐标体系

五、案例分析

【应用案例 2-16】 已知某工程任务的双代号网络图如图 2-49 所示。

问题： 试用直接绘制法绘制该任务的双代号时标网络图。

分析： 首先绘制好双代号网络计划草图（图 2-49）和时标轴（图 2-50），再按下列步骤绘制时标网络计划：

(1) 绘起点节点和开始工作 A、B、C，将起点节点圆心与计算时标的 0 刻度线对齐，如图 2-50 所示。

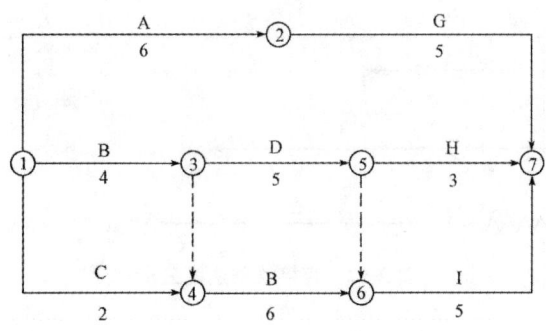

图 2-49 双代号网络图

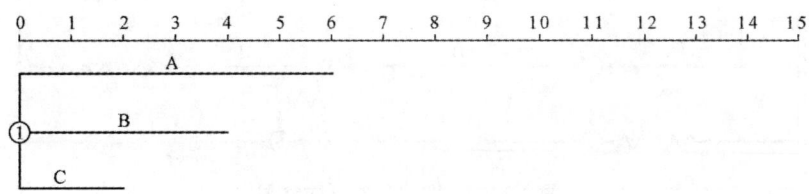

图 2-50 直接绘制法第一步

(2)绘制节点②、③、④和虚工作③—④。因为节点②和节点③前面分别只有一个紧前工作A和工作B,可根据工作A和工作B的最早完成时间,直接绘制在其工作箭线的右端点处;因为节点④前面有两个紧前工作B和C,且工作B最早完成时间(工作箭线右端点)迟于(右于)工作C,因而节点④的位置应定在工作B箭线的右端点处,而工作C箭线长度不够④节点位置,即用波形线补足,再竖向连接虚工作③—④,如图2-51所示。

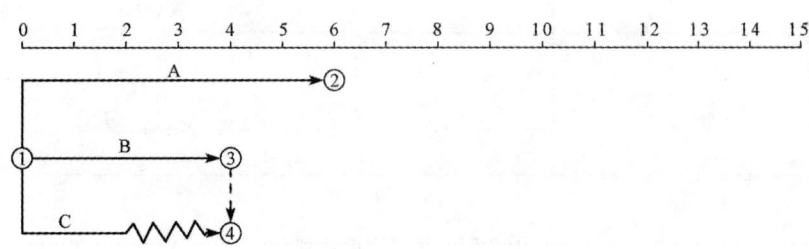

图 2-51 直接绘制法第二步

(3)绘制节点⑤、⑥,工作D、E和虚工作⑤—⑥。因为⑤节点前只有一个紧前工作D,因而根据工作D的最早完成时间直接绘制节点⑤和工作D;因为⑥节点前有两个紧前工作D和E,且工作E的最早完成时间(工作箭线右端点)迟于(右于)工作D,因而节点⑥的位置应定在工作E箭线的右端点处,而虚工作⑤—⑥因为其⑤节点和⑥节点不在同一时间刻度上,应竖向绘出虚工作,不足部分用波形线补足,如图2-52所示。

(4)绘制终点节点⑦和结束工作G、H、I,完成时标网络计划的绘制。因为终点节点⑦有3个紧前工作,且结束工作I的最早完成时间(工作箭线右端点)最迟,因而节点⑦的位置应定在工作I箭线的右端点处,而结束工作G和结束工作H,其箭线长度不够⑦节点位置,即用波形线补足。最后得到双代号时标网络图,如图2-53所示。

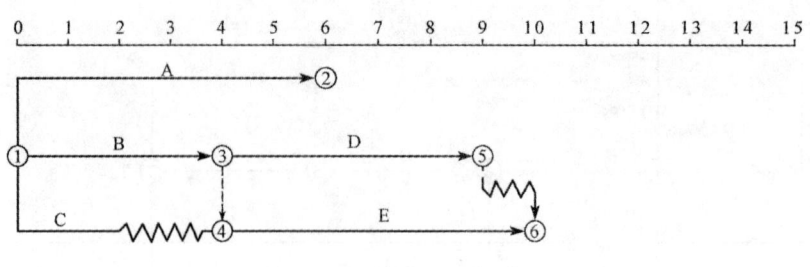

图 2-52　直接绘制法第三步

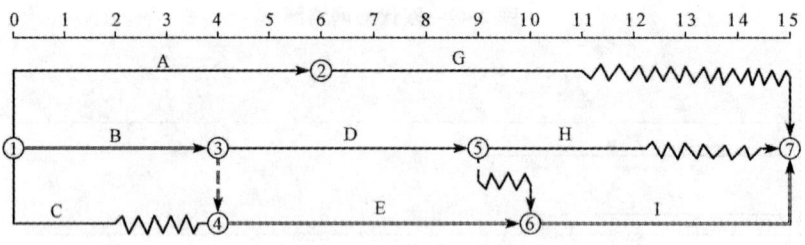

图 2-53　双代号时标网络图

【应用案例 2-17】　某实施监理工程，合同工期为 15 个月，总监理工程师批准的施工进度如图 2-54 所示。

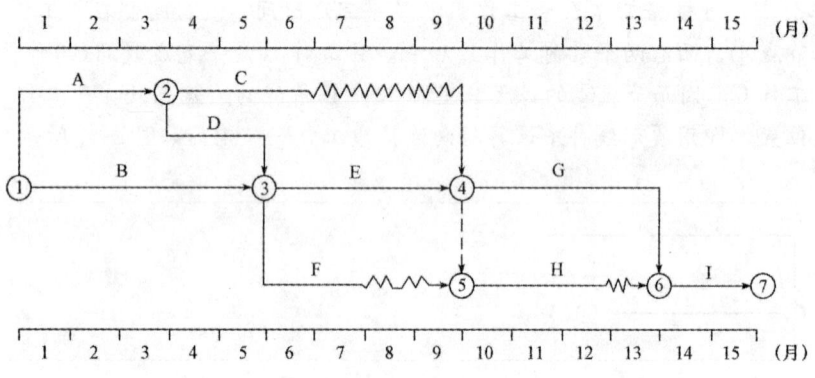

图 2-54　施工进度计划

工程实施过程中发生下列事件：

事件 1：在第 5 个月月初到第 8 个月月末的施工过程中，由于建设单位提出工程变更，使施工进度受到较大影响。截至第 8 个月月末，未完工作尚需作业时间见表 2-19。施工单位按索赔程序向项目监理机构提出了工程延期的要求。

事件 2：建设单位要求本工程仍按原合同工期完成，施工单位需要调整施工进度计划，加快后续工程进度。经分析得到的各工作有关数据见表 2-19。

表 2-19　相关数据表

工作名称	C	E	F	G	H	I
尚需作业时间/月	1	3	1	4	3	2

续表

工作名称	C	E	F	G	H	I
可缩短的持续时间/月	0.5	1.5	0.5	2	1.5	1
缩短持续时间所增加的费用/(万元·月$^{-1}$)	28	18	30	26	10	14

问题：(1)该工程施工进度计划中关键工作和非关键工作分别有哪些？工作 C 和 F 的总时差和自由时差分别为多少？

(2)事件 1 中，逐项分析第 8 个月月末工作 C、E、F 的拖后时间及对工期和后续工作的影响程度，并说明理由。

(3)针对时间 2，施工单位加快施工进度而采取的最佳调整方案是什么？相应增加的费用为多少？

分析：

(1)工程施工进度计划中，关键工作有：A、B、D、E、G、I。非关键工作有：C、F、H。其中，C 工作的总时差为 3 个月，自由时差为 3 个月；F 工作的总时差为 3 个月，自由时差为 2 个月。

(2)事件 1 中：

1)C 工作拖后 3 个月，由于其自由时差和总时差均为 3 个月，故不影响总工期和后续工作。

2)E 工作拖后 2 个月，由于其为关键工作，故后续工作 G、H 和 I 的最早开始时间将推迟 2 个月，影响总工期 2 个月。

3)F 工作拖后 2 个月，由于其自由时差为 2 个月，故不影响总工期和后续工作。

(3)事件 2 中，最佳调整方案是：缩短 I 工作 1 个月，缩短 E 工作 1 个月，由此增加的费用为 14+18=32(万元)

【应用案例 2-18】 某实施监理的工程，建设单位与施工单位按照《建设工程施工合同(示范文本)》签订了施工合同。项目监理机构批准的施工进度计划如图 2-55 所示，各项工作均按最早开始时间安排，匀速进行。

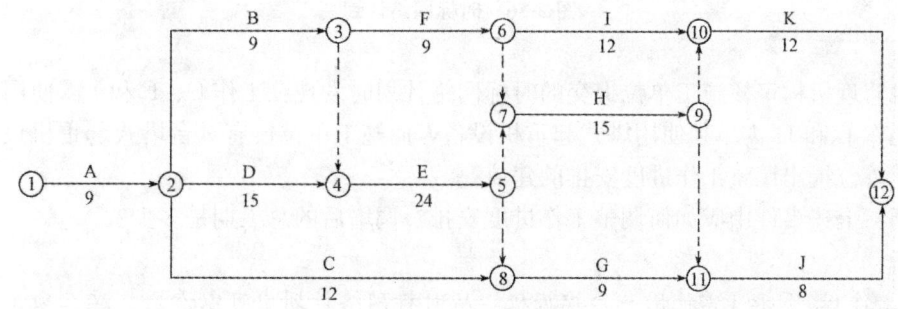

图 2-55 施工进度计划图

工程开工后第 20 天下班时刻，项目监理机构确认：A、B 工作已完成；C 工作已完成 6 天的工作量；D 工作已完成 5 天的工作量；B 工作未经监理人员验收的情况下，F 工作已进行 1 天。

问题：（1）针对图2-54所示的施工进度计划，确定该施工进度的工期和关键工作。并分别计算C工作、D工作、F工作的总时差和自由时差。

（2）分析开工后第20天下班时刻施工进度计划的执行情况，并分别说明总工期及今后工作的影响。此时，预计总工期延长多少天？

分析：

（1）针对工程网络计划图的分析结果如下：

1）施工总工期为75天；

2）关键工作包括：A、D、E、H、K；

3）C工作的总时差为37天，自由时差为27天；D工作的总时差和自由时差均为0；F工作的总时差为21天，自由时差为0。

（2）开工后第20天下班时刻，施工进度计划的执行情况如下：

1）C工作推迟5天，不影响总工期，不影响紧后工作的最早开始时间；D工作推迟6天，影响总工期6天，影响今后工作的最开始时间6天；F工作推迟1天，不影响总工期，影响紧后工作的最早开始时间1天。

2）施工总工期将延长6天。

【应用案例2-19】 某实施监理的工程开工前，施工单位编制的时标网络计划如图2-56所示(时间单位：天；箭线下方数字为工作的计划消耗工日)，各项工作均匀速进展。

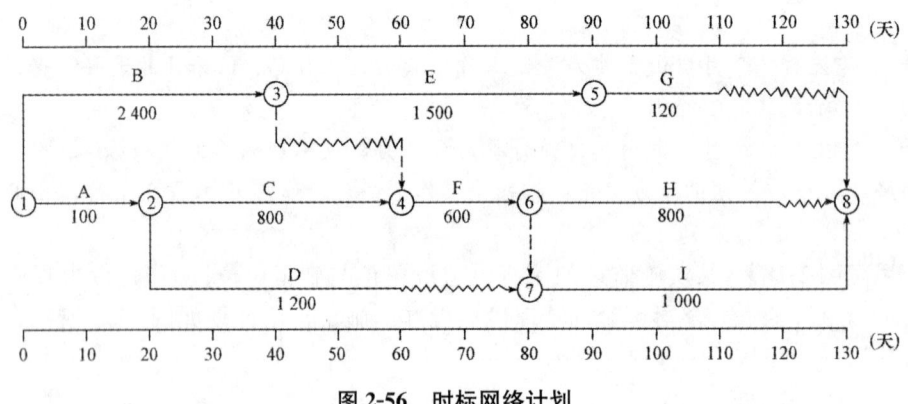

图2-56 时标网络计划

项目监理机构审核施工单位提交的时标网络计划时发现：工作C、F和I需使用一台挖掘机，工作E和H需单独使用塔式起重机设备，而施工单位仅有2台塔式起重机设备，于是向施工单位提出调整工作进度安排的建议。

问题： 上述事件中应如何调整工作进度安排？调增后的总工期是多少？

分析：

（1）工作C、F和I需使用一台挖掘机，从时标网络计划中可以看出，这三项工作在计划安排上没有搭接，因此，不需要调整进度安排。

（2）工作E和工作H需单独使用塔式起重机设备，而施工单位仅有一台塔式起重机设备。这样，工作E和工作H就不能搭接作业。从时标网络计划中可以看出，工作H有10天总时差，恰好可将工作H推后10天，推后到工作E完成后再开始而不影响总工期。这样，调整后的总工期仍为130天。

实训五 单代号搭接网络图

一、实训背景

对拟建工程进行单代号搭接网络图绘制,为工程顺利施工做好准备。

二、实训目的

掌握单代号搭接网络图绘制与时间参数的计算,培养综合运用理论知识解决实际问题的能力。

三、实训能力标准要求

能够独立绘制单代号搭接网络图。

四、实训指导

1. 单代号搭接网络图的绘制

单代号搭接网络图的绘制方法与单代号网络图的绘制方法基本相同,也要经过任务分解、逻辑关系的确定和工作持续时间的确定等程序;绘制工作逻辑关系表,确定相邻工作的搭接类型与搭接时距;根据工作逻辑关系表绘制单代号网络图;将搭接类型与时距标注在箭线上。其标注方法如图 2-57 所示。

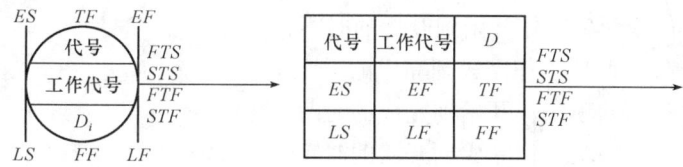

图 2-57 常用的搭接网络节点表示方法

搭接网络图的绘制应符合下列要求:

(1)根据工作顺序依次建立搭接关系,正确表达搭接时距。

(2)只允许有一个起点节点和一个终点节点。因此,有时要设置一个虚拟的起点节点和一个虚拟的终点节点,并在虚拟的起点节点和终点节点中分别标注"开始"和"完成"字样或分别标注英文字样"ST"和"FIN"。

(3)一个节点表示一道工作,节点编号不能重复。

(4)箭线表示工作之间的顺序及搭接关系。

(5)不允许出现逻辑环。

(6)在搭接网络图中,每道工作的开始都必须直接或间接地与起点节点建立联系,并受其制约。

(7)每道工作的结束都必须直接或间接地与终点节点建立联系，并受其控制。

(8)在保证各工作之间的搭接关系和时距的前提下，尽可能做到图面布局合理、层次清晰和重点突出。关键工作和关键线路均要用粗箭线或双箭线画出，以区别于非关键线路。

(9)密切相关的工作，要尽可能相邻布置，以尽可能避免交叉箭线。无法避免时，应采用暗桥法表示。

2. 单代号搭接网络图时间参数的计算

(1)工作最早时间的计算。

1)计算最早时间参数必须从起点节点开始依次进行。只有紧前工作计算完毕，才能计算本工作。

2)计算最早时间应按下列步骤进行。

①凡是与起点节点相连的工作最早开始时间都应为零，即

$$ES_i = 0 \tag{2-34}$$

②其他工作 j 的最早开始时间根据时距按下列规定计算。

相邻时距为 $STS_{i,j}$ 时：

$$ES_j = ES_i + STS_{i,j} \tag{2-35}$$

相邻时距为 $FTF_{i,j}$ 时：

$$ES_j = ES_i + D_i + FTF_{i,j} - D_j \tag{2-36}$$

相邻时距为 $STF_{i,j}$ 时：

$$ES_j = ES_i + STF_{i,j} - D_j \tag{2-37}$$

相邻时距为 $FTS_{i,j}$ 时：

$$ES_j = ES_i + D_i + FTS_{i,j} \tag{2-38}$$

式中 ES_j ——工作 i 的紧后工作的最早开始时间；

D_i，D_j——相邻的两项工作的持续时间；

$STS_{i,j}$——i、j 两项工作开始到开始的时距；

$FTF_{i,j}$——i、j 两项工作完成到完成的时距；

$STF_{i,j}$——i、j 两项工作开始到完成的时距；

$FTS_{i,j}$——i、j 两项工作完成到开始的时距。

3)计算工作最早时间，当出现最早开始时间为负值时，应将该工作与起点节点用虚箭线相连接，并确定其时距为

$$STS = 0 \tag{2-39}$$

4)当某节点(工作)有多个紧前节点(工作)或与紧前节点(工作)混合搭接时，应分别计算并得到多组最早开始时间，取其中最大值作为该节点(工作)的最早开始时间。

5)工作 j 的最早完成时间 EF_j 应按下式计算：

$$EF_j = ES_j + D_j \tag{2-40}$$

6)有最早完成时间的最大值的中间工作与终点节点应用虚箭线相连接，并确定其时距为

$$FTF = 0 \tag{2-41}$$

(2)工期的计算。

1)搭接网络计划的计算工期 T_c 由与终点节点相联系的工作的最早完成时间的最大值决定。

2)搭接网络计划的计划工期 T_p 的确定与单代号、双代号的规定相同。

(3)时差的计算。

1)总时差(TF_i)。总时差的计算与一般网络计划没有区别,可用最迟开始时间减最早开始时间或用最迟完成时间减最早完成时间求得。

2)自由时差(FF_j)。自由时差的计算比较复杂,需分别按不同的时距关系计算后取最小值,所以要分别根据其与紧后工作的不同时距关系逐个进行计算。

当与唯一的紧后工作关系为 STS 时,按式(2-42)计算,此时,若出现 $ES_j > ES_i + STS_{i,j}$,则自由时差可按下式计算:

$$FF_i = ES_j - (ES_i + STS_{i,j}) = ES_j - ES_i - STS_{i,j} \tag{2-42}$$

如图 2-58 所示,当紧后工作只有唯一的一项工作且它们之间的关系为 FTF 时,则依公式可以推出:

$$FF_i = EF_j - EF_i - FTF_{i,j} \tag{2-43}$$

当紧后工作只有唯一的一项工作且它们之间的关系为 STF 时,则可以推出:

$$FF_i = EF_j - ES_i - STF_{i,j} \tag{2-44}$$

当紧后工作只有唯一的一项工作且它们之间的关系为 FTS 时,则可以推出:

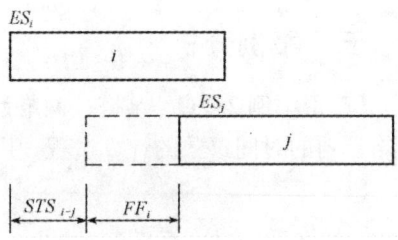

图 2-58 自由时差计算示意

$$FF_i = ES_j - EF_i - FTS_{i,j} \tag{2-45}$$

当工作有多项紧后工作时,工作的自由时差将受各工作计算值中的最小值的控制,而且由其决定,故可得到自由时差的一般公式为

$$FF_i = \min \begin{Bmatrix} ES_j - ES_i - STS_{i,j} \\ EF_j - EF_i - FTF_{i,j} \\ EF_j - ES_i - STF_{i,j} \\ ES_j - EF_i - FTS_{i,j} \end{Bmatrix} \tag{2-46}$$

(4)工作最迟时间的计算。

1)在 STS 时距下,紧前工作最迟时间为

$$LS_i = LS_j - STS_{i,j} \tag{2-47}$$

$$LF_i = LS_i + D_i \tag{2-48}$$

式中 LS_i——工作 j 的紧前工作 i 的最迟开始时间;

LS_j——工作 j 的最迟开始时间;

LF_i——工作 i 的最迟完成时间;

D_i——工作 i 的持续时间。

2)在 FTF 时距下,紧前工作最迟时间为

$$LF_i = LF_j - FTF_{i,j} \tag{2-49}$$

$$LS_i = LF_i - D_i \tag{2-50}$$

式中 LF_i——工作 j 的最迟完成时间。

3)在 STF 时距下,紧前工作最迟时间为

$$LS_i = LF_j - STF_{i,j} \tag{2-51}$$

$$LF_i = LS_i + D_i \tag{2-52}$$

4)在 FTS 时距下，紧前工作最迟时间为
$$LF_i = LS_j - FTS_{i,j} \tag{2-53}$$
$$LS_j = LF_i - D_i \tag{2-54}$$

5)当某节点(工作)有多个紧后节点(工作)或与紧后节点(工作)混合搭接时，应分别计算并得到多组最迟完成时间，取其中最小值作为该节点的最迟完成时间。

6)当某节点(工作)的最迟完成时间大于计划工期时，则取该节点的最迟完成时间为计划工期，并重新设置一虚拟的终点节点(其最迟、最早完成时间均为计划工期)，标明"完成"或"FIN"字样，该节点与虚拟终点节点之间用虚箭线连接，原来的终点节点与虚拟终点节点之间为衔接关系($FTS=0$)。

五、案例分析

【应用案例 2-20】 某搭接网络计划如图 2-59 所示，试用分析计算法演示该单代号搭接网络计划的时间参数的计算过程，用图上计算法的标注方法在图上标注时间参数。

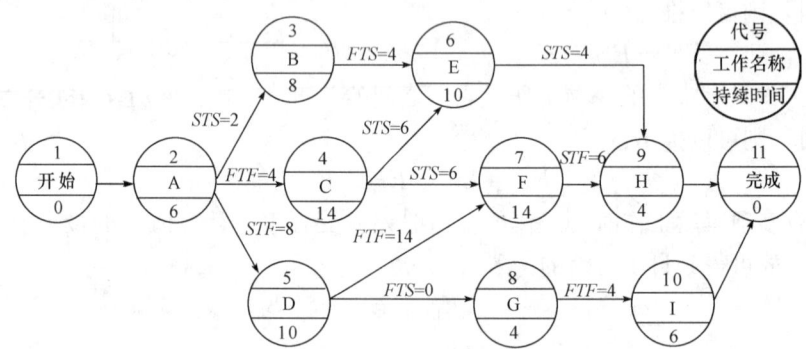

图 2-59 某工程搭接网络计划

分析：

(1)最早时间的计算。

A：$ES_A = 0$，$EF_A = ES_A + D_A = 0 + 6 = 6$(天)

B：$ES_B = ES_A + STS_{A,B} = 0 + 2 = 2$(天)，$EF_B = ES_B + D_B = 2 + 8 = 10$(天)

C：$ES_C = EF_A + FTF_{A,C} - D_C = 6 + 4 - 14 = -4$(天)

最早开始时间出现负值，应取 $ES_C = 0$，则 $EF_C = ES_C + D_C = 0 + 14 = 14$(天)，用一虚箭线将开始节点与 C 连接，如图 2-60 所示。

D：$ES_D = ES_A + STF_{A,D} - D_D = 0 + 8 - 10 = -2$(天)

最早开始时间出现负值，应取 $ES_D = 0$，则 $EF_D = ES_D + D_D = 0 + 10 = 10$(天)，用一虚箭线将开始节点与 D 连接，如图 2-60 所示。

E：工作 E 有两个紧前工作 B、C，因此有两组计算结果。

与 B 为 FTS 关系，则 $ES_E = ES_B + D_B + FTS_{B,E} = 2 + 8 + 4 = 14$(天)

与 C 为 STS 关系，则 $ES_E = ES_C + STS_{C,E} = 0 + 6 = 6$(天)

两组结果取最大值，得 $ES_E = 14$ 天，故 $EF_E = ES_E + D_E = 14 + 10 = 24$(天)

F：工作 F 有两个紧前工作 C、D，因此有两组计算结果。

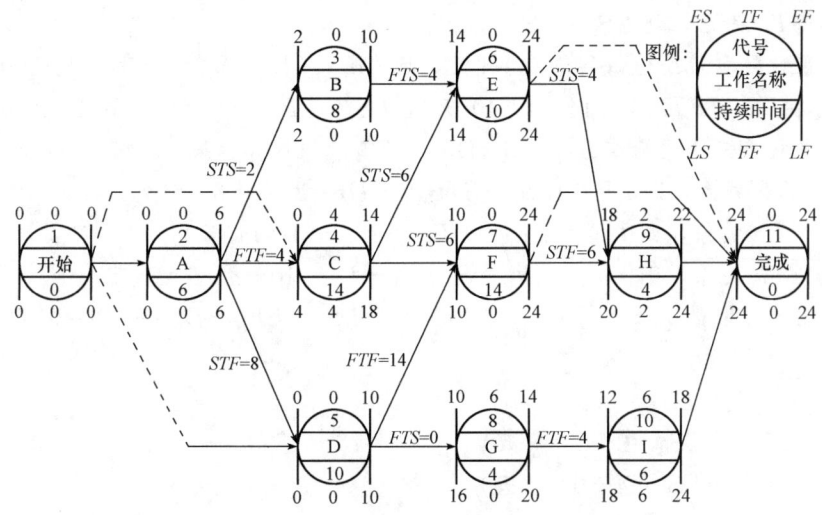

图 2-60 单代号搭接网络计划的时间参数计算

与 C 为 STS 关系，则 $ES_F = ES_C + STS_{C,F} = 0 + 6 = 6$（天）

与 D 为 FTF 关系，则 $ES_F = EF_D + FTF_{D,F} - D_F = 10 + 14 - 14 = 10$（天）

两组结果取最大值，得 $ES_F = 10$ 天，故 $EF_F = ES_F + D_F = 10 + 14 = 24$（天）

G：$ES_G = EF_D + FTS_{D,G} = 10 + 0 = 10$（天），$EF_G = ES_G + D_G = 10 + 4 = 14$（天）

H：工作 H 有两个紧前工作 E、F，因此有两组计算结果。

与 E 为 STS 关系，则 $ES_H = ES_E + STS_{E,H} = 14 + 4 = 18$（天）

与 F 为 STF 关系，则 $ES_H = ES_F + STF_{F,H} - D_H = 10 + 6 - 4 = 12$（天）

两组结果取最大值，得 $ES_H = 18$ 天，故 $EF_H = ES_H + D_H = 18 + 4 = 22$（天）

I：$ES_I = EF_G + FTF_{G,I} - D_I = 14 + 4 - 6 = 12$（天），$EF_I = ES_I + D_I = 12 + 6 = 18$（天）

经以上计算可知，工作 E 和工作 F 的最早完成时间均为 24 天，为最大值，故分别用虚箭线将工作 E 和工作 F 为终点节点相连接，如图 2-60 所示。

(2) 工期的计算。计算工期 T_c 由与终点节点相联系的工作的最早完成时间的最大值决定，即 $T_c = 24$ 天。计划工期 $T_P = T_c = 24$ 天。

(3) 最迟时间的计算。

I：$LF_I = 24$ 天，$LS_I = LF_I - D_I = 24 - 6 = 18$（天）

H：$LF_H = 24$ 天，$LS_H = LF_H - D_H = 24 - 4 = 20$（天）

G：$LF_G = LF_I - FTF_{G,I} = 24 - 4 = 20$（天），$LS_G = LF_G - D_G = 20 - 4 = 16$（天）

F：$LF_F = 24$ 天，$LS_F = LF_F - D_F = 24 - 14 = 10$（天）

E：$LF_E = 24$ 天，$LS_E = LF_E - D_E = 24 - 10 = 14$（天）

D：工作 D 有两个紧后工作 F、G，因此有两组计算结果。

与 F 为 FTF 关系，则 $LF_D = LF_F - FTF_{D,F} = 24 - 14 = 10$（天）

与 G 为 FTS 关系，则 $LF_D = LS_G - FTS_{D,G} = 16 - 0 = 16$（天）

两组结果比较取最小值，得 $LF_D = 10$ 天，故 $LS_D = LF_D - D_D = 10 - 10 = 0$（天）

C：工作 C 有两个紧后工作 E、F，因此有两组计算结果。

与 E 为 STS 关系，则 $LS_C = LS_E - STS_{C,E} = 14 - 6 = 8$（天）

与 F 为 STS 关系，则 $LS_C = LS_F - STS_{C,F} = 10 - 6 = 4$（天）
两组结果比较取最小值，得 $LS_C = 4$ 天，故 $LF_C = LS_C + D_C = 4 + 14 = 18$（天）
B：$LF_B = LS_E - FTS_{B,E} = 14 - 4 = 10$（天），$LS_B = LF_B - D_B = 10 - 8 = 2$（天）
A：工作 A 有三个紧后工作 B、C、D，因此有三组计算结果。
　　与 B 为 STS 关系，则 $LF_A = LS_B - STS_{A,B} + D_A = 2 - 2 + 6 = 6$（天）
　　与 C 为 FTF 关系，则 $LF_A = LF_C - FTF_{A,C} = 18 - 4 = 14$（天）
　　与 D 为 STF 关系，则 $LF_A = LF_D - STF_{A,D} + D_A = 10 - 8 + 6 = 8$（天）
三组结果比较取最小值，得 $LF_A = 6$（天），则 $LS_A = LF_A - D_A = 6 - 6 = 0$（天）

(4) 总时差的计算。

A：$TF_A = LS_A - ES_A = 0$（天）
B：$TF_B = LS_B - ES_B = 2 - 2 = 0$（天）
C：$TF_C = LS_C - ES_C = 4 - 0 = 4$（天）
D：$TF_D = LS_D - ES_D = 0$（天）
E：$TF_E = LS_E - ES_E = 14 - 14 = 0$（天）
F：$TF_F = LS_F - ES_F = 10 - 10 = 0$（天）
G：$TF_G = LS_G - ES_G = 16 - 10 = 6$（天）
H：$TF_H = LS_H - ES_H = 20 - 18 = 2$（天）
I：$TF_I = LS_I - ES_I = 18 - 12 = 6$（天）

(5) 自由时差的计算。

A：工作 A 有三个紧后工作 B、C、D，有三种时距关系，因此有三组计算结果。

$$FF_A = \min \begin{cases} ES_B - ES_A - STS_{A,B} = 2 - 0 - 2 = 0（天）\\ EF_C - EF_A - FTF_{A,C} = 14 - 6 - 4 = 4（天）\\ EF_D - ES_A - STF_{A,D} = 10 - 0 - 8 = 2（天） \end{cases} = 0（天）$$

B：$FF_B = ES_E - EF_B - FTS_{B,E} = 14 - 10 - 4 = 0$（天）

C：工作 C 有两个紧后工作 E、F，因此有两组计算结果。

$$FF_C = \min \begin{cases} ES_E - ES_C - STS_{C,E} = 14 - 0 - 6 = 8（天）\\ ES_F - ES_C - STS_{C,F} = 10 - 0 - 6 = 4（天） \end{cases} = 4（天）$$

D：工作 D 有两个紧后工作 F、G，因此有两组计算结果。

$$FF_D = \min \begin{cases} EF_F - EF_D - FTF_{D,F} = 24 - 10 - 14 = 0（天）\\ ES_G - EF_D - FTS_{D,G} = 10 - 10 - 0 = 0（天） \end{cases} = 0（天）$$

E：$FF_E = 0$ 天
F：$FF_F = 0$ 天
G：$FF_G = EF_I - EF_G - FTF_{G,I} = 18 - 14 - 4 = 0$（天）
H：$FF_H = ES_终 - EF_H = 24 - 22 = 2$（天）
I：$FF_I = ES_终 - EF_I = 24 - 18 = 6$（天）

第三章 施工方案

实训一 编制基础工程施工方案

一、实训背景
作为施工方接受业主委托,编制建筑工程基础工程施工方案。

二、实训目的
掌握基础工程的相关知识,并融会贯通。

三、实训能力标准要求
能够独立完成基础工程施工方案的编制。

四、实训指导

1. 施工方法

(1)测量放线。

1)**说明测量工作的总要求**。测量工作是一项重要、谨慎的工作,操作人员必须按照操作程序、操作规程进行操作,应经常进行对仪器、观测点和测量设备的检查验证,配合好各道工序的穿插和检查验收工作。

2)**工程轴线控制**。说明实测前的准备工作、建筑物平面位置的测定方法,首层及各楼层轴线的定位、放线方法及轴线控制要求。

3)**垂直度控制**。说明建筑物垂直度控制的方法,包括外围垂直度和内部每层垂直度的控制方法,并说明确保控制质量的措施。如某框架-剪力墙结构工程,建筑物垂直度的控制方法为:外围垂直度的控制采用经纬仪进行控制,在浇筑混凝土前后分别进行施测,以确保将垂直度偏差控制在规范允许的范围内;内部每层垂直度采用线坠进行控制,并用激光铅直仪进行复核,加强控制力度。

4)**沉降观测**。可根据设计要求,说明沉降观测的方法、步骤和要求。如某工程根据设计要求,在室内外地坪上 0.6 m 处设置永久沉降观测点。设置完毕后进行第一次观测,以后每施工完一层，进行一次沉降观测，且相邻两次观测时间间隔不得大于两个月。竣工后每两个月进行一次观测，直到沉降稳定为止。

(2) **土石方工程**。土石方工程是建筑施工中的主要工程之一，包括土石方的开挖、运输、填筑、平整和压实等主要施工过程，以及排水、降水和土壁支撑等准备工作和辅助工作。

土石方工程场地平整工程主要是施工机械选择、平整标高确定土方调配。基坑开挖工程首先确定是放坡开挖还是采用支护结构，若为放坡开挖，主要是挖土机械选择、降低地下水位和明排水、边坡稳定、运土方法等；若采用支护结构，主要是支护结构设计、降低地下水位、挖土和运土方案、周围环境的保护和监测等。

土石方工程多为露天作业。施工受地区的气候条件、地质和水文条件的影响很大，难以确定的因素较多。因此，在组织土石方工程施工前，必须做好施工组织设计，合理选择施工方案，实行科学管理。这对缩短工期、降低工程成本和保证工程质量都具有很重要的意义。

1) **确定土石方开挖方法**。土石方工程开挖方法有人工开挖、机械开挖和爆破三种。人工开挖只适用于小型基坑、管沟及土方量少的场所，对大量土方一般选择机械开挖。当开挖难度很大时，如对冻土、岩石土的开挖，也可以采用爆破技术进行爆破。如果采用爆破，则应选择炸药的种类、进行药包量的计算、确定起爆的方法和器材，并拟定爆破安全措施等。

土石方开挖应遵循"开槽支撑、先撑后挖、分层开挖、严禁超挖"的原则。开挖基坑按规定的尺寸合理确定开挖顺序和分层开挖深度，连续地进行施工，尽快地完成。因土石方开挖施工要求标高、断面准确，土体应有足够的强度和稳定性，所以，在土石方开挖过程中要随时注意检查。挖出的土除预留一部分用于回填外，应把多余的土运到弃土区或运出场外，以免妨碍施工。基坑挖好后应立即做垫层，否则挖土时应在基底标高以上保留150～300 mm厚的土层，待基础施工时再行开挖。当采用机械施工时，为防止基础基底土被扰动、结构被破坏，不应直接挖至坑底，应根据机械类型，挖至基底标高以上200～300 mm的土层，待基础施工前人工进行铲平修整。挖土时不得超挖，如出现个别超挖处，应使用与地基土相同的土料填补，并夯实到要求的密实度。若用原土填补不能达到要求的密实度时，可采用碎石类土填补，并仔细夯实。重要部位若被超挖，可用低强度等级的混凝土填补。

对深基坑土方的开挖，常见的开挖方式有分层全开挖、分层分区开挖、中心岛法开挖和土壕沟式开挖等。实际施工时，应根据开挖深度和开挖机械确定开挖方式。

2) **确定回填压实方法**。基础验收合格后，应及时回填。回填土要在基础两侧同时进行，并分层夯实。在土方填筑前，应清除基底的垃圾和树根等杂物，抽出坑穴中的水和淤泥。在水田、沟渠或池塘上填方前，应根据实际情况采用排水疏干、挖除淤泥或抛填块石、砂砾等方法处理后再进行回填。填土区如遇有地下水或滞水，必须设置排水措施，以保证施工的顺利进行。

①**填方土料的选择**。含水量符合压实要求的黏性土，可用作各层填料；碎石土、石碴和砂土，可用作表层以下填料，在使用碎石土和石碴作填料时，其最大粒径不得超过每层铺填厚度的2/3；碎块草皮和有机质含量大于8%的土，以及硫酸盐含量大于5%的土均不能作填料用；淤泥和淤泥质土不能作填料。

②**土方填筑方法**。土方应分层回填，并尽量采用同类土填筑。根据所采用的压实机械及土的种类确定每层铺土厚度。填方工程若采用不同土填筑，必须按类分层铺填，并

将透水性大的土层置于透水性小的土层之下，不得将各种土料任意混杂使用。当填方位于倾斜的山坡上时，应将斜坡挖成阶梯状，阶宽不小于1 m，然后分层回填，以防填土横向移动。

③填土压实方法。填方施工前，必须根据工程特点、填料种类、设计要求的压实系数和施工条件等合理选择压实机械和压实方法，确保填土压实质量。填土的压实方法有碾压法、夯实法、振动压实及利用运土工具压实。碾压法主要适用于场地平整和大面积填土工程，压实机械有平碾、羊足碾和振动碾。平碾对砂类土和黏性土均可压实；羊足碾只适用于压实黏性土，对砂土不宜使用；振动碾适用于压实爆破石碴、碎石类土、杂填土或粉土的大型填方，当填料为粉质黏土或黏土时，宜用振动凸块碾压。对小面积的填土工程，则宜采用夯实法，可人工夯实，也可机械夯实。人工夯实常用的工具有木夯、石夯等；机械夯实常用的机械主要有蛙式打夯机、夯锤和内燃夯土机。

3) **确定土石方平衡调配方案**。根据实际工程规模和施工期限确定调配的运输机械的类型和数量，选择最经济合理的调配方案。在地形复杂的地区进行大面积平整场地时，除要确定土石方平衡调配方案外，还应绘制土石方调配图表。

(3) **基础工程**。

1) 确定浅基础的垫层、混凝土基础和钢筋混凝土基础施工的技术要求，以及地下室施工的技术要求。

2) 明确桩基础施工的施工方法以及选择施工机械。

(4) **砌筑工程**。

1) 明确砖墙的组砌方法和质量要求。

2) 明确弹线及皮数杆的控制要求。

3) 确定脚手架搭设方法及安全网的挂设方法。

(5) **混凝土结构工程**。混凝土结构工程施工方案着重解决钢筋加工方法、钢筋运输和现场绑扎方法、粗钢筋的电焊连接、底板上皮钢筋的支撑、各种预埋件的固定和埋设；模板类型选择和支模方法、特种模板的加工和组装、快拆体系的应用和拆模时间；混凝土制备（如为商品混凝土，则选择供应商并提出要求）、混凝土运输（如为混凝土泵和泵车，则确定其位置和布管方式；如用塔式起重机和吊斗，则划分浇筑区、计算吊运能力等）、混凝土浇筑顺序、施工缝留设位置、保证整体性的措施、振捣和养护方法等。如为大体积混凝土，则需采取措施，避免产生温度裂缝，并采取测温措施。

(6) **结构吊装工程**。结构吊装工程施工方案着重解决吊装机械选择、吊装顺序、机械开行路线、构件吊装工艺、连接方法、构件的拼装和堆放等问题。如为特种结构吊装，需用特殊吊装设备和工艺，尚需考虑吊装设备的加工和检验、有关的计算（稳定、抗风、强度、加固等）、校正和固定等。

(7) **屋面工程**。

1) 确定屋面各个分项工程施工的操作要求。

2) 确定屋面材料的运输方式。

(8) **装饰工程**。

1) 确定各种装饰工程的操作方法及质量要求。

2) 确定材料运输方式及储存要求。

2. 施工机械

土方施工机械选择的内容包括确定土方施工机械型号、数量和行走路线，以充分利用机械能力，达到最高的机械效率。在土方工程施工中，应合理地选择土方机械，充分发挥机械效能，并使各种机械在施工中配合协调。土方机械的选择，通常先根据工程特点和技术条件提出几种可行方案，然后进行技术经济比较，选择效率高、费用低的机械进行施工，一般可选用土方单价最小的机械。

(1)**常用的土方施工机械**。土方施工中常用的土方施工机械有推土机、铲运机和单斗挖土机。单斗挖土机是土方工程施工中最常用的一种挖土机械，按其工作装置不同，又可分为正铲、反铲、拉铲和抓铲几种类型。

(2)**选择土方施工机械的要点**。

1)当地形起伏不大(坡度在20°以内)，挖填平整土方的面积较大，平均运距较短(一般在1 500 m以内)，土的含水量适当时，采用铲运机较为合适。

2)在地形起伏较大的丘陵地带，挖土高度在3 m以上，运输距离超过2 000 m，在土方工程量较大又较集中时，一般选择正铲挖土机挖土，自卸汽车配合运土，并在弃土区配备推土机平整土堆。也可采用推土机预先把土堆成一堆，再采用装载机把土装到自卸汽车上运走。

3)当土的含水量较小时，可结合运距长短和挖掘深浅，分别采用推土机、铲运机或正铲挖土机配合自卸汽车进行施工。基坑深度在1～2 m而长度又不太长时，可采用推土机；对于深度在2 m以内的线状基坑，宜用铲运机开挖；当基坑面积较大而工程量又集中时，可选用正铲挖土机。当地下水水位较高又不采取降水措施，或土质松软，可能造成正铲挖土机和铲运机陷车时，则采用反铲、拉铲或抓铲挖土机施工，优先选择反铲挖土机。

4)对于移挖作填基坑和管沟的回填土，当运距在100 m以内时，可采用推土机施工。

(3)**处理地下水和地表水的有关设备**。选择排除地面水和降低地下水水位的方法，确定排水沟、集水井或井点的类型、数量和布置方式(平面布置和高程布置)，确定施工降水、排水所需设备。地面水的排除通常采用设置排水沟、截水沟或修筑土堤等设施来进行。应尽量利用自然地形来设置排水沟，以便将水直接排至场外或低洼处，再用水泵抽走。主排水沟最好设置在施工区域或道路两旁，其横断面和纵向坡度根据最大流量确定。一般排水沟的横断面不小于0.5 m×0.5 m，纵向坡度根据地形确定，一般不小于3‰。在山坡地区施工，应在较高一面的坡上先做好永久性截水沟，或设置临时截水沟，阻止山坡水流入施工现场。在低洼地区施工时，除开挖排水沟外，必要时还需修筑土堤，以防止场外水流入施工场地。出水口应设置在远离建筑物或构筑物的低洼地点，并保证排水通畅。

(4)**选择施工机械的注意事项**。

1)应合理选择主导工程的施工机械，如地下工程的土方机械，主体结构工程的垂直、水平运输机械，结构吊装工程的起重机械等。

2)在各种辅助机械中，运输工具应与主导机械的生产能力协调配套，以充分发挥主导机械的效率。如土方工程在采用汽车运土时，汽车的载重量应为挖土机斗容量的整倍数，汽车的数量应保证挖土机连续工作。

3)在同一工地上，应力求建筑机械的种类和型号尽可能少一些，以利于机械管理；尽量使机械少而配件多，一机多能，提高机械使用率。

4)机械选择应考虑充分发挥施工单位现有机械的能力,当单位的机械能力不能满足工程需要时,应购置或租赁所需新型机械或多用机械。

3. 砖基础施工方案

(1)**砖基础施工顺序**。砖基础的施工顺序一般为:挖土→垫层施工→砌砖基础→铺设防潮层→回填土。在挖槽和勘探过程中若发现地下有障碍物,如洞穴、防空洞、枯井、软弱地基等,还应进行地基局部加固处理。

因基础工程受自然条件影响较大,各施工过程安排应尽量紧凑。挖土与垫层施工之间的间隔时间不宜太长,垫层施工完成后一定要留有技术间歇时间,使其具有一定强度后,再进行下一道工序施工。回填土应在基础完成后一次分层回填压实,对地面(±0.000)以下室内回填土,最好与基槽(坑)回填土同时进行;如不能同时回填,也可留在装饰工程前,与主体结构施工同时交叉进行。各种管道沟挖土和管道铺设等工程,应尽可能与基础工程配合平行搭接施工。铺设防潮层等零星工作的工程量比较小,可不必单独列为一个施工过程项目,也可以合并在砌砖基础施工中。

(2)**砖基础施工准备**。在施工前,应明确砌筑工程施工中的流水分段和劳动组合形式;确定砖基础的砌筑方法和质量要求;选择砌筑形式和方法;确定皮数杆的数量和位置;明确弹线及皮数杆的控制方法和要求。基础需设施工缝时,应明确施工缝留设位置、技术要求。

1)**基础弹线**。垫层施工完毕后,即可进行基础的弹线工作。弹线前应先将表面清扫干净,并进行一次找平,检查垫层顶面是否与设计标高相同。如符合要求,即可按下列步骤进行弹线工作。

①在基槽四角各相对龙门板(也可以是其他控制轴线的标志桩)的轴线标钉处拉线绳。

②沿线绳挂线坠,找出线坠在垫层面上的投影点(数量根据需要选取)。

③用墨斗弹出这些投影点的连线,该连线即为外墙基轴线。

④根据基础平面图尺寸,用钢尺量出各内墙基的轴线位置,并用墨斗弹出,该线即为内墙基轴线,所用钢尺必须事先校验,防止变形误差。

⑤根据基础剖面图量出基础砌体扩大部分的外边沿线,并用墨斗弹出(根据需要可弹出一边或两边)。

⑥按图纸和设计要求进行复核,无误后即可进行砖基础的砌筑。

2)**砖基础砌筑**。砖基础大放脚一般采用一顺一丁的砌筑形式、"三一"砌筑方法。施工时,先在垫层上找出墙轴线和基础砌体的扩大部分边线,然后在转角处、丁字交接处、十字交接处及高低踏步处立基础皮数杆(皮数杆上画出了砖的皮数、大放脚退台情况以及防潮层的位置)。皮数杆应立在规定的标高处,因此,立皮数杆时要利用水准仪进行抄平。砌筑前,应先用干砖试摆,以确定排砖方法和错缝的位置。砖基础的水平灰缝厚度和竖向灰缝宽度一般控制在8~12 mm。砌筑时,砖基础的砌筑高度是用皮数杆来控制的,可依皮数杆先在转角及交接处砌几皮砖,然后在其间拉准线砌中间部分。内外墙砖基础应同时砌起,如不能同时砌筑,应留置斜槎,斜槎长度不应小于斜槎高度。发现垫层表面水平标高有高低偏差时,可用砂浆或细石混凝土找平后再开始砌筑。如果偏差不大,也可在砌筑过程中逐步调整。砌大放脚时,先砌好转角端头,然后以两端为标准拉好线绳进行砌筑。砌筑不同深度的基础时,应从低处砌起,并由高处向低处搭接,搭接长度不应小于大放脚的高度。在基础高低处,要砌成踏步式,踏步长度不小于1 m,高度不大于0.5 m。基础中若有洞口、管道等，砌筑时应及时按设计要求留出或预埋。砖基础水平灰缝的砂浆饱满度不得小于80%，竖缝要错开。要注意丁字及十字接头处暗块的搭接，在这些交接处，纵、横墙要隔皮砌通。大放脚的最下一皮及每层的最上一皮，应以丁砌为主。基础砌完验收合格后，应及时回填。回填土要在基础两侧同时进行，并分层夯实。

  4. 混凝土基层施工方案

  （1）**混凝土基础施工顺序**。混凝土基础的类型较多，有柱下独立基础、墙下（柱下）钢筋混凝土条形基础、杯口基础、筏形基础、箱形基础等，但其施工顺序基本相同。

  钢筋混凝土基础的施工顺序为：基坑（槽）挖土→基础垫层→绑扎基础钢筋→基础支模板→浇筑混凝土→养护→拆模→回填土。如果开挖深度较大，地下水水位较高，则在挖土前应进行土壁支护和施工降水等工作。

  箱形基础工程的施工顺序也可列为：支护结构→土方开挖→垫层施工→地下室底板施工→地下室柱、墙施工及做防水→地下室顶板施工→回填土。

  含有地下室工程的高层建筑的基础均为深基础，在工期要求很紧的情况下，也可采用逆作法施工，通常施工顺序会发生变化。逆作法施工的内容包括地下连续墙、中间支承柱和地下室结构的施工。逆作法的施工顺序是：地下连续墙施工→中间支承柱施工→地下室负一层挖土和浇筑其顶板、内部结构→从地下室负二层开始地下结构和地上结构同时施工（地下室底板浇筑前，地上结构允许施工的高度根据地下连续墙和中间支承柱的承载力确定）→地下室底板封底并养护至设计强度→继续进行地上结构施工，直至工程结束。

  （2）**混凝土基础施工**。

  1）混凝土基础的施工方案有以下三种。

  ①**基础模板施工工程**。根据基础结构形式、荷载大小、地基土类别、施工设备和材料供应等条件进行模板及其支架的设计；确定模板类型，支模方法，模板的拆除顺序、拆除时间及安全措施；对于复杂的工程，还需绘制模板放样图。

  ②**基础钢筋工程**。选择钢筋的加工（调直、切断、除锈、弯曲、成型和焊接）、运输、安装和检测方法；如钢筋做现场预应力张拉，应详细制定预应力钢筋的制作、安装和检测方法。确定钢筋加工所需要的设备类型和数量。确定形成钢筋保护层的方法。

  ③**基础混凝土工程**。选择混凝土的制备方案，如采用现场制备混凝土或商品混凝土。确定混凝土原材料准备、拌制及输送方法；确定混凝土浇筑顺序、振捣和养护方法；确定施工缝的留设位置和处理方法；确定混凝土搅拌、运输或泵送，振捣设备的类型、规格和数量。

  对于大体积混凝土，一般有全面分层、分段分层和斜面分层三种浇筑方案。为防止大体积混凝土的开裂，根据结构特点的不同，确定浇筑方案，拟定防止混凝土开裂的措施。

  在选择施工方法时，应特别注意大体积混凝土、特殊条件下的混凝土、高强度混凝土及冬期混凝土施工中的技术方法，注重模板的早拆化、标准化以及钢筋加工中的联动化、机械化，混凝土运输中采用大型搅拌运输车泵送混凝土，计算机控制混凝土配料等。

  箱形基础施工还包括地下室施工的技术要求及地下室防水的施工方法。

  2）工业厂房的现浇钢筋混凝土杯形基础和设备基础的施工，通常有两种施工方案。

  ①当厂房柱基础的埋置深度大于设备基础埋置深度时，采用"封闭式"施工方案，即厂房柱基础先施工，待上部结构全部完工后再对设备基础施工。这种施工顺序的特点是：现场构件预制、起重机开行和构件运输较方便；设备基础在室内施工，不受气候影响；土方重复开

挖，设备基础施工场地狭窄，工期较长。通常，"封闭式"施工方案多用于厂房施工处于雨期或冬期施工以及设备基础不大时，在厂房结构安装完毕后对厂房结构稳定性并无影响，或对较大较深的设备基础采用了特殊的施工方案（如沉井等）时，可采用"封闭式"施工。

②当设备基础埋置深度大于厂房柱基础的埋置深度时，通常采用"开敞式"施工方案，即厂房柱基础和设备基础同时施工。这种施工顺序的优缺点与"封闭式"施工相反。通常，只有厂房的设备基础较大、较深，基坑的挖土范围连成一体，以及对地基的土质情况不明时，才采用"开敞式"施工方案。

如果设备基础与柱基础埋置深度相同或接近时，上述两种施工顺序均可选择。当设备基础比柱基深很多时，其基坑的挖土范围已经深于厂房柱基础，以及厂房所在地点土质很差时，也可采用设备基础先施工的方案。

5. 桩基础施工方案

(1) **桩基础施工顺序**。桩基础类型不同，施工顺序也不一样。通常按施工工艺，桩基础分为**预制桩**和**灌注桩**两种。

预制桩的施工顺序为：制桩→弹线定桩位→打桩→接桩→截桩→桩承台和承台梁施工。桩承台和承台梁的施工顺序为：土方开挖→做垫层→绑扎钢筋→支模板→浇筑混凝土→养护→拆模→回填土。预制桩可以在现场预制，也可以向厂家购买。桩基础施工前，应充分做好准备工作，如预制桩在弹线定桩位前要进行场地清理、桩的检查等。

灌注桩的施工顺序为：弹线定桩位→成孔→验孔→吊放钢筋笼→浇筑混凝土→桩承台和承台梁施工。桩承台和承台梁施工的顺序为：土方开挖→做垫层→绑扎钢筋→支模板→浇筑混凝土→养护→拆模→回填土。灌注桩钢筋笼的绑扎可以和灌注桩成孔同时进行。如果采用人工挖孔桩，还要进行护壁的施工，护壁与成孔时挖土交替进行。

(2) **桩基础施工**。

1) **预制桩的施工方法**。确定预制桩的制作程序和方法：明确预制桩起吊、运输和堆放的要求；选择起吊和运输的机械；确定预制桩打设的方法，选择打桩设备。

较短的预制桩多在预制厂生产，较长的桩一般在打桩现场或附近就地预制。现场预制桩多用叠浇法施工，重叠层数一般不宜超过四层。桩在浇筑混凝土时，应由桩顶向桩尖一次性连续浇筑完成。制桩时，应做好浇筑日期、混凝土强度、外观检查和质量鉴定等记录。混凝土预制桩在达到设计强度70%后方可起吊，达到100%后方可运输。桩在起吊和搬运时，吊点应符合设计规定。预制桩在打桩前应先做好准备工作，并确定合理的打桩顺序，其打桩顺序一般有逐排打设、从中间向四周打设、分段打设和间隔跳打等。打入时，根据基础的设计标高和桩的规格，宜采用先浅后深、先大后小、先长后短的施工顺序。预制桩按打桩设备和打桩方法可分为锤击法、静力压桩、振动法和水冲法等。

锤击法是最常用的打桩方法，有重锤轻击和轻锤重击两种，其对周围环境的影响都较大；静力压桩适用于软土地区工程的桩基施工；振动法打桩在砂土中施工效率较高；水冲法打桩是锤击沉桩的一种辅助方法，适用于砂土和碎石土或其他坚硬的土层。施工时应根据不同的情况，选择合理的打桩方法。

根据不同的土质和工程特点，施工中打桩的控制主要有两种：一是以贯入度控制为主，桩尖进入持力层或桩尖标高作参考；二是以桩尖设计标高控制为主，贯入度作参考。确定施工方案时，打桩的顺序和对周围环境的不利影响是应考虑的主要因素。打桩的顺序是否合理直接影响打桩的速度和质量，对周围环境的影响更大。根据桩群的密集程度，可选用下列打桩顺序：由一侧向单一方向进行；自中间向两个方向对称进行；自中间向四周进行，如图 3-1 所示。

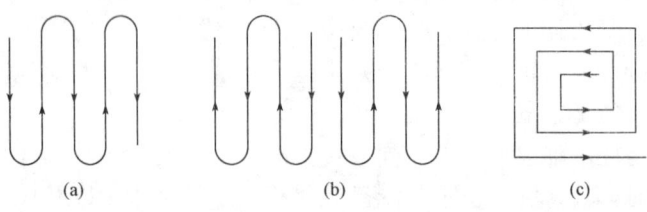

图 3-1 打桩顺序

(a)由一侧向单一方向进行；(b)自中间向两个方向对称进行；(c)自中间向四周进行

大面积的桩群多分成几个区域，由多台打桩机采用合理的顺序同时进行打设。

2)**灌注桩的施工方法**。根据灌注桩的类型确定施工方法，选择成孔机械的类型和其他施工设备的类型及数量，明确灌注桩的质量要求，拟定安全措施等。

灌注桩按成孔方法可分为：泥浆护壁成孔灌注桩、干作业成孔灌注桩、沉管灌注桩、人工挖孔灌注桩和爆扩灌注桩等。

施工中通常要根据土质和地下水水位等情况，选择不同的施工工艺和施工设备。干作业成孔灌注桩适用于地下水水位较低，在成孔深度内无地下水的土质。目前，常用螺旋钻机成孔，也有用洛阳铲成孔的。无论地下水水位高低，泥浆护壁成孔灌注桩皆可使用，多用于含水量高的软土地区。锤击沉管灌注桩宜用于一般黏性土、淤泥质土、砂土和人工填土地基。振动沉管施工法有单打法、反插法和复打法，单打法适用于含水量较小的土层；反插法和复打法适用于软弱饱和土层，但在流动性淤泥以及坚硬土层中，不宜采用反插法。大直径人工挖孔灌注桩采用人工开挖，质量易于保证，即使在狭窄地区也能顺利施工。当土质复杂时，可以边挖边用肉眼验证土质情况，但人工消耗大、开挖效率低且有一定的危险。爆扩灌注桩适用于地下水位以上的黏性土、黄土、碎石土以及风化岩。

不同的成孔工艺在施工过程中需要着重考虑的因素不同，如钻孔灌注桩要注意孔壁塌陷和钻孔偏斜，而沉管灌注桩则常易发生断桩、缩颈和桩靴进水或进泥等问题。如出现问题，则应采取相应的措施及时予以补救。

五、案例分析

【**应用案例 3-1**】 本工程基础为桩基承台基础，基础埋深为 －5.500 m，与工程 ±0.000 相当的绝对标高为 61.1 m。根据现场情况，拟采用反铲式挖土机进行整体开挖，由东向西进行施工开挖，开挖长度及宽度为基础承台边向外 1 m，坡度比为 1∶0.3，以便做排水明沟和埋设轴线龙门桩。如有特殊情况，再加大放坡。根据设计基底标高以及施工范围内的土方平衡，严格控制其土方的超挖与少挖，把基础回填的土方堆放在场地内，多余土方采用泥头车外运出去。为方便施工，施工方将这部分进行大开挖至 －5.4 m 后再按龙门桩定位轴线进行承台、基础的基槽开挖。在基槽开挖期间，测量人员密切配合，随时施测基坑边线及基底标高，确保土方到位和不超挖，预留 20 cm 待人工清理，防止挖机撞击管桩与扰动基底持力层。在深基坑旁挖设集水井，井内集水用泥浆泵抽至周围排水沟。在基坑四周用红白花钢管扎栏杆一圈做安全围护，以防行人跌入坑内。基础工程施工期间，扎路架供人员上下作业。大开挖土方6天完成，基坑基槽5天完成。基坑排水采用明沟排水、集水坑积水、潜水泵抽水，保证基坑底部无明水，以防基坑被水浸泡。

挖土机开挖至桩顶面设计标高，向上20 cm处后，人工开挖余土，开挖的土方就近堆放于基坑内的空地，以便以后的基坑回填。多余的土方采用泥头车外运出去。机械开挖时，人工跟进清理基坑底及边坡、开挖排水沟，基坑开挖后，安排专人负责排水。

问题：基础工程施工方案要点有哪些？

分析：

(1)机械挖土前先绘制详细的土方开挖图，规定开挖路线、顺序、范围、排水沟、集水井位置及流向、弃土堆放位置等，避免混乱，造成超挖、乱挖，应尽可能多使机械挖方，减少人工挖方。

(2)机械开挖土方时设有专人负责指挥，严格控制挖土标高。因该建筑物是由桩承载，机械开挖深度控制在距桩顶100 mm处，不得超挖。待桩施工结束，再由人工清土。人工清土应与机械挖土同时进行，以便利用挖土机将清理出的土方清出基坑，减少人工清土的工作量。

(3)测量人员必须在坑底设置标高控制桩，以控制坑底标高，防止超挖。清土时坑底标高控制桩采用短木方，要求每隔2 m×2 m设置一个标高控制桩。同时要求测量人员及时将边轴线放出，以便清土人员开挖排水沟、集水井。

(4)人工清土时，必须根据测量人员所测的标高控制线，拉线清土找平。第一步，可用尖头锹将余土清至基坑设计标高向上2~5 cm处；第二步，清土时，必须保证基坑内无明水，且清土必须采用平口锹进行，保证坑地平整、标高准确，且不得扰动基层土。严禁在基坑内采用手推车运土。

(5)基坑采用明沟排水，集水井集水，真空泵排出基坑外，确保坑底无明水，以防地下水和雨水浸泡，保证土方工程的质量。基坑内四周设300 mm×300 mm排水沟，采用多孔砖侧向砌筑，孔口便于基坑内的积水流入排水沟。基础垫层部位纵、横方向每隔6~8 m设置200 mm×(250~400)mm(深)排水暗沟，内填40~70 mm石子。开挖排水沟必须拉线进行，确保横平竖直、整齐美观。集水井砖砌，深度为基坑底向下1 m，直径600~800 mm。基坑表面的积水通过排水暗沟流入周边排水明沟，再由明沟流入集水井，通过潜水泵或污水泵排出基坑外。

(6)为防止地表水流入基坑，根据现场实际情况的需要，可在距离基坑边1.5 m处设挡水沟，沟通截面尺寸为300 mm×300 mm，采用红砖砌筑，坡度为0.1%~0.2%，表面采用1:3水泥砂浆抹光。

(7)基坑挖土期间，应收听天气预报，一旦出现雨水天气，应将基坑底部及边坡及时用塑料薄膜或彩条布覆盖，以防坑底土层及边坡被雨水侵蚀，影响工程施工质量或造成边坡失稳。

(8)当基坑底部有软弱土层时，应及时请监理到现场确认，且采用人工开挖，并及时办理签证。超挖部位根据设计要求进行处理：用砂石回填至基础底标高，砂石垫层顶面宽度超出基础边300 mm，每落深500 mm，砂石垫层宽度底面增加300 mm。

【应用案例3-2】 某工程，建设单位委托监理单位承担施工阶段和工程质量保修期的监理工作，建设单位与施工单位按《建设工程施工合同(示范文本)》签订了施工合同。基坑支护施工中，项目监理机构发现施工单位采用了一项新技术，未按已批准的施工技术方案施工。项目监理机构认为本工程使用该项新技术存在安全隐患，总监理工程师下达了工程暂停令，同时报告了建设单位。

施工单位认为该项新技术通过了有关部门的鉴定，不会发生安全问题，仍继续施工。于是项目监理机构报告了住房城乡建设主管部门。施工单位在建设行政主管部门干预下才暂停了施工。

施工单位复工后，就此事引起的损失向项目监理机构提出索赔。建设单位也认为项目监理机构"小题大做"，致使工程延期，要求监理单位对此事承担相应责任。

问题：
(1) 在施工阶段施工单位的哪些做法不妥？并说明理由。
(2) 建设单位的哪些做法不妥？
(3) 对施工单位采用新的基坑支护施工方案，项目监理机构还应做哪些工作？

分析：
(1) 施工单位在施工阶段的不妥做法及理由如下：
1) 未按照已批准的施工技术方案施工且不报告不妥。理由：施工单位应执行已批准的施工技术方案，对施工技术方案改变时，应经项目监理机构审查签认。
2) 采用的新技术未经项目监理机构审定不妥。理由：施工单位采用新材料、新工艺、新技术、新设备时应经项目监理机构审定后才能采用。
3) 不执行总监理工程师下达的工程暂停令不妥。理由：依据施工合同条款，施工单位应当执行总监理工程师的指令。
4) 向项目监理机构提出索赔不妥。理由：工程暂停施工的原因是施工中存在有严重的安全隐患，总监理工程师依据法规有权下达工程暂停令，便于消除安全隐患。

(2) 建设单位的做法不妥之处如下：
1) 认为项目监理机构下达工程暂停令致使工程延期承担责任不妥。
2) 不及时组织竣工验收不妥。

(3) 对施工单位采用新的基坑支护施工方案，项目监理机构应做的工作如下：
1) 要求施工单位报送并审查新技术的施工工艺措施的证明材料。
2) 组织专题论证。
3) 经专题论证可行，由总监理工程师签认后执行。
4) 经专题论证不可行，要求仍按原批准的施工技术方案执行。

实训二　编制主体工程施工方案

一、实训背景

作为拟建工程施工方接受业主方委托，对拟建工程编制主体工程施工方案。

二、实训目的

掌握主体工程的相关知识并融会贯通。

三、实训能力标准要求

能够根据施工图纸独立完成主体工程施工方案的编制。

四、实训指导

1. 测量控制

(1)**测量工作的总要求**。测量工作应由专人操作,操作人员必须按照操作程序、操作规程进行操作,经常进行仪器、观测点和测量设备的检查验证,配合好各工序的穿插和检查验收工作。

(2)**工程轴线的控制和引测**。说明实测前的准备工作、建筑物平面位置的测定方法,首层及各层轴线的定位、放线方法及轴线控制要求。

(3)**标高的控制和引测**。说明实测前的准备工作、标高的控制和引测的方法。例如,某工程标高控制方案:根据建设单位提供的水准点,将该水准点引测至场中固定位置做施工用引测点,作为本工程的标高控制点。基础施工时,以本工程的标高控制点作为施工控制点;主体施工时,在架管上测出+1.000 m 控制线,并用红油漆标出,梁底模、起拱高度、标高、柱高、板底标高均由该控制线控制;混凝土模板拆除后,在柱身弹出+1.000 m 控制线,以此控制各层砌体施工;层高用 50 m 的钢尺翻引;主体完工后,用精密仪器(全站仪)测出工程总高度。

(4)**垂直度控制**。说明建筑物垂直度控制的方法,包括外围垂直度和内部每层垂直度的控制方法,并说明确保控制质量的措施。如某框架-剪力墙结构建筑物垂直度的控制方法为:外围垂直度的控制采用经纬仪进行控制,在浇筑混凝土前后分别进行施测,以确保将垂直度的偏差控制在规范允许的范围内;内部每层垂直度采用线坠进行控制,并用激光铅直仪进行复核,加强控制力度。

(5)**沉降观测**。可根据设计要求说明沉降观测的方法、步骤和要求。如某工程根据设计要求在室外地坪上 0.6 m 处设置永久沉降观测点(加以保护,以免在施工中将观测点破坏而影响观测的准确性)。设置完毕后进行第一次观测,以后每施工完一层做一次沉降观测,且相邻两次观测时间间隔不得大于两个月,主体结构封顶后,每两个月做一次观测,竣工后第一年每季度一次,以后每隔六个月一次,直到沉降稳定为止(连续两次半年沉降量不超过 20 mm 为止)。若发现异常情况,应及时通知设计单位和勘察单位。

2. 砖混结构施工

(1)砖混结构主体的楼板可预制也可现浇,楼梯一般都采用现浇的方式。楼板为预制构件时,砖混结构主体工程的施工顺序为:搭脚手架→砌墙→安装门窗过梁→现浇圈梁和构造柱→现浇楼梯→安装楼板→浇板缝→现浇雨篷及阳台等。若楼板现浇时,其主体工程的施工顺序为:搭脚手架→构造柱绑筋→墙体砌筑→安装门窗过梁→支构造柱模板→浇构造柱混凝土→安装梁、板、楼梯模板→绑梁、板、楼梯钢筋→浇梁、板、楼梯混凝土→现浇雨篷及阳台等。

施工时，应重视楼梯间、厨房、厕所、阳台等的施工，合理安排与主要工序之间的施工顺序，其施工与墙体砌筑和楼板安装密切配合，一般应在砌墙、安装楼板的同时相继完成。现浇钢筋混凝土楼梯尤其应注意与楼层施工密切配合；否则，会因混凝土养护需要时间，使后续工序不能按期开始而延误工期。对于现浇楼板的支模板和绑扎钢筋，可安排在墙体砌筑的最后一步插入，并在浇筑圈梁的同时浇筑楼板。

(2)主导施工过程划分为以下两种形式：

1)砌墙和浇筑混凝土(或安装混凝土构件)两个主导施工过程。砌墙施工包括搭脚手架、运砖、砌墙、安门窗框、浇筑圈梁和构造柱、现浇楼梯等；浇筑混凝土(或安装混凝土构件)施工包括安装(或现浇)楼板及板缝处理、安装其他预制过梁和部分现浇楼盖等。墙体砌筑与安装楼板这两个主导施工过程在各楼层之间的施工是先后交替进行的。砌筑墙体时，一般以每个自然层作为一个砌筑层，然后分层进行流水作业。现浇卫生间楼板的支模、绑扎钢筋可安排在墙体砌筑的最后一步插入，在浇筑圈梁和构造柱的同时，浇筑厨房和卫生间楼板。

2)砌墙、浇筑混凝土和楼板施工三个主导施工过程。砌墙施工包括搭脚手架、运砖、砌墙及安装门窗框等。浇筑混凝土施工包括浇筑圈梁和构造柱、现浇楼梯等。楼板施工包括安装(或现浇)楼板及板缝处理、安装其他预制过梁等。

3. 框架结构施工

(1)当楼层不高或工程量不大时，柱、梁、板可一次整体浇筑，柱与梁板间不留施工缝。柱浇筑后，需停顿 1~1.5 h，待柱混凝土初步沉实后，再浇筑其上的梁板，以避免因柱混凝土下沉而在梁、柱接头处形成裂缝。梁柱板整体现浇时，框架结构主体的施工顺序一般为：绑扎柱钢筋→支柱、梁、板模板→绑扎梁、板钢筋→浇柱、梁、板混凝土→养护→拆模。

(2)当楼层较高或工程量较大时，柱与梁、板间分两次浇筑，柱与梁、板间施工缝留在梁底(或梁托下)。待柱混凝土强度达到 1.2 N/mm^2 以上后，再浇筑梁和板。先浇柱后浇梁板时，框架结构主体的施工顺序一般为：绑扎柱钢筋→支柱、梁、板模板→浇柱混凝土→绑扎梁、板钢筋→浇梁、板混凝土→养护→拆模。

(3)浇筑钢筋混凝土电梯井的施工顺序为：绑扎电梯井钢筋→支电梯井内外模板→浇筑电梯井混凝土→混凝土养护→拆模。

(4)柱的浇筑顺序为：柱宜在梁板模板安装后钢筋未绑扎前浇筑，以便利用梁板模板作横向支撑和柱浇筑操作平台用。一个施工段内的柱应按列或排由外向内对称依次浇筑，不要从一端向另一端推进，以避免柱模因混凝土单向浇筑受推倾斜而使误差积累难以纠正。

(5)梁和楼板的浇筑顺序为：肋形楼板的梁板应同时浇筑，顺次梁方向从一端向前推进。根据梁高分层浇筑成阶梯形，当达到板底位置时，即与板的混凝土一起浇筑，而且倾倒混凝土的方向与浇筑的方向相反。

(6)楼梯浇筑顺序为：楼梯宜自下而上一次浇筑完成。当必须留置施工缝时，其位置应在楼梯长度中间 1/3 范围内。

4. 剪力墙结构施工

剪力墙结构浇筑前应先浇筑墙后浇板，同一段剪力墙应先浇筑中间后浇筑两边。门窗洞口应在两侧同时下料，浇筑高差不能太大，以免门窗洞口发生位移或变形。窗台标高以下应先浇筑窗台下部，后浇筑窗间墙，以防窗台下部出现蜂窝、孔洞。

现浇钢筋混凝土剪力墙结构采用大模板工艺，分段组织流水施工，施工速度快，结构整体性、抗震性好。其标准层的施工顺序一般为：弹线→绑扎墙体钢筋→支墙模板→浇筑墙身混凝土→养护→拆墙模板→支楼板模板→绑扎楼板钢筋→浇筑楼板混凝土。随着楼层施工，电梯井、楼梯等部位也逐层插入施工。

采用滑升模板工艺时，其施工顺序为：抄平放线→安装提升架、围圈→支一侧模板→绑墙体钢筋→支另一侧模板→液压系统安装→检查调试→安装操作平台→安装支承杆→滑升模板→安装悬吊脚手架。

5. 装配式工业厂房施工

装配式工业厂房的构件都是预制构件，通常采用工厂预制和工地预制相结合的方法进行。一般较重、较大或运输不便的构件，可在现场预制（如柱和屋架）；中小型构件可在现场预制，也可向厂家购买（如连系梁、屋面板、吊车梁、托架梁等），要根据实际情况来决定，主要根据现场的场地情况、运输工具、交通道路、运费、加工厂的供应情况和技术条件等，经调查研究和分析比较，进行综合评价确定。对于双肢柱及屋架的腹杆，也可以事先预制后，在现场拼装到模板内，成为装配整体式构件。这种方法可节约模板、缩短工期、提高质量并且经济，故常被采用，但务必事先制作并尽早提出预制腹杆的加工计划。

(1) 预制阶段的施工顺序。现场预制钢筋混凝土柱的施工顺序为：场地平整夯实→支模板→绑钢筋→安放预埋件→浇筑混凝土→养护→拆模。现场预制预应力屋架的施工顺序为：场地平整夯实→支模板→绑钢筋→安装预埋件→预留孔道→浇筑混凝土→养护→预应力筋张拉→拆模→锚固和灌浆。

构件预制的顺序，原则上是先安装的先预制，屋架虽迟于柱子安装，但预应力屋架由于需要张拉、灌浆等工艺，并且有两次养护的技术间歇，在考虑施工顺序时往往要提前制作。对多跨大型单层厂房中的构件预制，应分批、分段施工，构件制作顺序与安装顺序和机械开行路线需严密配合。

在预制构件预制过程中，制作日期、制作位置、起点流向和顺序，在很大程度上取决于工作面准备工作的完成情况和后续工作的要求。要进行结构吊装方案设计，绘制构件预制平面图和起重机开行路线等。当设计无规定时，预制构件混凝土强度应达到设计强度标准值的75%以上才可以吊装；预应力构件采用后张法施工，构件混凝土强度应达到设计强度标准值的75%以上，预应力钢筋才可以张拉；孔道压力灌浆后，应在其强度达到15 MPa后方可起吊。

(2) 结构安装阶段的施工顺序。装配式工业厂房的结构安装是整个厂房施工的主导施工过程，其他施工过程应配合安装顺序。结构安装阶段的施工顺序为：安装柱子→安装柱间支撑→安基础梁→连系梁→吊车梁→屋架、天窗架和屋面板等。每个构件的安装工艺顺序为：绑扎→起吊→就位→临时固定→校正→最后固定。

构件吊装顺序取决于吊装方法，单层工业厂房结构安装法有分件吊装法和综合吊装法两种。若采用分件吊装法，其吊装顺序一般为：第一次开行吊装全部柱子，并校正与永久固定；待接头混凝土强度达设计标准值75%以后，第二次开行吊装吊车梁、托架梁、连系梁与柱间支撑；第三次开行吊装完全部屋盖系统的构件。若采用综合吊装法，其吊装顺序一般为：先吊4~6根柱并迅速校正和固定，再吊装梁及屋盖的全部构件，如此依次进行逐个节间的吊装，直到整个厂房吊装完毕。结构构件吊装前，要做好各种准备工作，其内容包括检查构件的质量、构件弹线编号、杯底抄平、杯口弹线、构件的吊装验算和加固、起重机准备、吊装验算、起吊各种构件的索具准备等。

6. 脚手架工程施工

脚手架是建筑施工中重要的临时设施，是在施工现场为安全防护、工人操作以及解决楼层间少量垂直和水平运输而搭设的。在建筑施工中，脚手架选择与使用得合适与否，不但直接影响施工作业的顺利和安全进行，而且也关系到工程质量、施工进度和企业经济效益。脚手架应在基础回填土工作结束后，配合主体工程搭设；在室外装饰工作结束后，散水施工前拆除。

(1)明确脚手架的要求。脚手架应由架子工搭设，应满足工人操作、材料堆置和运输的需要；要坚固稳定，安全可靠；搭设简单，搬移方便；尽量节约材料，能多次周转使用。

(2)选择脚手架的类型。脚手架的种类很多，按其搭设的位置，可分为外脚手架和里脚手架；按其所用材料，分为木脚手架、竹脚手架与金属脚手架；按其构造形式，分为多立杆式、框式、悬挑式、吊式、升降式等。在施工前，结合实际工程选择脚手架的种类，施工时根据工程进度来搭设脚手架。外脚手架主要用于主体结构施工和外装饰施工，里脚手架主要用于内墙的砌筑和内装饰。目前，最常用的脚手架的类型是多立杆式（钢管扣件式）脚手架。

(3)确定脚手架搭设方法和技术要求。多立杆式脚手架有单排和双排两种形式，一般采用双排；确定脚手架的搭设宽度和每步架高；为了保证脚手架的稳定，要设置连墙杆、剪刀撑和抛撑等支撑体系，并确定其搭设方法和设置要求。

(4)脚手架的安全防护。为了保证安全，脚手架通常要挂安全网。应确定安全网的布置，并对脚手架采用避雷措施。

7. 砌筑工程施工

砌筑工程是建筑物的重要组成部分。砌筑工程取材方便（砖、石、砌块），节约钢材、水泥，不需要大型施工机械，施工组织较简单，但砖石自重大，以手工操作为主；现在可以用小型砌块代替砖石作墙体材料。砌筑工程是一个综合的施工过程，它包括砂浆制备、材料运输、搭脚手架和墙体砌筑等。

(1)明确砌筑质量和要求。砌体一般要求灰缝横平竖直，砂浆饱满，厚薄均匀，上下错缝，内外搭接，接槎牢固，墙面垂直。

(2)明确砌筑工程施工组织形式。砌筑工程施工采用分段组织流水施工，明确流水分段和劳动组合形式。

(3)确定墙体的组砌形式和方法。普通砖墙的砌筑形式主要有一顺一丁、三顺一丁、两平一侧、梅花丁和全顺式。普通砖墙的砌筑方法主要有"三一"砌砖法、挤浆法、刮浆法和满口灰法。

(4)确定砌筑工程施工方法。

1)砖墙的砌筑。砖墙的砌筑一般有抄平放线、摆砖、立皮数杆、挂线盘角、砌筑和勾缝清理等工序。

砌墙前先在基础防潮层或楼面上定出各层标高，并用M7.5水泥砂浆或C10细石混凝土找平，然后根据龙门板上标志的轴线弹出墙身轴线、边线及门窗洞口位置。二楼以上墙体可以用经纬仪或垂球将轴线引测上去。然后，根据墙身长度和组砌方式，先用干砖在放线的基面上试摆，使其符合模数，排列和灰缝均匀，以尽可能减少砍砖次数。一般在房屋外纵墙方向摆顺砖，在山墙方向摆丁砖，摆砖由一个大角摆到另一个大角，砖与砖留 10 mm 缝隙。

确定皮数杆的数量和位置。皮数杆一般设置在房屋的四大角、纵横墙的交接处、楼梯间及洞口多的地方，墙过长时，应每隔 10～15 m 立一根。皮数杆需用水平仪统一竖立，使皮数杆上的±0.000 与建筑物的±0.000 相吻合，以后就可以向上接皮数杆。一般每次开始砌砖前，应检查一遍皮数杆的垂直度和牢固程度。砌砖前，先在皮数杆上挂通线，一般一砖墙、一砖半墙可单面挂线；一砖半以上墙体应双面挂线。墙角是控制墙面横平竖直的主要依据，一般砌筑前先盘角，每次盘角不得超过六皮砖，在盘角过程中应随时用托线板检查墙角是否竖直平整，砖层高度和灰缝是否与皮数杆相符合，做到"三皮一吊，五皮一靠"。

砌筑时，全部砖墙应平行砌起。砖层必须水平，砖层正确位置用皮数杆控制，基础和每楼层砌完后必须校对一次水平、轴线和标高，其偏差值应在基础或楼板顶面的允许范围内调整。砖墙的水平灰缝厚度和竖缝宽度一般为 10 mm，但不小于 8 mm，也不大于 12 mm。水平灰缝的砂浆饱满度不低于 80%，砂浆饱满度用百格网检查。竖向灰缝宜用挤浆或加浆方法，使其砂浆饱满，严禁用水冲浆灌缝。

砖墙的转角处和交接处应同时砌筑。不能同时砌筑处应砌成斜槎，斜槎长度不应小于高度的 2/3。如临时间断处留斜槎确有困难，除转角处外，也可以留直槎，但必须做成阳槎，并加设拉结筋。拉结筋的数量为每 120 mm 墙厚设置一根直径为 6 mm 的钢筋；间距沿墙高不得超过 500 mm；埋入长度从墙的留槎处算起，每边不应小于 500 mm；末端应有 90°弯钩。位于抗震设防地区的建筑的临时间断处不得留直槎。

隔墙与墙或柱若不能同时砌筑而又不留成斜槎，可于墙或柱中引出直槎，或于墙或柱的灰缝中预埋拉结筋(其构造与上述相同，但每道不得少于 2 根)。抗震设防地区建筑物的隔墙，除应留直槎外，沿墙高每 500 mm 配置 2φ6 钢筋与承重墙或柱拉结，伸入每边墙内的长度不应小于 500 mm。

砖砌体接槎时，必须将接槎处的表面清理干净、浇水湿润，并应填实砂浆，保持灰缝平直。每层承重墙的最上一皮砖、梁或梁垫的下面及挑檐、腰线等处，应是整砖丁砌。填充墙砌至接近梁、板底时，应留一定空隙。待填充墙砌筑完并应至少间隔 7 天后，再将其补砌挤紧。设有钢筋混凝土构造柱的抗震多层砖混房屋，应先绑扎钢筋，然后砌砖墙，最后浇筑混凝土。墙与柱应沿高度方向 500 mm 设 2φ6 钢筋，每边伸入墙内不应少于 1 m；构造柱应与圈梁连接；砖墙应砌成马牙槎，每一马牙槎沿高度方向的尺寸不超过 300 mm，马牙槎从每层柱脚开始，应先退后进。该层构造柱混凝土浇完后，才能进行上一层的施工。砖墙每天砌筑高度不宜超过 1.8 m，雨期施工时，每天砌筑高度不宜超过 1.2 m。砖砌体相邻工作段的高度差，不得超过一个楼层的高度，也不宜大于 4 m。工作段的分段位置宜设在伸缩缝、沉降缝、防震缝或门窗洞口处。砌体临时间断处的高度差不得超过一步脚手架的高度。砌筑时宽度小于 1 m 的窗间墙应选用整砖砌筑。半砖或破损的砖，应分散使用于墙的填心和受力较小的部位。砌好的墙体，当横隔墙很少，不能安装楼板或屋面板时，要设置必要的支撑，以保证其稳定性，防止大风刮倒。

施工洞口必须按尺寸和部位进行预留。不允许砌成后，再凿墙开洞；那样会振动墙身，影响墙体的质量。对于大的施工洞口，必须设在不重要的部位，如窗台下可暂时不砌，作为内外运输通道用；在山墙上留洞应留成尖顶形状，才不致影响墙体质量。

2)砌块的砌筑。在施工之前,应确定大规格砌块砌筑的方法和质量要求,选择砌筑形式,确定皮数杆的数量和位置,明确弹线及皮数杆的控制方法和要求。绘制砌块排列图,选择专门设备吊装砌块。

砌块安装的主要工序为铺灰、吊砌块就位、校正、灌缝和镶砖。砌块墙在砌筑吊装前,应先画出砌块排列图。砌块排列图是根据建筑施工图上门窗大小、层高尺寸、砌块错缝、搭接的构造要求和灰缝大小,把各种规格的砌块排列出来。需要镶砖的地方,在排列图上要画出,镶砖应尽可能对称、分散。砌块排列主要以立面图表示,为每片墙绘制一张排列图。

砌块安装通常有两种方案:一是以轻型塔式起重机进行砌块、砂浆的运输以及楼板等预制构件的吊装,由台灵架吊装砌块;二是以井架进行材料的垂直运输、杠杆车进行楼板吊装。所有预制构件及材料的水平运输则用砌块车和手推车,台灵架负责砌块的吊装,前者适用于工程量大或两栋房屋对翻流水的情况;后者适用于工程量小的房屋。砌块吊装一般按施工段依次进行,其次序为先外后内,先远后近,先下后上,在相邻施工段之间留阶梯形斜槎。吊装时应从转角处或砌块定位处开始,采用摩擦式夹具,按砌块排列图将所需砌块吊装就位。砌块吊装就位后,用托线板检查砌块的垂直度,并用撬棍、楔块调整偏差,然后用砂浆灌缝。

3)砖柱的砌筑。矩形砖柱的砌筑,应使柱面上下皮砖的竖缝至少错开 1/4 砖长,柱心无通缝。少砍砖并尽量利用 1/4 砖。不得采用光砌四周后填心的包心砌法。砖柱砌筑前应检查中心线及柱基顶面标高,多根柱子在一条直线上要拉通线。如发现中间柱有高低不平时,要用 C10 细石混凝土和砖找平,使各个柱第一层砖都在同一标高上。砌柱用的脚手架要牢固,不能靠在柱子上,更不能留脚手眼,影响砌筑质量。柱子每天砌筑高度不宜超过 1.8 m。砌完一步架要刮缝,清扫柱子表面。在楼层上砌砖柱时,要检查弹的墨线位置与下层柱是否对中,防止砌筑的柱子不在同一轴线上。有网状配筋的砖柱,砌入的钢筋网在柱子一侧要露出 1~2 mm,以便检查。

4)砖垛的砌筑。砖垛的砌法,要根据墙厚的不同及垛的大小而定,无论哪种砌法,都应使垛与墙身逐皮搭接。切不可分离砌筑,搭接长度至少为 1/4 砖长。根据错缝需要,可加砌 3/4 砖或半砖。

当砌完一个施工层后,应进行墙面、柱面的勾缝和清理,并清理落地灰。

(5)确定施工缝留设位置和技术要求。施工段的分段位置应设在伸缩缝、沉降缝、防震缝或门窗洞口处。

8. **钢筋混凝土工程施工**

现浇钢筋混凝土工程由模板、钢筋、混凝土三个工种相互配合进行。

(1)**模板工程。**

1)**木模板施工。**

①**柱模板。**柱模板由两块相对的内拼板夹在两块外拼板之间钉成。安装柱模板前,应先绑扎好钢筋,测出标高并标在钢筋上,同时,在已浇筑的基础顶面或楼面上弹出边线,并固定好柱模板底部的木框。根据柱边线及木框位置竖立模板,并用支撑临时固定,然后从顶部用垂球校正垂直度。检查无误后将柱箍箍紧,再用支撑钉牢。同一轴线上的柱,应先校正两端的柱模板,在柱模板上口拉中心线来校正中间的柱模。柱模之间用水平撑及剪刀撑相互撑牢。

②**梁模板**。梁模板主要由侧模、底模及支撑系统组成。梁底模下有支架(琵琶撑)支撑,支架的立柱最好做成可以伸缩的,以便调整高度,底部应支承在坚实的地面、楼板或垫木板上。在多层框架结构施工中,上下层支架的立柱应对准。支架间用水平和斜向拉杆拉牢,当层间高度大于 5 m 时,宜选桁架作模板的支架。梁侧模板底部用钉在支架顶部的夹条夹住,顶部可由支承楼板的搁栅或支撑顶住。高大的梁,可在侧模板中上位置用钢丝或螺栓相互撑拉。梁跨度在 4 m 及 4 m 以上时,底模应起拱,设计无规定时,起拱高度宜为全跨长度的 1‰~3‰。

③**楼板模板**。楼板模板是由底模和支架系统组成。底模支承在搁栅上,搁栅支承在梁侧模外的横档上。对于跨度大的楼板,可在搁栅中间加支撑作为支架系统。楼板模板的安装顺序是,在主次梁模板安装完毕后,按楼板标高往下减去楼板底模板的厚度和楞木的高度,在楞木和固定夹木之间支好短撑。在短撑上安装托板,在托板上安装楞木,在楞木上铺设楼板底模。铺好后核对楼板标高、预留孔洞及预埋件的尺寸和位置,然后对梁的顶撑和楼板中间支架进行水平和剪刀撑的连接。

④**楼梯模板**。楼梯模板安装时,在楼梯间的墙上按设计标高画出楼梯段、楼梯踏步及平台板、平台梁的位置。先立平台梁和平台板的模板及支撑,然后在楼梯段基础梁侧模上钉托木,楼梯模板的斜楞钉在基础梁和平台梁侧模的托木上。在斜楞上铺钉楼梯底模板,下面设杠木和斜向支撑,斜向支撑的间距为 1~1.2 m,其间用拉杆拉结。沿楼梯边立外帮板,用外帮板上的横档木、斜撑和固定夹木将外帮板钉固在杠木上。在靠墙的一面把反三角模板立起,反三角模板的两端可钉在平台梁和梯基的侧板上。在反三角模板与外帮板之间逐块钉上踏步侧板。如果楼梯较宽,应在梯段中间再加设反三角模板。在楼梯段模板放线时,特别要注意每层楼梯的第一踏步和最后一个踏步的高度,常因疏忽了楼地面面层厚度不同而造成高低不同的现象。

2) **钢模板施工**。定型组合钢模板由钢模板、连接件和支撑件组成。施工时可在现场直接组装,也可预拼装成大块模板用起重机吊运安装。组合钢模板的设计应使钢模板的块数最少,木板镶拼补量最少,并合理使用转角模板,使支撑件布置简单,钢模板应尽量采用横排或竖排,不用横竖兼排的方式。

3) **模板拆除的过程**。现浇结构模板的拆除时间,取决于结构的性质、模板的用途和混凝土硬化的速度。模板的拆除顺序一般是先支后拆、后支先拆,先拆除非承重部分、后拆除承重部分,一般谁安装谁拆除。对重、大、复杂的模板进行拆除,事先应制订拆除方案。框架结构模板的拆除顺序为:柱模板→楼板底模→梁侧模板→梁底模板。多层楼板模板支架的拆除,应按下列要求进行:上层楼板正在浇筑混凝土时,下一层楼板支柱不得拆除,再下一层楼板的支柱仅可拆除一部分;跨度 4 m 及 4 m 以上的梁下均应保留支柱,其间距不得大于 3 m。

(2) **钢筋工程**。

1) **钢筋加工**。钢筋加工工艺流程为:材质复验及焊接试验→配料→调直→除锈→断料→焊接→弯曲成型→成品堆放。由配料员在现场钢筋加工棚内完成配料;钢筋的冷加工包括钢筋冷拉和钢筋冷拔。

钢筋冷拉控制方法采用控制应力和控制冷拉率两种。用作预应力钢筋混凝土结构的预应力筋采用控制应力的方法,不能分清炉批号的钢筋采用控制应力的方法。钢筋冷拉采用控制冷拉率方法时,冷拉率必须由试验确定。预应力钢筋如由几段对焊而成,应焊接后再进行冷拉。

钢筋调直的方法有人工调直和机械调直两种。对于直径在 12 mm 以下的圆盘钢筋，一般用铰磨、卷扬机或调直机，调直时要控制冷拉率；大直径钢筋可用卷扬机、弯曲机、平直机、平直锤或人工锤击法调直。经过调直的钢筋基本已达到除锈目的，但已调直除锈的钢筋，时间长了又会生锈。其除锈方法有机械除锈（电动除锈机除锈）、手工除锈（钢丝刷、砂盘等）、喷砂及酸洗除锈等。

钢筋切断的方法有钢筋切断机和手动切断器两种。手动切断器一般用于切断直径小于 12 mm 的钢筋；大直径钢筋的切断一般采用钢筋切断机。

钢筋弯曲成型的方法分人工和机械两种。手工弯曲是在成型工作台上进行的，其在施工现场常被采用；大量钢筋加工时，应采用钢筋弯曲机。

2) **钢筋连接。钢筋连接方法有：绑扎连接、焊接和机械连接。施工相关规范规定，受力钢筋优先选择焊接和机械连接，并且接头应相互错开。钢筋的焊接方法有闪光对焊、电弧焊、电阻点焊等。**

闪光对焊广泛用于钢筋接长及预应力钢筋与螺栓端杆的焊接。热轧钢筋的焊接优先选择闪光对焊，条件达不到时才用电弧焊。闪光对焊适用于焊接直径为 10～40 mm 的钢筋。钢筋闪光对焊后，除对接头进行外观检查外，还应按《钢筋焊接及验收规程》(JGJ 18—2012)的规定进行抗拉强度和冷弯试验。

钢筋电弧焊可分为帮条焊、搭接焊、坡口焊和熔槽帮条焊四种接头形式。帮条焊适用于直径 10～40 mm 的各级热轧钢筋；搭接焊接头只适用于直径 10～40 mm 的 HPB300 级和 HRB335 级钢筋；坡口焊接头有平焊和立焊两种，适用于在现场焊接装配式构件接头中直径为 18～40 mm 的各级热轧钢筋。帮条焊、搭接焊和坡口焊的焊接接头，除应进行外观质量检查外，还需抽样做抗拉试验。

电阻点焊主要用于焊接钢筋网片和钢筋骨架，适用于直径为 6～14 mm 的 HPB300 级、HRB335 级钢筋和直径为 3～5 mm 的冷拔低碳钢丝。电阻点焊的焊点应进行外观检查和强度试验，热轧钢筋的焊点应进行抗剪试验，冷处理钢筋除进行抗剪试验外，还应进行抗拉试验。

3) **钢筋的绑扎和安装。** 钢筋绑扎安装前先熟悉施工图纸，核对成品钢筋的钢号、直径、形状、尺寸和数量等是否与配料单和料牌相符，研究钢筋安装和有关工种的配合顺序，准备绑扎用的钢丝、绑扎工具等。绑扎钢筋网和钢筋骨架仍是目前采用较多的钢筋施工方法，在起重、运输条件允许的情况下，钢筋网和钢筋骨架的安装应尽量采用先绑扎后安装的方法。绑扎常用的工具有钢筋钩、卡盘和扳手、小撬棍等。钢筋绑扎的程序为画线、摆筋、穿箍、绑扎、安放垫块等。画线时应注意间距、数量，标明加密箍筋位置。板类摆筋顺序一般先摆主筋后摆负筋；梁类摆筋一般先摆纵筋；有变截面的箍筋，应事先将箍筋排列清楚，然后安装纵向钢筋。绑扎钢筋用的钢丝，可采用 20～22 号钢丝或镀锌钢丝；当绑扎楼板钢筋网片时，一般用单根 22 号钢丝；绑扎梁柱钢筋骨架，则用双根钢丝绑扎。板和墙的钢筋网，除靠近外围两行钢筋的相交点全部扎牢外，中间部分的相交点可相隔交错扎牢；双向受力的钢筋，需所有交叉点全部扎牢。

4) **钢筋保护层施工。** 控制钢筋的混凝土保护层可采用水泥砂浆垫块或塑料卡。水泥砂浆垫块的厚度等于保护层厚度，其平面尺寸：当保护层的厚度≤20 mm 时，为 30 mm×30 mm；≥20 mm 时，为 50 mm×50 mm。在垂直方向使用的垫块，应在垫块中埋入 20 号钢丝，用钢丝把垫块绑在钢筋上。塑料卡的形状有塑料垫块和塑料环圈两种，塑料垫块用于水平构件，塑料环圈用于垂直构件。

(3) **混凝土工程**。

1) **混凝土的搅拌**。拌制混凝土可采用人工拌和或机械拌和的方法，人工拌和一般用"三干三湿"法。只有当混凝土用量不多或无机械时才采用人工拌和，一般都用搅拌机拌和混凝土。混凝土搅拌机有自落式和强制式两种。对于重集料塑性混凝土，常选用自落式搅拌机；对于干硬性混凝土与轻集料混凝土，选用强制式搅拌机。拌和混凝土时，除合理选择搅拌机的种类和型号外，还要确定正确的搅拌时间、进料容量、投料顺序等，投料顺序常用的有一次投料法和二次投料法。现场混凝土搅拌站的布置应因地制宜，尽量布置在施工项目的附近，最好靠近垂直运输机械服务半径的范围内。各种材料仓库与运输路线应使装料、卸料方便，既不互相交叉又要缩短运距。

2) **混凝土的运输**。混凝土的运输分为地面运输、垂直运输和楼面运输。混凝土地面运输，如商品混凝土运输距离较远，多用混凝土搅拌运输车；混凝土如来自工地搅拌站，则多用载重约1 t的小型机动翻斗车，近距离也用双轮手推车，有时还用皮带运输机和窄轨翻斗车。混凝土垂直运输多用塔式起重机、混凝土泵、快速提升斗和井架。混凝土楼面运输以双轮手推车为主，也用小型机动翻斗车。如用混凝土泵，则用布料机布料。

施工中常常使用商品混凝土，用混凝土搅拌运输车运送到施工现场，再由塔式起重机或混凝土泵运至浇筑地点。

塔式起重机运输混凝土应配备混凝土料斗联合使用；用井架和龙门架运输混凝土时，应配备手推车。

3) **混凝土的浇筑**。混凝土浇筑前应检查模板、支架、钢筋和预埋件，并进行验收。浇筑混凝土时，一定要防止其分层离析。为此，需控制混凝土的自由倾落高度不宜超过2 m；在竖向结构中不宜超过3 m，否则应采用串筒、溜槽或溜管等下料。浇筑竖向结构混凝土前，先要在底部填筑一层50~100 mm厚与混凝土成分相同的水泥砂浆。

浇捣混凝土应连续进行，若需长时间间歇，则应留置混凝土施工缝。混凝土施工缝宜留在结构剪力较小的部位，同时要方便施工。柱子宜留在基础顶面、梁或吊车梁牛腿的下面、吊车梁的上面、无梁楼盖柱帽的下面，和板连成整体的大截面梁应留在板底面以下20~30 mm处。当板下有梁托时，留置在梁托下部。单向板可留在平行于板短边的任何位置。有主次梁的楼盖宜顺着次梁方向浇筑，施工缝应留在次梁跨度的中间1/3长度范围内。墙可留在门洞口过梁跨中1/3范围内，也可留在纵、横墙的交接处。双向受力的楼板、大体积混凝土结构、拱、薄壳、多层框架等及其他复杂的结构，应按设计要求留置施工缝。在施工缝处继续浇筑混凝土时，应除掉水泥浮浆和松动石子，并用水冲洗干净，待已浇筑的混凝土的强度不低于1.2 MPa时，才允许继续浇筑，应在结合面先铺抹一层水泥浆或与混凝土砂浆成分相同的砂浆。

现浇多层钢筋混凝土框架的浇筑。浇筑这种结构，首先要划分施工层和施工段，施工层一般按结构层划分，而每一施工层如何划分施工段，则要考虑工序数量、技术要求和结构特点等。要做到木工在第一施工层安装完模板，准备转移到第二施工层的第一施工段上时，该施工段所浇筑的混凝土强度应达到允许工人在上面操作的强度(1.2 MPa)。施工层与施工段确定后，就可求出每班(或每小时)应完成的工程量，据此选择施工机具和设备并计算其数量。混凝土浇筑前应做好必要的准备工作,如模板、钢筋和预埋管线的检查和清理以及隐蔽工程的验收;浇筑用脚手架、走道的搭设和安全检查;根据试验室下达的混凝土配合比通知单准备和检查材料;准备好施工用具。浇筑柱子时,施工段内的每排柱子应由外向内对称地顺序浇筑,不要由一端向另一端推进,预防柱子模板因湿胀造成受推倾斜而误差积累,难以纠正。截面在 400 mm×400 mm 内或有交叉箍筋的柱子,应在柱子模板侧面开孔,用斜溜槽分段浇筑,每段高度不超过 2 m。截面在 400 mm×400 mm 以上、无交叉箍筋的柱子,如柱高不超过 4.0 m,可从柱顶浇筑;如用轻集料混凝土从柱顶浇筑,则柱高不得超过 3.5 m。柱子开始浇筑时,底部应先浇筑一层厚 50~100 mm 与所浇筑混凝土成分相同的水泥砂浆。浇筑完毕,如柱顶处有较大厚度的砂浆层,则应加以处理。柱子浇筑后,应间隔 1~1.5 h,待所浇混凝土拌合物初步沉实,再浇筑上面的梁板结构。梁和板一般应同时浇筑,从一端开始向前推进。只有当梁高大于 1 m 时,才允许将梁单独浇筑,此时的施工缝留在楼板板面下 20~30 mm 处。梁底与梁侧面注意振实,振动器不要直接触及钢筋和预埋件。楼板混凝土的虚铺厚度应略大于板厚,用表面振动器或内部振动器捣实,用铁插尺检查混凝土厚度,振捣完成后用长的木抹子抹平。

大体积混凝土结构的浇筑。选择大体积混凝土结构的施工方案时,主要考虑三个方面的内容:一是应采取防止产生温度裂缝的措施;二是采取合理的浇筑方案;三是监测施工过程中的温度。为防止产生温度裂缝,应着重在控制混凝土温升、延缓混凝土降温速率、减少混凝土收缩、提高混凝土极限拉伸值、改善约束和完善构造设计等方面采取措施。大体积混凝土结构的浇筑方案,需根据结构大小和混凝土供应等实际情况决定,一般有全面分层、分段分层和斜面分层浇筑等方案。

对不同的工程,由于工程特点、工期、质量要求、施工季节、地域和施工条件的不同,采用的防止产生温度裂缝的措施和混凝土的浇筑方案、温度监测设备和监测方法也不相同。

4) **混凝土的振捣**。混凝土的振捣方法有人工振捣和机械振捣两种。人工振捣是用钢钎、捣锤或插钎等工具,这种方法仅适用于塑性混凝土,在缺少振捣机械或工程量不大的情况下采用。有条件时,尽量采用机械振捣的方法,常用的振捣机械有内部振动器(振动棒)、表面振动器(平板振动器)、外部振动器(附着式振动器)和振动台等。振动棒可振捣塑性和干硬性混凝土,适用于振捣梁、墙、基础和厚板,不适用于楼板、屋面板等构件。振捣时,振动棒不要与钢筋和模板发生碰撞,重点是要振捣好下列部位:钢筋主筋的下面、钢筋密集处、石料多的部位、模板阴角处、钢筋与侧模之间等;表面振动器适用于振捣楼板、地面、板形构件和薄壳等厚度小、面积大的构件;外部振动器适用于振捣断面较小和钢筋较密的柱子、梁、板等构件;振动台是混凝土制品厂中常用的固定振捣设备,用于振捣预制构件。

5) **混凝土的养护**。混凝土养护方法分为自然养护和人工养护。现浇构件多采用自然养护,只有在冬期施工温度很低时,才会采用人工养护。采用自然养护时,在混凝土浇筑完毕后一定时间(12 h)内,要覆盖并浇水养护。

9. 结构安装工程施工

根据起重重量、起重高度和起重半径选择起重机械,确定结构安装方法,拟定安装顺序,起重机开行路线及停机位置;确定构件平面布置设计,工厂预制构件的运输、装卸和堆放方法;确定现场预制构件的就位、堆放的方法,吊装前的准备工作,主要工程量和吊装进度。

(1)**确定起重机类型、型号和数量**。在单层工业厂房结构安装工程中，如采用自行式起重机，一般选择分件吊装法，起重机在厂房内三次开行才能吊装完厂房结构构件；而选择桅杆式起重机，则必须采用综合吊装法。综合吊装法与分件吊装法起重机开行路线及构件平面布置是不同的。

当厂房面积较大时，可采用两台或多台起重机安装，柱子和吊车梁、屋盖系统分别进行流水作业，可加速工期。对一般中、小型单层厂房，选用一台起重机为宜，这在经济上比较合理；对于工期要求特别紧迫的工程，则作为特殊情况考虑。

(2)**确定结构构件安装方法**。工业厂房结构安装法有分件吊装法和综合吊装法两种。单层厂房安装顺序通常采用分件吊装法，即先顺序安装和校正全部柱子，然后安装屋盖系统等。采用这种方法，起重机在同一时间安装同一类型的构件，包括就位、绑扎、临时固定和校正等工序，并且使用同一种索具，劳动力组织不变，可提高安装效率；其缺点是增加起重机开行路线。综合吊装法即逐间安装，连续向前推进。方法是先安装四根柱子，立即校正后安装吊车梁与屋盖系统，一次性安装好纵向一个柱距的开间。采用这种方法可缩短起重机开行路线，并且可为后续工序提前创造工作面，从而尽早搭接施工；其缺点是索具安装和劳动力组织有周期性变化而影响生产率。上述两种方法在单层厂房安装工程中均有采用，也有混合采用的，即柱子安装用分件吊装法，而其余构件包括屋盖系统在内用综合吊装法。这些均取决于具体条件和安装队的施工经验。抗风柱可随一般柱子的开行路线从单层厂房一端开始安装，由于抗风柱的长度较大，安装后应立即校正、灌浆，并用上下两道缆绳四周锚固。

(3)**构件制作平面布置、拼装场地、机械开行路线**。当采用分件吊装法时，预制构件的施工有以下三种方案。

1)当场地狭小而工期又允许时，构件制作可分别进行，首先预制柱和吊车梁，待柱和梁安装完毕再进行屋架预制；

2)当场地宽敞时，在柱、梁预制完后即进行屋架预制；

3)当场地狭小而工期又紧时，可将柱和梁等预制构件在拟建厂房内就地预制，同时在拟建厂房外进行屋架预制。

(4)**其他**。确定构件运输、装卸、堆放和所需机具设备型号、数量和运输道路要求。

10. 围护工程施工

围护工程的施工包括搭脚手架、内外墙体砌筑和安装门窗框等。在主体工程结束后，或完成一部分区段后即可开始内外墙砌筑工程的分段施工。此时，不同工程之间可组织立体交叉、平行流水施工，内隔墙的砌筑则应根据内隔墙的基础形式而定；有的需在地面工程完成后进行，有的则可以在地面工程前与外墙同时进行。

五、案例分析

【应用案例3-3】 某住宅建筑主体工程施工方案。
分析：
(1)**采购与进场**。钢筋采购严格实行质量控制，采购的钢筋需有出厂质保书、试验报告，并且按规定做机械性能试验和外观检查。热轧钢筋表面不得有裂缝、结疤和折叠。进场钢筋必须有明确的标识，严格按批分别堆放，不得混堆，并且应避免锈蚀和污染。

(2)配料与制作。配料计算要考虑钢筋的形状和尺寸,长度应控制准确。在满足设计要求的前提下,要有利于加工安装。钢筋切断用切断机或手动液压切断器,弯曲成型采用钢筋弯曲机。钢筋焊接一般采用闪光对焊,墙柱主筋直径大于或等于16 mm的,采用电渣压力焊。

(3)绑扎与安装。钢筋绑扎前应校对成品钢筋的型号、直径、形状、尺寸和数量等是否与实际相符,并且准备好必要数量的钢丝和保护层垫块。

钢筋安装就位前应先画出位置线。平板或墙板的钢筋在模板上画线;柱的箍筋在两根对角主筋上画点;梁的箍筋在架立筋上画点。钢筋接头位置应根据材料的规格,按照规范对有关接头位置、数量的规定,错开布置,在模板上画线标明。

保护层垫块间距采用1 000 mm×1 000 mm,以保证保护层厚度符合设计及规范要求,混凝土浇捣前还应当做一次修正。

钢筋要通长垂直、间距均匀。楼板主筋按短向在下、长向在上的要求摆设。

混凝土浇捣时,操作人员不能直接踩在楼面钢筋上作业,需派专人监督,以保证上皮筋的有效高度。

(4)其他。施工前,钢筋翻样应就施工顺序、操作方法和要求等对操作人员进行交底,施工时应对钢筋进行复核检查。钢筋绑扎好并经钢筋班组自检后,由项目经理部、施工员、质量员进行复查,进行隐蔽工程验收后方可进入下道工序施工。

【应用案例3-4】某工程,建设单位将土建工程、安装工程分别发包给甲、乙两家施工单位。在合同履行过程中,项目监理机构在审查土建工程施工组织设计时,认为脚手架工程危险性较大,要求甲施工单位编制脚手架工程专项施工方案。甲施工单位项目经理部编制了专项施工方案,凭以往经验进行了安全估算,认为方案可行,并安排质量检查员兼任施工现场安全员的工作,逐将方案报送总监理工程师签认。

问题:上述事件中脚手架工程专项施工方案编制和报审过程中有哪些不妥之处,写出正确做法。

分析:

(1)甲施工单位项目经理部凭以往经验进行安全估算不妥。正确做法是应进行**安全验算**。

(2)甲施工单位项目经理部安排质量检查员兼任施工现场安全员工作不妥,**正确做法为**:应由专职安全生产管理人员进行现场安全监督工作。

(3)甲施工单位项目经理部直接将专项施工方案报送总经理工程师签认不妥。正确做法为:专项施工方案应先经甲单位技术负责人签认后报送总监理工程师。

实训三　编制屋面防水工程施工方案

一、实训背景

对拟建工程进行屋面防水工程施工方案的编制,为工程顺利施工做好准备。

二、实训目的

掌握屋面防水工程的相关知识，培养综合运用理论知识解决实际问题的能力。

三、实训能力标准要求

能够独立完成屋面防水工程施工方案的编制。

四、实训指导

1. 施工方法

(1) 卷材防水屋面的施工方法。卷材防水屋面又称为柔性防水屋面，是用胶结材料粘贴卷材进行防水的。常用的卷材有沥青防水卷材、高聚物改性沥青防水卷材和合成高分子防水卷材三大系列。

卷材防水层施工应在屋面上其他工程完工后进行。铺设多跨和高低跨房屋卷材防水层时，应按先高后低、先远后近的顺序进行；在铺设同一跨时应先铺设排水比较集中的落水口、檐口、斜沟和天沟等部位及油毡附加层，按标高由低到高的顺序进行；坡面与立面的油毡，应由下开始向上铺贴，使油毡按流水方向搭接。油毡铺设的方向应根据屋面坡度或屋面是否存在振动而确定。当坡度小于3%时，油毡宜平行屋脊方向铺贴；当坡度为3%~15%时，油毡可平行或垂直屋脊方向铺贴；当坡度大于15%或屋面受振动时，油毡应垂直屋脊铺贴。卷材防水屋面坡度不宜超过25%。油毡平行屋脊铺贴时，长边搭接不应小于70 mm；短边搭接平屋顶不应小于100 mm，坡屋顶不应小于150 mm。当第一层油毡采用条贴、点粘或空铺时，长边搭接不应小于500 mm，上下两层油毡应错开1/3或1/2幅宽；上下两层油毡不宜相互垂直铺贴；垂直于屋脊的搭接缝应顺主导风向搭接；接头顺水流方向，每幅油毡铺过屋脊的长度不应小于200 mm。铺贴油毡时应弹出标线，油毡铺贴前应使找平层干燥。

1) 油毡的铺贴施工方法有以下几种。

①**油毡热铺贴施工**。该法可分为满贴法、条贴法、空铺法和点粘法四种。满贴法是指在油毡下满涂玛𤩽脂使油毡与基层全部粘结。铺贴的工序为浇油铺贴和收边滚压。条贴法是在铺贴第一层油毡时，不满涂浇玛𤩽脂，而是用蛇形或条形撒贴的做法，使第一层油毡与基层之间形成若干互相连通的空隙构成"排汽屋面"，可从排汽孔处排出水汽，避免油毡起泡。空铺法、点粘法铺贴防水卷材的施工方法与条贴法相似。

②**油毡冷粘法施工**。油毡冷粘法施工是指在油毡下采用冷玛𤩽脂做粘结材料，使之与基层粘结。施工方法与热铺法相同。冷玛𤩽脂使用时应搅拌均匀，可加入稀释剂调节稠度。每层厚度为1~1.5 mm。

③**油毡自粘法施工**。油毡自粘法施工是指采用带有自粘胶的防水卷材，不用热施工，也不需涂胶结材料而进行粘结的方法。铺贴前，基层表面应均匀涂刷基层处理剂，待干燥后，及时铺贴卷材。铺贴时，应先将自粘胶底面隔离纸完全撕净，排除卷材下面的空气，并碾压粘结牢固，不得空鼓。搭接部位必须采用热风焊枪加热后随即粘贴牢固，溢出的自粘胶随即刮平封口。接缝口用不小于10 mm宽的密封材料封严。

④**高聚物改性沥青卷材热熔法施工**。该法又可分为滚铺法和展铺法两种。滚铺法是一种不展开卷材，而采用边加热边烤边滚动卷材铺贴，然后用排气辊滚压使卷材与基层粘结

牢固的方法；展铺法是先将卷材平铺于基层，再沿边缘掀开卷材予以加热粘贴，此法适用于条贴法铺贴卷材。所有接缝应用密封材料封严，涂封宽度不应小于 10 mm。对厚度小于 3 mm 的高聚物改性沥青防水卷材，严禁采用热熔法施工。

⑤**高聚物改性沥青卷材冷粘法施工。**该法是在基层或基层和卷材底面涂刷胶粘剂进行卷材与基层或卷材与卷材的粘结，主要工序有胶粘剂的选择和涂刷、铺粘卷材以及搭接缝处理等。卷材铺贴要控制好胶粘剂涂刷与卷材铺贴的间隔时间，一般可凭经验。当胶粘剂不粘手时，即可开始粘贴卷材。

⑥**合成高分子防水卷材施工。**合成高分子防水卷材可用冷粘法、自粘法和热风焊接法施工。自粘贴卷材施工方法是施工时只要剥去隔离纸后即可直接铺贴；带有防粘层时，在粘贴搭接缝前应将防粘层先熔化掉，方可达到粘结牢固。热风焊接法是利用热空气焊枪进行防水卷材搭接粘合的方法。焊接前卷材铺放应平整顺直，搭接尺寸正确；施工时焊接缝的结合面应清扫干净，应无水滴、油污及附着物。先焊长边搭接缝，后焊短边搭接缝，焊接处不得有漏焊、缺焊、焊焦或焊不牢的现象，也不得损害非焊接部位的卷材。

铺贴卷材防水屋面时，檐口、女儿墙、檐沟、天沟、斜沟、变形缝、天窗壁、板缝、泛水和雨水管等处均为重点防水部位，均需铺贴附加卷材，做到粘结严密，然后由低标高处往上进行铺贴、压实，表面平整，每铺完一层立即检查，发现有皱纹、开裂、粘贴不牢实、起泡等缺陷，应立即割开，浇油灌填严实，并加贴一块卷材盖住。在屋面与凸出屋面结构的连接处，卷材贴在立面上的高度不宜小于 250 mm，一般用叉接法与屋面卷材相连接；每幅油毡贴好后，应立即将油毡上端固定在墙上。如用镀锌薄钢板泛水覆盖时，泛水与油毡的上端应用钉子在墙内的预埋木砖上钉牢。在无保温层装配式屋面上，沿屋架、支承梁和支承墙上的屋面板端缝上，应先点贴一层宽度为 200～300 mm 的附加卷材，然后再铺贴油毡，以避免结构变形将油毡防水层拉裂。

2）保护层施工包括绿豆砂保护层施工和预制板块保护层施工。

①**绿豆砂保护层施工：**油毡防水层铺设完毕并经检查合格后，应立即进行绿豆砂保护层施工，以免油毡表面遭受破坏。施工时，应选用色浅、耐风化、清洁、干燥、粒径为 3～5 mm 的绿豆砂，加热至 100 ℃左右后，均匀撒铺在涂刷过 2～3 mm 厚的沥青胶结材料的油毡防水层上，并使其 1/2 粒径嵌入表面沥青胶中。未粘结的绿豆砂应随时清扫干净。

②**预制板块保护层施工：**当采用砂结合层时，铺砌块体前应将砂洒水压实刮平；块体应对接铺砌，缝隙宽度为 10 mm 左右；板缝用 1∶2 水泥砂浆勾成凹缝；为防止砂子流失，保护层四周 500 mm 范围内，应改用低强度等级水泥砂浆做结合层。采用水泥砂浆做结合层时，应先在防水层上做隔离层，隔离层可用单层油毡空铺，搭接边宽度不小于 70 mm。块体预先湿润后再铺砌，铺砌可用铺灰法或摆铺法。块体保护层每 100 m 以内应留设分格缝，缝宽为 20 mm，缝内嵌填密封材料，可避免因热胀冷缩造成板块拱起或板缝开裂。

(2) 细石混凝土刚性防水屋面的施工方法。刚性防水屋面最常用的是细石混凝土防水屋面，它由结构层、隔离层和刚性防水层三层组成。

1）**结构层施工：**当屋面结构层为装配式钢筋混凝土屋面板时，应采用细石混凝土灌缝，强度等级不应小于 C20 级，并可掺微膨胀剂。板缝内应设置构造钢筋，板端缝应用密封材料嵌缝处理。当找坡应采用结构找坡，坡度宜为 2%～3%，天沟和檐沟应用水泥砂浆找坡；当找坡厚度大于 20 mm 时，宜采用细石混凝土。刚性防水屋面的结构层宜为整体浇筑的钢筋混凝土结构。

2)隔离层施工：在结构层与防水层之间设有一道隔离层，以便结构层与防水层的变形互不制约，从而减小防水层受到的拉应力，避免开裂。隔离层可用石灰黏土砂浆或纸筋灰、麻筋灰、卷材和塑料薄膜等起隔离作用的材料制成。

①石灰黏土砂浆隔离层施工：基层板面清扫干净、洒水湿润后，将石灰膏∶砂∶黏土以配合质量比为1∶2.4∶3.6配制的料铺抹在板面上，厚度为10～20 mm，表面压实、抹光、平整和干燥后进行防水层施工。

②卷材隔离层施工：在干燥的找平层上铺一层3～8 mm的干细砂滑动层，再铺一层卷材，搭接缝用热沥青胶结，或在找平层上铺一层塑料薄膜作为隔离层，注意保护隔离层。

刚性防水层与山墙、女儿墙、变形缝两侧墙体交接处，应留有宽度为30 mm的缝隙，并用密封材料嵌填。泛水处应铺设卷材或涂膜附加层，收头和变形缝做法应符合设计或规范要求。

3)刚性防水层施工：刚性防水层宜设分格缝，分格缝应设在屋面板支撑处、屋面转折处或交接处。分格缝间距一般宜不大于6 m，或"一间一格"。分格面积不宜超过36 m^2，缝宽宜为20～40 mm，分格缝中应嵌填密封材料。

①现浇细石混凝土防水层施工。首先清理干净隔离层表面，支分格缝隔板，不设隔离层时，可在基层上刷一遍1∶1素水泥浆，放置双向冷拔低碳钢丝网片，间距为100～200 mm，位置宜居中并稍偏上，保护层厚度不应小于10 mm，且在分格缝处断开。混凝土的浇筑按先远后近、先低后高的顺序，一次浇筑完一个分格，不留施工缝，防水层厚度不宜小于50 mm，泛水高度不应低于120 mm，应同屋面防水层同时施工，泛水转角处要做成圆弧或钝角。混凝土宜用机械振捣，直至密实和表面泛浆，泛浆后用铁抹子压实抹平。混凝土收水初凝后，及时取出分格缝隔板，修补缺损，二次压实抹光；终凝前进行第三次抹光；终凝后立即养护，养护时间不得少于14天，施工合适气温为5 ℃～35 ℃。

②补偿收缩混凝土防水层施工。在细石混凝土中掺入膨胀剂，硬化后产生微膨胀来补偿混凝土的收缩；混凝土中的钢筋约束混凝土膨胀，又使混凝土产生预压自应力，从而提高其密实性和抗裂性，提高抗渗能力。膨胀剂的掺量按配合比准确称量，膨胀剂与水泥同时投料，连续搅拌时间应不少于3 min。

2. 柔性防水屋面施工

南方温度较高，一般不做保温层。无保温层和架空层的柔性防水屋面的施工顺序一般为：**结构基层处理→找平找坡→冷底子油结合层→铺卷材防水层→做保护层。**

北方温度较低，一般要做保温层。有保温层的柔性防水屋面的施工顺序一般为：**结构基层处理→找平层→隔汽层→铺保温层→找平找坡→冷底子油结合层→铺卷材防水层→做保护层。**

柔性防水屋面的施工待找平层干燥后才能刷冷底子油、铺贴卷材防水层。若是工业厂房，在铺卷材之前，应将天窗扇及玻璃安装好，特别要注意天窗架部分的屋面防水和天窗围护工作等，确保屋面防水的质量。

3. 刚性防水屋面施工

刚性防水屋面最常用细石混凝土屋面。细石混凝土防水屋面的施工顺序为：**结构基层处理→隔离层施工→细石混凝土防水层施工→养护→嵌缝。**

浇筑钢筋混凝土防水层时,分格缝的施工应在主体结构完成后开始,并应尽快完成,以便为室内装饰创造条件。季节温差大的地区,混凝土受温差的影响易开裂,故一般不采用刚性防水屋面。

五、案例分析

【应用案例 3-5】 某建筑工程厕、浴间防水施工方案采用水泥基防水涂膜。

分析:

(1)施工工艺流程。其施工工艺流程为基层清理→配料→涂料施工→验收→蓄水试验→做施工保护层。

(2)施工要点。

1)基层处理:基层必须平整、牢固、干净、无渗漏。不平处须先找平;渗漏处须先进行堵漏处理;阴阳角应做成圆弧角。涂膜之前先将基层充分湿润。

2)配料:按规定的比例取料,用搅拌器充分搅拌均匀,并及时用于施工中。

3)涂料施工:采用涂刷法进行施工。

①将第一遍涂料充分搅拌均匀,并用刷子将涂料均匀涂刷在基层面上。

②第一遍涂料收水时即可湿润养护。

③第一遍涂层湿润养护 6~8 h 以后,即可将第二遍涂料均匀涂刷在第一遍涂层上。

④待第二遍涂层收水后,再进行 24 h 的湿润养护即可。

⑤涂料施工不少于两遍,每遍涂层应注意湿润养护,避免早期失水而影响涂层质量。

⑥穿楼板立管均应预埋防水套管并高出楼面 50 mm,套管与立管之间用建筑密封膏填实。

⑦涂层施工后要注意保护,不得上人踩踏或放置其他物品,在蓄水检测合格后,及时做好保护层。

⑧在后一遍涂层进行涂刷前,应检查前一遍涂层是否有空鼓、气孔、固化等不良之处,如存在上述缺陷,必须将其割除,嵌补后方可继续涂刷后一遍涂层,直至达到设计要求。

⑨最后一遍成活一定要严格控制防水层的厚度均匀。同时在最后一遍立面涂膜后随时往涂抹层甩粗砂,以保证墙面面砖的镶贴。

4)验收:防水层不得出现堆积、裂纹、翘边、鼓泡等现象;涂层厚度不得小于设计厚度。

5)蓄水试验:涂层完全干固后方可进行蓄水试验,蓄水深度为 140 mm,一般情况下需 48 h 以上,以不渗漏为合格。

【应用案例 3-6】 某屋面工程施工方案。

分析:

(1)工程概况。某屋面工程,采用改性沥青防水卷材防水,二十一层屋面有冷却塔,屋面上风管穿过幕墙,风管与出屋面的通风道连接。

(2)施工方案。

1)施工准备。

①材料准备。3 mm+4 mm SBS 改性沥青防水卷材,经见证取样,并有合格的复检报告。冷底子油、汽油、二甲苯。

②工具准备。高压吹风机、小平铲、扫帚、滚筒、小刀、汽油喷灯等。

③作业条件。

a. 基层平整,光滑,干燥,不空鼓,开裂。含水率不大于9%。若有积水应提前清扫,并用喷灯烤干。

　　b. 水、电、通风已完成屋面施工,所有的预埋管已全部安装完毕。

　　c. 施工前审核图样,操作人员持证上岗。

　　d. 施工前准备好灭火器。

　2)施工工艺。

　　①施工工艺流程。屋面水、电、通风各专业均已施工验收完毕→清理基层→测基层含水率→涂刷基层处理剂→铺贴卷材附加层→热熔铺贴卷材→热熔封边→蓄水试验→做保护层。

　　②基层清理及验收。基层清理干净,分格缝要掏空清理干净。

　　③测基层含水率。找平层含水率不大于9%,检验方法:将1 m² 卷材平铺在找平层上,静置3~4 h后揭开检查,找平层覆盖部位与卷材上未见水印方合格。

　　④屋面排气管。采用外径为20 mm聚氯乙烯(UPVC)塑料管排气管或同直径电管,分格缝兼作排汽通道,在分格缝内每1 000 mm用电锤打一孔,孔直径为10 mm,深度到结构层上表面,分格缝两头预埋排气管,长度不小于500 mm,向墙上弯起不小于500 mm。放好排气管后用陶粒将分格缝填塞密实。分格缝内杂物清理干净,灌干陶粒。

　　⑤涂刷基层处理剂。在基层满刷一道冷底子油,要求涂刷均匀,不露底。

　　⑥附加层施工。在女儿墙、水落口、阴阳角等部位首先做好附加层,用3 mm改性沥青卷材热熔施工,女儿墙,阴阳角处卷材上返250 mm,水平长度为250 mm。附加层必须贴实、粘牢。分格缝处用300 mm宽的卷材长条加热将分格缝一边用满粘法粘贴密实、牢固、压平。

　　⑦热熔铺贴卷材。底层为3 mm,面层为4 mm卷材。弹出每捆卷材的铺贴位置线,然后将每捆卷材按铺贴长度进行裁剪并卷好备用,操作时将已卷好的卷材用30 cm的钢管穿入卷心,卷材端头比齐开始铺的起点,点燃汽油喷灯,加热基层与卷材交接处,喷嘴距加热面30 cm左右,往返喷烤,观察当卷材的沥青刚熔化时,手扶钢管向前缓慢滚动铺设,要求用力均匀,不窝气。铺设时长、短边搭接为100 mm。女儿墙处卷材向上返300 mm,卷材铺贴应平行屋脊的方向铺贴。屋面卷材搭接,如图3-2所示,第一层卷材铺贴方法采用条粘法,第二层为满粘法,长、短边搭接长度为100 mm,第一层与第二层卷材的搭接处错开1/3的卷材宽度,搭接处用喷灯烤至热融,然后压实,以边缘压出沥青为合格。

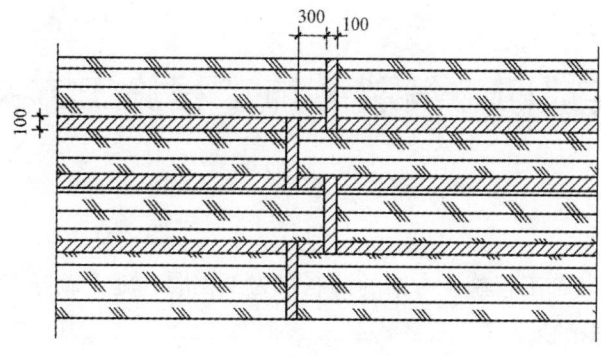

图3-2　屋面卷材搭接

⑧卷材收头。女儿墙，阴角铺贴搭接，收头直接采用喷灯热融卷材与墙体连接，然后用 25 mm×2 mm 钢压条，中距 500 mm 用射钉或钢钉固定，外抹砂浆成靴子状作为保护层。卷材收头长度为 300 mm，如图 3-3 所示。

卷材末端收头部位用聚氨酯嵌缝膏嵌缝，当嵌缝膏固化后，再涂刷一层聚氨酯涂膜防水涂料，以达到密封的效果。

水落口施工方法：先做附加层将卷材卷进雨落口 50 mm，雨落口周边长度为 300 mm。然后再做底层和面层，底层和面层也均卷进雨落口 50 mm。其做法如图 3-4 所示。

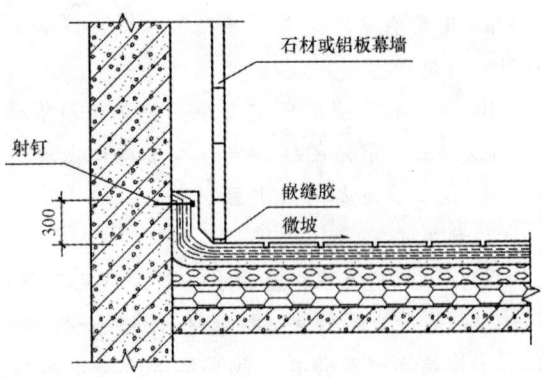

图 3-3　卷材收头

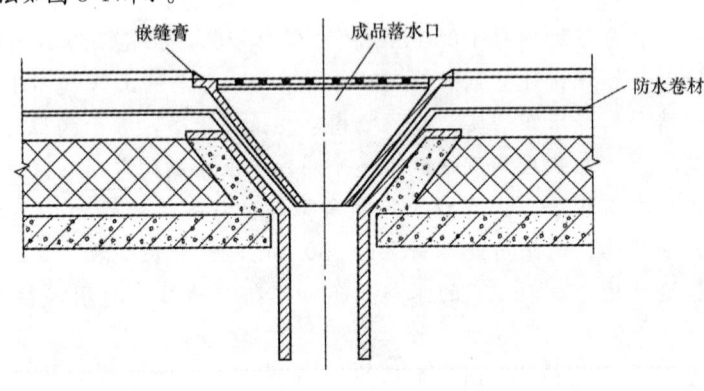

图 3-4　水落口施工

⑨二十一层屋面冷却塔与槽钢处的铺贴方法。首先将槽钢用细石混凝土包住，其高度与冷却塔基础相同，冷却塔基础高 32 cm，与槽钢间距为 15 cm，由于间距较小，中间不留空隙，包槽钢的混凝土直接与冷却塔基础连接。

冷却塔和槽钢基础卷材收头高度以基础高度为准，卷材卷上基础面层热融并挤压密实，然后用细石混凝土做压毡层，四面做成靴子状。

实训四　编制装饰工程施工方案

一、实训背景

对拟建工程进行装饰工程施工方案的编制，为工程顺利施工做好准备。

二、实训目的

掌握装饰工程的相关知识，培养综合运用理论知识解决实际问题的能力。

三、实训能力标准要求

能够独立完成装饰工程施工方案的编制。

四、实训指导

1. 室内装饰施工方法

(1) **水泥砂浆地面的施工。**

1) 水泥砂浆地面施工工艺：基层处理→找规矩→基层湿润、刷水泥浆→铺水泥砂浆面层→拍实并分三遍压光→养护。

2) 施工方法和施工机具的选择。在基层处理后弹准线、做标筋，然后铺抹砂浆并压光。铺抹水泥砂浆，用刮尺赶平，并用木抹子压实，待砂浆初凝后，在终凝前，用铁抹子重复压光三遍，不允许撒干灰砂收水抹压。面层抹完后，在常温下铺盖草垫或锯末屑进行浇水养护。水泥砂浆地面施工常用机具有铁抹子、木抹子、刮尺和地面分格器等。

(2) **细石混凝土地面的施工。**

1) 细石混凝土地面施工工艺：基层处理→找规矩→基层湿润、刷水泥浆→铺细石混凝土面层→刮平拍实→用铁滚筒滚压密实并进行压光→养护。

2) 施工方法和施工机具的选择。混凝土铺设时，预先在地坪四周弹出水平线，并用木板隔成宽小于3m的条形区段，先刷水胶比为0.4～0.5的水泥浆，随刷随铺混凝土，用刮尺找平，用表面振动器振捣密实或采用滚筒交叉来回滚压3～5遍，至表面泛浆为止，然后进行抹平和压光。混凝土面层应在初凝前完成抹平工作，终凝前完成压光工作。混凝土面层三遍压光成活及养护，同水泥砂浆地面面层。细石混凝土地面施工常用机具有铁抹子、木抹子、刮尺、地面分格器、振动器和滚筒等。

(3) **现浇水磨石地面的施工。**

1) 现浇水磨石地面施工工艺：基层找平→设置分格条、嵌固分格条→养护剂修复分格条→基层湿润、刷水泥素浆→铺水磨石粒浆→拍实并用滚筒滚压→铁抹抹平→养护→试磨→初磨→补粒上浆养护→细磨→清洗、晾干、擦草酸→清洗、晾干、打蜡→养护。

2) 施工方法和施工机具的选择。水磨石面层施工一般在完成顶棚、墙面抹灰后进行，也可以在水磨石洗光两遍后进行顶棚、墙面的抹灰，然后进行水磨石面层的细磨和打蜡工作，但水磨石半成品必须采取有效的保护措施。

铺设水泥石粒浆面层时，如在同一平面上有几种颜色的水磨石，应先做深色，后做浅色；先做大面，后做镶边；待前一种色浆凝固后，再抹后一种色浆。水磨石的磨光一般常用"二浆三磨"法，即整个磨光过程为磨光三遍，补浆两次。现浇水磨石地面施工常用机具有一般磨石机、湿式磨光机、滚筒、铁抹子、木抹子、刮尺和水平尺等。

(4) **块材地面的施工。** 块材地面主要包括陶瓷锦砖、瓷砖、地砖、大理石、花岗石、碎拼大理石以及预制混凝土、水磨石地面等。

1) 块材地面施工工艺可分为以下三种：

① **大理石、花岗石和预制水磨石板施工工艺：** 基层清理→弹线→试拼、试铺→板块浸水→刷浆→铺水泥砂浆结合层→铺块材→灌缝、擦缝→上蜡。

② **碎拼大理石施工工艺：** 基层清理→抹找平层→铺贴→浇石碴浆→磨光→上蜡。

③陶瓷地砖楼地面施工工艺：基层清理→做灰饼、冲筋→做找平层→板块浸水阴干→弹线→铺板块→压平拔缝→嵌缝→养护。

2)施工方法和施工机具的选择。铺设前一般应在干净湿润的基层上浇水胶比为0.5的素水泥浆，并及时铺抹水泥砂浆找平层。贴好的块材应注意养护，粘贴1天后，每天洒水少许，并防止地面受外力振动，需养护3~5天。块材地面施工常用机具有石材切割机、钢卷尺、水平尺、方尺、墨斗线、尼龙线靠尺、木刮尺、橡皮锤或木槌、抹子、喷水壶、灰铲、台钻、砂轮和磨石机等。

(5)木质地面的施工。

1)木质地面施工工艺可分为以下三种：

①**普通实木地板搁栅式的施工工艺**：基层处理→安装木搁栅、撑木→钉毛地板（找平、刨平）→弹线→钉硬木地板→钉踢脚板→刨光、打磨→油漆。

②**粘贴式施工工艺**：基层处理→弹线定位→涂胶→粘贴地板→刨光、打磨→油漆。

③**复合地板的施工工艺**：基层处理→弹线找平→铺垫层→试铺预排→铺地板→安装踢脚板→清洁表面。

2)施工方法和施工机具的选择。木地板施工前，应在墙四周弹水平线，以便找平。面板的铺设有钉固法和粘贴法两种。复合地板只能悬浮铺装，不能将地板粘固或者钉在地面上。铺装前需要铺设一层垫层，例如，聚乙烯泡沫塑料薄膜或较厚的发泡底垫等材料，然后铺设复合地板。木地板铺设常用的机具有小电锯、小电刨、平刨、电动圆锯（台锯）、冲击钻、手电钻、磨光机、手锯、手刨、锤子、斧子、凿子、螺钉旋具、撬棍、方尺、木折尺、墨斗、磨刀石和回力钩等。

(6)地毯地面的施工。

1)地毯地面施工工艺可分为以下两种：

①**固定式地毯地面施工工艺**：基层处理→裁割地毯→固定踢脚板→固定倒刺钉板条→铺设垫层→拼接地毯→固定地毯→收口、清理。

②**活动式地毯地面施工工艺**：基层处理→裁割地毯→接缝缝合→铺设→收口、清理。

2)施工方法和施工机具的选择。地毯铺设方式可分为满铺和局部铺设两种。铺设的方法有固定式和活动式两种。固定式铺设是将地毯裁边，粘结拼缝成为整片，摊铺后四周与房间地面加以固定的铺设方法。固定方式又可分为粘贴法和倒刺板条固定法。活动式铺设是将地毯直接铺在地面上，不需要将地毯与基层固定。

活动式铺设地毯的方法是：首先是基层处理，然后进行地毯的铺设。若采用方块地毯，先按地毯方块在基层上弹出方格控制线，然后从房间中间向四周展开铺排，逐块就位放平并且相互靠紧。收口部位应按设计要求选择适当的收口条。在人活动频繁且容易被人掀起的部位，也可以在地毯背面少刷一点胶，以增加地毯的耐久性，防止被掀起。地毯地面施工常用机具有裁毯刀、地毯撑子、扁铲、墩拐、用于缝合的尖嘴钳、熨斗、地毯修边器、直尺、米尺、手枪式电钻、调胶容器、修绒电铲和吸尘器等。

2. 内墙装饰施工方法

内墙装饰工程类型，按材料和施工方法不同，可分为**抹灰类、贴面类、涂料类和裱糊类四种**。

(1) **抹灰类内墙饰面的施工。**

1) 抹灰类内墙饰面的施工工艺：基层处理→做灰饼、冲筋→阴阳角找方→门窗洞口做护角→抹底层灰及中层灰→抹罩面灰。

2) 抹灰类内墙饰面的施工方法和施工机具的选择。做灰饼是在墙面的一定位置上抹上砂浆，以控制抹灰层的平整度、竖直度和厚度，窗口和垛角处必须做灰饼。冲筋厚度同灰饼，应抹成八字形(底宽面窄)。中级抹灰要求阳角找方，高级抹灰要求阴阳角都找方，其方法是用阴阳角方尺检查阴阳角的直角度，并检查竖直度，然后确定抹灰厚度，浇水湿润，或者用木制阴角器和阳角器分别进行阴阳角处抹灰，先抹底层灰，使其基本达到直角，再抹中层灰，使阴阳角方正。阴阳角找方应与墙面抹灰同时进行。标筋达到一定强度后即可抹底层及中层灰，这道工序也称装档或刮糙，待底层灰七八成干时即可抹中层灰，其厚度以垫平标筋为准，也可以略高于标筋。中层灰要用刮尺刮平，并用木抹子来回搓抹，去高补低。搓平后用 2 m 靠尺检查，超过质量标准允许偏差时，应修整至合格。在中层灰七八成干后即可抹罩面灰，普通抹灰应用麻刀灰罩面，中高级抹灰应用纸筋灰罩面。抹灰前先在中层灰上洒水，然后将面层砂浆分遍均匀抹涂上去，一般也应按从上到下、从左到右的顺序。抹满后，用铁抹子分遍压实、压光。铁抹子各遍的运行方向应互相垂直，最后一遍宜按竖直方向抹涂。常用的施工机具有：木抹子、塑料抹子、铁抹子、钢抹子、压板、阴角抹子、阳角抹子、托灰板、挂线板、方尺、八字靠尺、钢筋卡子、刮尺、筛子和尼龙线等。

(2) **内墙饰面砖的施工。**

1) 内墙饰面砖(板)的施工工艺：基层处理→做找平层→弹线、排砖→浸砖→贴标准点→镶贴→擦缝。

2) 内墙饰面砖的施工方法和施工机具的选择。对不同的基体应进行不同的处理，以解决找平层与基层的粘结问题。基体基层处理好后，用 1∶3 水泥砂浆或 1∶1∶4 的混合砂浆打底找平。待找平层六七成干时，按图纸要求，结合瓷砖规格进行弹线。先量出镶贴瓷砖的尺寸，立好皮数杆，在墙面上从上到下弹出若干条水平线，控制好水平皮数，再按整块瓷砖的尺寸弹出竖直方向的控制线。先按颜色的深浅不同进行归类，然后再对其几何尺寸的大小进行分选。在同一墙面上的横竖排列，不宜有一行以上的非整砖，且非整砖要排在次要位置或阴角处。瓷砖在镶贴前应在水中充分浸泡，一般浸水时间不少于 2 h，取出后进行阴干备用，阴干时间以手摸无水感为宜。内墙面砖镶贴排列的方法主要有直缝排列和错缝排列。当饰面砖尺寸不一时，极易使缝不直，这种砖最好采用错缝排列。当饰面砖厚薄不一时，按厚度分类，分别贴在不同的墙面上；如果分不开，则先贴厚砖，然后用面砖背面填砂浆加厚的方法贴薄砖，瓷砖铺贴方式有离缝式和无缝式两种。无缝式铺贴要求阳角转角铺贴时倒角，即将瓷砖的阳角边厚度用瓷砖切割机打磨成 30°～45°，以便对缝。依砖的位置，排砖有矩形长边水平排列和竖直排列两种。大面积饰面砖铺贴顺序是由下向上，从阳角开始向另一边铺贴。饰面砖铺贴完毕后应用棉纱或棉质毛巾蘸水将砖面灰浆擦净。常用的施工机具有手提切割机、橡皮锤(木槌)、铅锤、水平尺、靠尺、开刀、托线板、硬木拍板、刮杠、方尺、墨斗、铁铲、拌灰桶、尼龙线、薄钢片、手动切割器、细砂轮片、棉丝、擦布和胡桃钳等。

(3) **涂料类内墙饰面的施工。**

1) 涂料类内墙饰面的施工工艺：基层清理→填补腻子、局部刮腻子→磨平→第一遍刮腻子→磨平→第二遍满刮腻子→磨平→第一遍喷涂涂料→第二遍喷涂涂料→局部喷涂涂料。

2)涂料类内墙饰面的施工方法和施工机具的选择。内墙涂料品种繁多,其施涂方法基本上都是采用刷涂、喷涂、滚涂、抹涂和刮涂等。不同的涂料品种会有一些微小差别。常用的施工机具有刮铲、钢丝刷、尖头锤、圆头锉、弯头刮刀、棕毛刷、羊毛刷、排笔、涂料辊、喷枪、高压无空气喷涂机和手提式涂料搅拌器等。

(4)**裱糊类内墙饰面的施工**。

1)裱糊类内墙饰面的施工工艺可分为以下三种。

①壁纸裱糊施工工艺:基层处理→弹线→裁纸编号→焖水→刷胶→上墙裱糊→清理修整表面。

②金属壁纸的施工工艺:基层表面处理→刮腻子→封闭底层→弹线→预拼→裁纸编号→刷胶→上墙裱糊→清理修整表面。

③墙布及锦缎裱糊施工工艺:基层表面处理→刮腻子→弹线→预拼→裁剪、编号→刷胶→上墙裱糊→清理修整表面。

2)裱糊类内墙饰面的施工方法和施工机具的选择。裱糊壁纸的基层表面为了达到平整光洁、颜色一致的要求,应视基层的实际情况,采取局部刮腻子、满刮一遍或两遍腻子,每遍干透后用0~2号砂纸磨平。不同基体材料的相接处,如石膏板和木基层相接处,应用穿孔纸带黏糊,处理好的基层表面要喷或刷一遍汁浆。按壁纸的标准宽度找规矩,弹出水平及垂直准线。为了使壁纸花纹对称,应在窗户上弹好中线,再向两侧分弹。如果窗户不在中间,为保证窗间墙的阳角花饰对称,应弹窗间墙中线,由中心线向两侧再分格弹线。根据壁纸规格及墙面尺寸进行裁纸,裁纸长度应比实际尺寸大20~30 mm。壁纸上墙前,应先在壁纸背面刷清水一遍,立即刷胶,或将壁纸浸入水中3~5 min后,取出将水擦净,静置约15 min后,再进行刷胶。塑料壁纸背面和基层表面都要涂刷胶粘剂。裱糊时先贴长墙面,后贴短墙面。每面墙从显眼处墙角开始,至阴角处收口,由上而下进行。上端不留余量,包角压实。遇有墙面上卸不下来的设备或附件,裱糊时可在壁纸上剪口裱上去。常用的施工机具有活动裁纸刀、刮板、薄钢片刮板、胶皮刮板、塑料刮板、胶滚、铝合金直尺、裁纸案台、钢卷尺、水平尺、2 m直尺、普通剪刀、粉线包、软布、毛巾、排笔、板刷、注射用针管及针头等。

(5)**大型饰面板的安装施工**。大型饰面板的安装多采用浆锚法和干挂法。

3. **顶棚装饰施工方法**

顶棚的做法有抹灰、涂料以及吊顶。抹灰及涂料顶棚的施工方法与墙面大致相同。吊顶顶棚主要由悬挂系统、龙骨架、饰面层及其相配套的连接件和配件组成。

(1)吊顶工程施工工艺:弹线→固定吊筋→吊顶龙骨的安装→罩面板安装。

(2)施工方法和施工机具的选择:安装前,应先按龙骨的标高沿房屋四周在墙上弹出水平线,再按龙骨的间距弹出龙骨中心线,找出吊杆中心点。吊杆用$\phi 6 \sim \phi 10$的钢筋制作,上人吊顶吊杆间距一般为900~1 200 mm,不上人吊顶吊杆间距一般为1 200~1 500 mm。按照已找出的吊杆中心点计算好吊杆的长度,将吊杆上端焊接固定在预埋件上,下端套丝,并配好螺帽,以便与主龙骨连接。木龙骨需做防腐处理和防火处理,现常用轻钢龙骨。轻钢龙骨的断面形状可分为U形、T形、C形、Y形和L形等,分别作为主龙骨、次龙骨和边龙骨配套使用。吊顶轻钢龙骨架作为吊顶造型骨架,由大龙骨(主龙骨、承载龙骨)、次龙骨(中龙骨)、横撑龙骨及其相应的连接件组装而成。主龙骨安装,用吊挂件将主龙骨连接在吊杆上,拧紧螺丝卡牢,然后以一个房间为单位,将大龙骨调整平直。调整方法可用60 mm×60 mm方木按主龙骨间距钉圆钉，将主龙骨卡住，临时固定。中龙骨安装，中龙骨垂直于主龙骨，在交叉点用中龙骨吊挂件将其固定在主龙骨上，吊挂件上端搭在主龙骨上，挂件U形腿用钳子卧入龙骨内。中龙骨的间距因装饰面板是密缝安装还是离缝安装而异，中龙骨间距应计算准确并要翻样确定。横撑龙骨安装，横撑龙骨由中龙骨截取，安装时，将截取的中龙骨的端头插入挂插件，扣在纵向龙骨上，并用钳子将挂插件弯入纵向龙骨内。组装好后，纵向龙骨和横撑龙骨底面(饰面板背面)要求平齐。横撑龙骨间距应视实际使用的饰面板规格尺寸而定。对于灯具的处理，一般轻型灯具可固定在中龙骨或附加的横撑龙骨上；较重的需吊于大龙骨或附加大龙骨上；重型的应按设计要求决定，且不得与轻钢龙骨连接。

  铝合金龙骨的安装，主、次龙骨安装时宜从同一方向同时安装，主龙骨(大龙骨)按已确定的位置及标高线，先将其基本就位。次龙骨(中、小龙骨)与主龙骨应紧贴安装就位。龙骨接长一般选择用配套连接件，连接件可用铝合金，也可用镀锌钢板，在其表面冲成倒刺，与龙骨方孔相连。龙骨架基本就位后，以纵、横两个方向满拉控制标高线(十字线)，从一端开始边安装边进行调整，直至将龙骨调平、调直为止。如面积较大，在中间应适当起拱，起拱高度应不低于房间短向跨度的 1/300～1/200。钉固边龙骨，沿标高线固定角铝边龙骨，其底面与标高线齐平，一般可用水泥钉直接将角铝钉在墙面或柱面上，或用膨胀螺栓等方法固定，钉距宜小于 500 mm。罩面板安装前应对吊顶龙骨架安装质量进行检验，符合要求后，方可进行罩面板安装。

  罩面板的安装，一般采用粘合法、钉子固定法、方板搁置式或方板卡入式安装等。

  吊顶常用的施工机具：电动冲击钻、手电钻、电动修边机、木刨、无齿锯、射钉枪、手锯、手刨、螺钉旋具、扳手、方尺、钢尺、钢水平尺、锯、锤、斧、卷尺、水平尺和墨线斗等。

  4. 室外装饰施工方法

  室外装饰施工方法和室内装饰大致相同，不同的是外墙受温度影响较大，通常需设置分格缝，只多了分格条的施工过程。

  5. 室内装饰施工顺序

  (1) 室内装饰施工流向：室内装饰工程一般分为自上而下、自下而上和自中而下再自上而中三种施工流向。

  (2) 室内装饰整体施工顺序。室内装饰工程施工顺序随装饰设计的不同而不同。例如，某框架结构主体室内装饰工程施工顺序为：结构基层处理→放线→做轻质隔墙→贴灰饼冲筋→立门窗框→各类管道水平支管安装→墙面抹灰→管道试压→墙面喷涂贴面→吊顶→地面清理→做地面、贴地砖→安门窗扇→安风口、灯具和洁具→调试→清理。

  (3) 室内抹灰施工顺序。同一层的室内抹灰施工顺序有两种：楼地面→顶棚→墙面；顶棚→墙面→楼地面。前一种顺序便于清理地面和保证地面质量，而且便于收集墙面和顶棚的落地灰，节省材料。但由于地面需要养护时间及采取保护措施，使墙面和顶棚抹灰时间推迟，影响后续工序，工期较长。后一种顺序在做地面前，必须将楼板上的落地灰和渣子清扫洗净后，再做面层；否则，会影响地面面层与混凝土楼板之间的粘结，引起地面起鼓。

  底层地面一般多是在各层顶棚、墙面和楼面做好后进行。楼梯间和踏步抹面由于其在施工期间较易损坏，通常在整个抹灰工程完成后，自上而下统一施工。门窗扇的安装一般在抹灰前或抹灰后进行，视气候和施工条件而定，一般是先抹灰后安装门窗扇。若室内抹灰在冬期施工，为防止抹灰层冻结和加速干燥，门窗扇和玻璃应在抹灰前安装好。门窗安装玻璃一般在门窗扇油漆后进行。

6. 室外装饰施工顺序

(1) **室外装饰施工流向**：室外装饰工程一般都采用自上而下施工流向，即从女儿墙开始，逐层向下进行。在由上往下每层所有分项工程（工序）全部完成后，即开始拆除该层的脚手架，拆除外脚手架后填补脚手眼，待脚手眼灰浆干燥后，再进行室内装饰。各层完工后，就可以进行勒脚、散水及台阶的施工。

(2) **室外装饰整体施工顺序**：室外装饰工程施工顺序随装饰设计的不同而不同。例如，某框架结构主体室外装饰工程施工顺序为：结构基层处理→放线→贴灰饼冲筋→立门窗框→墙面底层抹灰→墙面中层找平抹灰→墙面喷涂贴面→清理→拆本层外脚手架→进行下一层施工。

由于大模板墙面平整，只需在板面刮腻子，面层刷涂料。大模板不采外脚手架，结构室外装饰采用吊式脚手架（吊篮）。

五、案例分析

【**应用案例3-7**】 某医院病房楼首层大厅的轻钢龙骨纸面石膏板吊顶施工方案。

分析：根据环保、节能、符合消防的要求，以施工方便、美观大方、经济实用为原则，针对轻钢龙骨纸面石膏板吊顶天花的施工特点，通过弹线、安装吊件及吊杆、安装龙骨及配件、石膏板安装等施工过程逐步完成。

(1) 弹线。根据顶棚设计标高，沿墙四周弹线，作为顶棚安装标准线，其允许偏差在±5 mm 以内。

(2) 安装吊件、吊杆。根据施工大样图，确定吊顶位置弹线，再根据弹出的吊点位置钻孔，安装膨胀螺栓。吊杆采用 $\phi 8$ mm 的钢筋安装时，上端与膨胀螺栓焊接（焊接位置用防锈漆做好防锈处理），下端套线并配好螺帽。吊杆安装应保持垂直。

(3) 安装龙骨及配件。将主龙骨用吊杆件连接在吊杆上，拧紧螺丝卡牢。主龙骨安装完毕后应进行调平，并考虑顶棚的起拱高度不小于房间短向跨度的 1/200，主龙骨安装间隔 ≤1 200 mm。次龙骨用吊挂件固定于主龙骨，次龙骨间隔≤800 mm。横撑龙骨与次龙骨垂直连接，间距在 400 mm 左右。主、次龙骨安装后，认真检查骨架是否有位移，在确认无位移后才可进行石膏板安装。

(4) 石膏板安装。对已安装好的龙骨进行检查，待检查无误、符合要求后才可进行石膏板安装。石膏板安装使用镀锌自攻螺钉与龙骨固定，螺钉间距为 150～170 mm 的间隙，涂上防锈漆并用石膏粉将缝填平，用砂布涂上胶液封口，防止伸缩开裂。

【**案例分析3-8**】 某交通银行大楼外立面装饰施工方案。

分析：

某市交通银行大楼位于市中心路口，高约 60 m，外立面全部采用花岗岩面板装饰，并配以适量的铝合金窗和玻璃幕墙，石材幕墙约 7 800 m^2，玻璃幕墙和铝合金窗约 800 m^2。石材选用福建产 606 号火烧板，标准厚度为 20 mm。后切式干挂石材幕墙也称无应力锚固式石材幕墙。它是一组底部钻孔锚栓通过凸形结合和基材连接，并由金属框架支承的一种新型石材幕墙，与传统干挂石材施工工艺比较具有寿命长、质量轻、可拆换的优点。某市幕墙分公司引进国外先进技术设备,并在此基础上加以改进,形成了先进的施工工艺。目前国内专业施工企业已有数家,但设计多依靠国外公司完成。某市交行大楼的后切式干挂石材幕墙工程全部由国内施工企业设计并施工完成,并取得了良好的效果。

(1)施工准备。

1)材料设备。石材幕墙使用的材料应符合国家现行产品标准的规定,同时应具有耐候性能和耐火性能。石材选用不具放射性的火成岩(花岗石),并根据层理选材。耐火、吸水、强度等性能均应符合国家现行标准的规定。严禁使用溶剂型的化学清洁剂清洗石材,应采用机械研磨或用清水冲洗表面。

耐候密封胶必须不含硅油,以防对石材造成污染。使用的橡胶条应有保证使用年限及组分化验单。石材与龙骨采用专门的齐平式或间隔式锚栓连接。

幕墙龙骨采用铝合金,必须符合的高精级要求,且做好接地防雷措施。制作设备采用从国外引进的 SBN500 锚栓安装机及大批量电钻机等。同时,针对国内的工程实际,该公司对进口加工设备做了改进,将 2 孔同时加工改为 4 孔同时加工,并且采用流水作业线,加快了制作速度,提高了产品质量。

2)外脚手架要求。一般土建外脚手架距离墙 20 cm,无法满足龙骨安装的需要,搭设要求距离墙 310~350 mm,脚手架立杆横距为 1 m,步高为 1.8 m,架体连墙尽可能多利用窗口、洞口,少用埋件固定。脚手架必须搭设稳固,脚手架数量充足。

3)基层处理。外立面装修前,应按后切式石材幕墙的设计和安装要求,对外墙面进行清理。安装尺寸与结构钢筋矛盾时,要报请业主、设计、监理确定处理方案。墙面有凹凸不平的,需要进行剔凿修整。墙面上外露的钢筋头,要全部、彻底地割除,然后在表面涂刷防锈漆,外墙面上遗留的孔洞,按照有关技术规范要求及时修补。

(2)构件板材加工。

1)锚栓安装。锚栓在加工厂应按设计要求,在石材饰板上标出锚栓位置,先按石材实际厚度垂直钻孔达到指定的深度,然后控制钻头沿一定的路径做底部拓孔再吹净粉屑,把锚栓和套管放入孔中,然后推进套管,使扩压环强行进入底部拓孔中,与材料形成凸形结合,完成无应力锚固。全部加工制作由电脑控制,能确保加工的质量和装配后外墙面的平整度。

2)构件加工。幕墙结构构件截料前应进行校直调整。横梁允许偏差为 ±0.5 mm,立柱允许偏差为 ±1.00 mm,端头斜度允许偏差为 −15°,截料端头不得因加工而变形,毛刺不应大于 0.2 mm。孔位的允许偏差为 ±0.5 mm,孔距的允许偏差为 ±0.5 mm,累计偏差不得大于 ±1.0 mm。

3)石材加工。石材应结合其组合形式,确定工程中使用的基本形式后进行加工。板材间隙缝隙挡雨是一个需要解决的问题。目前国内多采用露缝或打胶的办法解决。

(3)安装施工。

1)龙骨安装。主体结构完工后,对结构进行测量,得出实际尺寸,对土建结构偏差进行控制、分配、消化。必要时调整制作尺寸,同时将幕墙与预埋件的连接件制作成多种长度,以便根据杆件与预埋件的不同距离选用,避免垫塞带来的不利影响。

龙骨与主体结构连接的预埋件,应在土建施工时按设计要求埋设。埋件应牢固,位置准确,标高偏差不大于 10 mm,位置偏差不大于 20 mm,严格按设计要求进行复查。埋件钢板须经镀锌处理。如果主体结构施工时未预埋,应用对销螺栓或胀锚固定。

将立挺(竖直方向龙骨)通过连接件与主体预埋件连接,并进行调整和固定。按饰板规格和设计布置,在立挺上弹出水平线并打孔,用不锈钢圆头螺钉固定横梁。将横梁两端的连接件及垫片安装在立挺的预定位置。并应安装牢固,接缝严密。同一层的横梁安装应由下而上进行。当安装完一层高度时,应进行检查、调整、固定,使其符合质量要求。

焊接操作按有关施工技术规范执行。所有搭接全部满焊。龙骨固定焊接后,清除所有焊药及焊渣等杂物,在焊接部位补刷四遍防锈漆。

2)饰板安装。墙面和柱面干挂石材,应先找平,分块弹线,并按弹线尺寸及花纹图案预拼和编号。固定石材的挂件应与锚固件龙骨连接牢固。把在工厂内已安装锚栓的饰板按设计图挂在横梁上。为保证饰板的平整及板缝的均匀,在饰板的固定构件上用调节螺钉微调好后,用固定销钉锁定。

女儿墙顶、窗洞、门洞、墙角等特殊装饰部位的墙面应根据设计要求制作非标准尺寸的饰板,然后挂板。挂板一般由主要的表面(或主要观赏点)开始,由下而上或由上而下按一个方向顺序安装,板面安装完毕隐检合格后对竖缝打胶,并清洗板面。

实训五 施工方案的技术经济分析

一、实训背景

对拟建工程,模拟施工方案进行技术经济评价,选择最优施工方案,为工程顺利施工做好准备。

二、实训目的

掌握施工方案的技术经济评价,培养综合运用理论知识解决实际问题的能力。

三、实训能力标准要求

能够独立选择最优施工方案。

四、实训指导

1. 定性分析评价

定性技术经济分析是结合施工实际经验,对几个方案的优、缺点进行分析和比较。通常主要从以下几个指标来评价:

(1)工人在施工操作上的难易程度和安全可靠性。

(2)为后续工程创造有利条件的可能性。

(3)利用现有或取得施工机械的可能性。

(4)施工方案对冬、雨期施工的适应性。

(5)为现场文明施工创造有利条件的可能性。

2. 定量分析评价

施工方案的定量技术经济分析评价，是通过计算各方案的几个主要技术经济指标，进行综合比较分析，从中选择技术经济指标最优的方案。定量分析评价一般分多指标分析法和综合指标分析法两种方法。

(1) **多指标分析法**。它是对各个方案的工期指标、实物量指标和价值指标等一系列单个的技术经济指标进行计算对比，从中选择最优方案。定量分析的指标通常有以下几种：

1) **工期指标**。在确保工程质量和施工安全的条件下，以国家有关规定及建设地区类似建筑物的平均工期为参考，以合同工期为目标来满足工期指标或尽量缩短工期。当合同规定工程必须在短期内投入生产或使用时，选择方案就要在确保工程质量和安全施工的条件下，把缩短工期问题放在首位考虑。

2) **单位建筑面积造价**。它是人工、材料、机械和管理费的综合货币指标。其可按下式计算：

$$单位建筑面积造价 = \frac{施工实际费用}{建筑总面积} \tag{3-1}$$

3) **主要材料节约率**。它反映若干施工方案的主要材料节约情况。其按下式计算：

$$主要材料节约率 = \frac{主要材料节约量}{主要材料预算用量} \times 100\% \tag{3-2}$$

式中，主要材料节约量＝预算用量－施工组织设计计划用量

4) **降低成本率**。它可综合反映单位工程或分部分项工程在采用不同施工方案时的经济效果。其可按下式计算：

$$降低成本率 = \frac{预算成本 - 计划成本}{预算成本} \times 100\% \tag{3-3}$$

式中　预算成本——以施工图为依据，按预算价格计算的成本；
　　　计划成本——按采用的施工方案确定的施工成本。

5) **投资额**。当选定的施工方案需要增加新的投资时（如购买新的施工机械或设备），则要对增加的投资额加以比较。

(2) **综合指标分析法**。综合指标分析法是以各方案的多指标为基础，将各指标的值按照一定的计算方法进行综合，得到每个方案的一个综合指标，对比各综合指标，从中选择最优方案。

该方法通常是：首先根据多指标中各个指标在方案中的重要性，分别确定出它们的权值 W_i，再依据每一指标在各方案中的具体情况，计算出分值 $C_{i,j}$；设有 m 个方案和 n 种指标，则第 j 个方案的综合指标 A_j 可按下式计算：

$$A_j = \sum_{i=1}^{n} C_{i,j} W_i \tag{3-4}$$

式中　j——1, 2, …, m；
　　　i——1, 2, …, n。

计算出各方案的综合指标，其中综合值最大的方案为最优方案。

五、案例分析

【应用案例 3-9】　某线隧道工程施工拟采用的施工方案有三个，为作出方案抉择，对三个方案做技术经济见表 3-1。

表 3-1　隧道开挖工程施工方案比较

方案 指标	方案一 上下导坑法	方案二 上导坑先拱后墙法	方案三 新奥法
设备使用	简易	简易	大型先进机械
材料消耗	大量木料	费木料	省木料，费钢材
施工进度/(m·月$^{-1}$)	60	25	150
人工消耗	费	费	省
施工费用/(元·m^{-1})	4 500～5 000	2 500～4 000	5 000～5 500

分析： 由表 3-1 所列资料可知，方案二与方案一相比，在设备使用、材料使用、人工耗用等方面情况类似，施工费用方面，比方案一省 25% 左右，但施工进度慢。而方案三虽然需采用大型先进机械设备，但省人工、省木料；施工费用比方案一多 10% 左右，但施工进度快 1.5 倍，这是其他两个方案所不能达到的。若按隧道总长 5 000 m 计，方案三可缩短工期(与方案一比)50 个月，仅节省施工队机械租赁费一项就达近百万元，加上材料费、施工管理费等其他费用，新奥法的经济效果并不比其他两方案低，况且该施工方法机械化程度高，能保证施工质量。因此，最后决定采用方案三。

【应用案例 3-10】 某工程的钢筋混凝土框架中竖向钢筋的连接可以采用电渣压力焊、绑条焊及人工绑扎三种方案。若每层共有 1 200 个接头，试分析其技术经济效果，并作出比较。

分析： 表 3-2 是对三个方案中所使用的钢材、焊接材料、人工、电量消耗四项指标的数量及经济效果的计算结果。从表中可以看出，电渣压力焊与绑条焊比较，各项指标都有节约，综合节约效果为 6 465.6 元，平均每个接头节约 5.388 元；而电渣压力焊与人工绑扎比，虽然增加了电焊材料和电力费用，但由于钢材和人工都有节约，总经济效果仍较好，每个接头节约 2.935 元。所以，电渣压力焊是最好的方案，可以选用。

表 3-2　焊接方案技术经济效果比较表

项目	每个接头						每层节约/元	
	电渣压力焊		绑条焊		绑扎		电渣压力焊 与绑条焊比	电渣压力焊 与绑扎比
	用量	金额/元	用量	金额/元	用量	金额/元		
	1		2		3		4	
钢材/kg	0.189	0.095	4.04	2.02	7.1	3.55	2 310	4 146
电焊材料/kg(焊药、坩条、铅丝)	0.3	0.4	1.09	1.64	0.022	0.023	1 488	−4 524
人工/工日	0.14	0.28	0.2	0.40	0.025	0.05	450	30
电量消耗/度	2.1	0.168	25.2	2.016			2 217.6	−201.6
合计		0.943		6.076		3.623	6 465.6	3 622

第四章 施工进度计划的编制

实训一 工程施工定额及其应用

一、实训背景

作为拟建工程的施工主体,模拟工程施工定额计算,为工程顺利施工做好准备。

二、实训目的

掌握工程施工定额的概念、编制原则及内容,掌握时间定额的确定方法,培养综合运用理论知识解决实际问题的能力。

三、实训能力标准要求

能够独立计算工程施工定额。

四、实训指导

1. 工程施工定额的基本概念

施工定额是以同一性质的施工过程或工序为测定对象,确定建筑工人在正常施工条件下为完成单位合格产品所需人工、机械台班使用、材料消耗数量标准的建筑安装企业定额。施工定额是施工企业直接用于建筑工程施工管理的一种定额,由人工定额、机械台班使用定额和材料消耗定额组成。

施工定额是施工企业编制施工预算,进行工料分析和"两算对比"的基础;是编制施工组织设计、施工作业设计和确定人工、材料及机械台班需要量计划的基础;是施工企业向工作班(组)签发任务单、限额领料的依据;是组织工人班(组)开展劳动竞赛、实行内部经济核算、承发包、计取劳动报酬和奖励工作的依据;是编制预算定额和企业补充定额的基础。

(1)要以有利于不断提高工程质量、提高经济效益,改变企业的经营管理和促进生产技术不断发展为原则。

(2) **平均先进水平的原则**。平均先进水平是指在正常条件下，多数施工班组或生产者经过努力可以达到，少数班组或生产者可以接近，个别班组或生产者可以超过的水平。通常，它低于先进水平，略高于平均水平。这种水平使先进的班组或工人感到有一定压力，大多数处于中间水平的班组或工人感到定额水平可望也可即。平均先进水平不迁就少数落后者，而是使他们产生努力工作的责任感，尽快达到定额水平。因此，平均先进水平是一种鼓励先进、勉励中间、鞭策后进的定额水平。

施工定额编制的原则

(3) **简明适用的原则**。施工定额的内容要求简明、准确和适用，既简而准确，又细而不繁。

2. 施工定额的内容

(1) **人工定额**。

1) 人工定额的概念。人工定额是指在正常的施工(生产)条件下、在一定的生产技术和生产组织条件下、在平均先进水平的基础上制定的，表明每个建筑工人生产单位合格产品所必须消耗的劳动时间，或在单位时间所生产的合格产品的数量。

2) 人工定额的表现形式。人工定额按照用途不同，可以分为时间定额和产量定额两种形式。

①**时间定额**。时间定额是指在合理的劳动组合、合理的使用材料、合理的施工机械配合条件下，某种专业(工种)、某种技术等级的工人小组或个人生产某一单位合格产品所必需的工作时间，包括准备与结束时间、基本生产时间、辅助生产时间、不可避免的中断时间以及工人必要的休息时间。

时间定额以工日为单位，每一工日按 8 小时计算。其计算公式如下：

$$单位产品时间定额(工日) = \frac{1}{每工产量} \tag{4-1}$$

$$或单位产品时间定额(工日) = \frac{小组成员工日数的总和}{台班产量} \tag{4-2}$$

②**产量定额**。产量定额是指在合理的劳动组织、合理的使用材料、合理的机械配合条件下，某种专业(工种)、某种技术等级的工人小组或个人、在单位工日中所完成的合格产品的数量。

产量定额根据时间定额计算，其计算公式如下：

$$每工产量 = \frac{1}{单位产品时间定额(工日)} \tag{4-3}$$

$$或台班产量 = \frac{小组成员工日数的总和}{单位产品时间定额(工日)} \tag{4-4}$$

产量定额的计量单位，通常以自然单位或物理单位来表示。如台、套、个、米、平方米、立方米等。

产量定额与时间定额成反比，两者互为倒数。也就是说，生产某一单位合格产品所消耗的工时越少，则在单位时间内的产品产量就越高；反之就越低。

$$时间定额 \times 产量定额 = 1 \tag{4-5}$$

用公式表示为

$$H = 1/S \text{ 或 } S = 1/H$$

式中　H——时间定额；

　　　S——产量定额。

时间定额和产量定额是同一个人工定额量的不同表示方法，但各自有不同的用处。时间定额便于综合、计算总工日数、核算工资，而产量定额则便于施工班组分配任务、编制施工作业计划，因此，人工定额一般均采用时间定额的形式。

（2）机械台班使用定额。

1）**机械台班使用定额的概念**。机械台班使用定额（或称机械台班消耗定额），是指在正常施工条件下，合理地组织劳动和使用机械时，完成单位合格产品或某项工作所必需的机械工作时间，包括准备与结束时间、基本工作时间、辅助工作时间、不可避免的中断时间以及使用机械的工人生理需要与休息时间。

2）**机械台班使用定额的表现形式**。机械台班使用定额的表现形式，分机械时间定额和机械产量定额。

①**机械时间定额**。机械时间定额是指在合理劳动组织与合理使用机械条件下，完成单位合格产品所必需的工作时间，包括有效工作时间（正常负荷下的工作时间和降低负荷下的工作时间）、不可避免的中断时间、不可避免的无负荷工作时间。机械时间定额以"台班"表示，即一台机械工作一个作业班时间，一个作业班时间为 8 小时。其计算公式如下：

$$单位产品机械时间定额（台班）=\frac{1}{台班产量} \qquad (4-6)$$

由于机械必须由工人小组配合，所以计算出完成单位合格产品的时间定额的同时须列出人工时间定额，即

$$单位产品人工时间定额（工日）=\frac{小组成员总人数}{台班产量} \qquad (4-7)$$

②**机械产量定额**。机械产量定额是指在合理劳动组织与合理使用机械条件下，机械在每个台班时间内应完成合格产品的数量，即

$$机械产量定额（台班）=\frac{1}{机械时间定额（台班）} \qquad (4-8)$$

机械时间定额和机械产量定额互为倒数关系。复式表示法有如下形式：

$$\frac{人工时间定额}{机械台班产量} 或 \frac{人工时间定额}{机械台班产量} \bigg| 台班车次 \qquad (4-9)$$

（3）材料消耗定额。

1）**材料消耗定额的概念**。材料消耗定额是指在正常的施工（生产）条件下，在节约和合理使用材料的情况下，生产单位合格产品所必须消耗的一定品种、规格的材料、半成品、配件等的数量标准。

2）**施工中消耗材料的组成**。施工中消耗的材料，可分为必须消耗的材料和损失的材料两类。

必须消耗的材料是指在合理用料的条件下，生产合格产品所需消耗的材料，它包括直接用于建筑和安装工程的材料、不可避免的施工废料和不可避免的材料损耗（其中，直接用于建筑和安装工程的材料，编制材料净用量定额；不可避免的施工废料和材料损耗，编制材料损耗定额）。必须消耗的材料属于施工正常消耗，是确定材料消耗定额的基本数据。

材料各种类型的损耗量之和称为材料损耗量,除去损耗量之后净用于工程实体上的数量称为材料净用量,材料净用量与材料损耗量之和称为材料总消耗量,损耗量与总消耗量之比称为材料损耗率,它们的关系用公式表示如下:

$$损耗率 = \frac{损耗量}{总消耗量} \times 100\% \tag{4-10}$$

$$损耗量 = 总消耗量 - 净用量 \tag{4-11}$$

$$净用量 = 总消耗量 - 损耗量 \tag{4-12}$$

$$总消耗量 = \frac{净用量}{1-损耗率} \tag{4-13}$$

$$或总消耗量 = 净用量 + 损耗量 \tag{4-14}$$

为了简便,通常将损耗量与净用量之比,作为损耗率。即

$$损耗率 = \frac{损耗量}{净用量} \times 100\% \tag{4-15}$$

$$总消耗量 = 净用量 \times (1+损耗率) \tag{4-16}$$

材料的损耗率可通过观测和统计来确定。

(4) **综合时间定额或综合产量定额的确定**。在编制施工进度计划时,经常会遇到计划所列项目与施工定额所列项目的工作内容不一致的情况。这时,可先计算平均定额(或称综合定额),再用平均定额计算劳动量。

1)当同一性质、不同类型的分项工程,其工程量相等时,平均时间定额可用绝对平均值表示,即

$$\overline{H} = \frac{H_1 + H_2 + \cdots + H_n}{n} \tag{4-17}$$

式中 $\overline{H}$ ——同一性质、不同类型分项工程的平均时间定额。

2)当同一性质、不同类型的分项工程,其工程量不等时,平均产量定额可用加权平均值表示,即

$$\overline{S} = \frac{Q_1 + Q_2 + \cdots + Q_n}{\frac{Q_1}{S_1} + \frac{Q_2}{S_2} + \cdots + \frac{Q_n}{S_n}} = \frac{\sum Q_i (总工程量)}{\sum P_i (总人工量)} \tag{4-18}$$

$$\overline{H} = \frac{1}{\overline{S}} \tag{4-19}$$

式中 $\overline{S}$ ——同一性质、不同类型分项工程的平均产量定额;
Q_i ——工程量;
P_i ——人工量。

五、案例分析

【**应用案例4-1**】 某楼房外墙装饰有干粘石、面砖和涂料三种做法,其工程量分别为 860.5 m²、455.1 m²、687.3 m²,所采用的产量定额分别为 4.26 m²/工日、4.12 m²/工日、7.34 m²/工日。

问题:求综合产量定额。

分析:依题意有

$$\sum Q_i = 860.5 + 455.1 + 687.3 = 2\,002.9 (\mathrm{m}^2)$$

$$\sum P_i = 860.5/4.26 + 455.1/4.12 + 687.3/7.34 = 406.1 (工日)$$

根据式(4-18)，可得工程的平均产量定额为

$$\overline{S} = \frac{\sum Q_i}{\sum P_i} = \frac{2\,002.9}{406.1} = 4.93 (\mathrm{m}^2/工日)$$

实训二　分部工程施工进度计划的编制

一、实训背景

作为拟建工程的施工主体，模拟分部工程施工进度计划的编制，为工程顺利施工做好准备。

二、实训目的

掌握分部工程施工进度计划的编制内容和过程，培养综合运用理论知识解决实际问题的能力。

三、实训能力标准要求

能够独立进行分部工程施工进度计划的编制。

四、实训指导

1. 划分施工过程

分部工程的施工过程应划分到各主要分项工程或更具体的分项工程，以满足指导施工作业的要求。现以基础工程、主体工程、屋面工程和装饰工程四个分部工程为例，划分其施工过程。

2. 计算工程量

(1)若有现成的预算文件，并且有些项目能够采用时，就可以直接合理套用预算文件中的工程量；当有些项目需要将预算文件中有关项目的工程量进行汇总时，如"砌筑砖墙"一项的工程量，可按其所包含的内容从预算工程量中抄出并汇总求得；当有些项目与预算文件中的项目不同或局部有出入时（如计量单位、计算规则或采用定额不同），应根据实际情况加以修改、调整或重新计算。

分部工程的施工过程划分

(2)若没有工程量的参考文件，计算工程量时，应根据施工图纸和工程量计算规则进行。计算时应注意以下几个方面：

1)计算工程量的单位与定额手册所规定单位一致；

2)结合选定的施工方法和安全技术要求计算工程量；

3)结合施工组织要求，分区、分段、分层计算工程量。

注意：进度计划中的工程量仅是用来计算各种资源需用量的，不作为工程结算的依据，故不必进行精确计算。

3. 套用施工定额

根据前述确定的施工项目、工程量和施工方法，即可套用施工定额，套用时需注意以下几个方面：

(1)确定合理的施工定额水平。当套用本企业制定的施工定额时，一般可直接套用；当套用国家或地方颁发的施工定额时，则必须结合本单位工人的实际操作水平、施工机械情况和施工现场条件等因素，确定实际施工定额水平。

(2)对于采用新技术、新工艺、新材料、新结构或特殊施工方法项目，施工定额中尚未编入时，需参考类似项目的定额、经验资料，或按实际情况确定其定额水平。

(3)当施工进度计划所列项目工作内容与定额所列项目不一致时，如施工项目是由同一工种，但材料、做法和构造都不同的施工过程合并而成时，可采用其加权平均定额(综合时间定额或综合产量定额)。

4. 确定人工量和机械台班量

(1)人工量：$P = Q \cdot H$。

(2)机械台班量：$D = Q' \cdot H'$。

(3)对于"其他工程"项目所需劳动量，可根据其内容和数量并结合施工现场具体情况，以总劳动量的百分比(一般为10%～20%)计算确定。

(4)对于水暖电卫和设备安装等工程项目，一般不计算其人工量和机械台班量，仅安排与土建工程配合的施工进度。

5. 确定施工时间

施工的持续时间若按正常情况确定，其费用一般是最低的，经过计算再结合实际情况做必要的调整，这是避免因盲目抢工而造成浪费的有效方法。按照实际施工条件来估算项目的持续时间是较为简便的办法，现在一般也多采用这种办法。具体可按以下方法确定施工过程的持续时间：

(1)**工期固定，资源无限**。根据合同规定的总工期和本企业的施工经验，确定各分项工程的施工持续时间，然后按各分项工程需要的人工量或机械台班的量，确定每一分项工程每个工作班所需要的工人数或机械数量，这是目前工期比较重要的工程常采用的方法。

$$R = \frac{Q}{D \cdot S \cdot n} \tag{4-20}$$

式中 Q——施工过程的工程量，可以用实物量单位表示；

R——每个工作班所需的工人数或机械台数，用人数或台数表示；

S——产量定额，即单位工日或台班完成的工程量；

D——施工持续时间，用日或周表示；

n——每天工作班制。

(2)**定额计算法**。按计划配备在各分项工程上的各专业工人人数和施工机械数量来确定其工作的持续时间。

$$D = \frac{Q}{R \cdot S \cdot n} = \frac{P}{R \cdot n} \tag{4-21}$$

式中 P——总人工量(工日)或总机械台班量(台班);

其他符号意义同前。

(3)**三时估算法**。为提高估算准确程度,可采用"三时估算法",即估计出该施工项目的最长、最短和最可能的三种工作持续时间,然后计算确定该施工项目的工作持续时间。这种方法是根据施工经验估计的,一般适用于采用新工艺、新方法、新材料、新技术等无定额可循的工程。其计算公式如下:

$$T=\frac{A+4C+B}{6} \tag{4-22}$$

式中 T——完成某施工项目的工作持续时间(天);
A——完成某施工项目的最长持续时间(天);
B——完成某施工项目的最短持续时间(天);
C——完成某施工项目的最可能持续时间(天)。

6. 编制施工进度计划

(1)选择进度图的形式:可选用横道图,也可选用网络图。

(2)选择流水施工方式可分为以下两种:

1)若分项工程的施工过程数目不多,在工程条件允许的情况下,应尽可能组织等节拍的流水施工方式(因为等节拍的流水施工方式是最理想、最合理的流水施工方式)。

2)若分项工程的施工过程数目过多,要使其流水节拍相等比较困难,因此,可根据流水节拍的规律,分别选择异节拍、成倍节拍和无节奏流水的施工组织方式。

(3)初步编制分部工程施工进度计划。上述各项计算内容确定以后,开始编制分部工程施工进度计划的初始方案。此时,必须考虑各分部分项工程的合理施工顺序,尽可能组织流水施工,力求主要工种连续工作。其步骤如下:

1)分析每个分部工程的主导施工过程,优先安排主导施工过程的施工进度,使其尽可能连续施工。

2)在安排主导施工过程后,再安排其他非主导施工过程。其他非主导施工过程应尽可能与主导施工过程配合穿插、搭接或平行作业。按照工艺要求,初步形成分部工程的流水作业图。

(4)检查和调整。对分部工程进度计划进行检查和调整,检查施工顺序是否合理,工期是否满足要求,资源消耗是否均衡,主要施工机械利用率是否合格。

(5)编制正式分部工程施工进度计划。

五、案例分析

【应用案例 4-2】 某工程为砖基础的流水施工组织,砖基础工程划分为土方开挖、垫层施工、砌筑基础和回填土四个施工过程,分成三段组织流水施工,各施工段上的流水节拍均为 3 天。

问题:试绘制砖基础施工横道图和网络图。

分析:基础工程流水施工组织的步骤:

(1)划分施工过程。按划分施工过程的原则,将起主导作用和影响工期的施工过程单独列项。砖基础工程施工过程划分为四个施工过程,即土方开挖、垫层施工、砌筑基础和回填土。

(2)划分施工段。为组织流水施工,按划分施工段的原则,并结合实际工程情况划分施工段,施工段的数目一定要合理,不能过多或过少,一般为三段。

(3)组织专业班组。按工种组织单一或混合专业班组连续施工。

(4)组织流水施工,绘制进度计划。按流水施工组织方式组织搭接施工。

(5)绘制的砖基础施工横道图和网络图,如图4-1和图4-2所示。

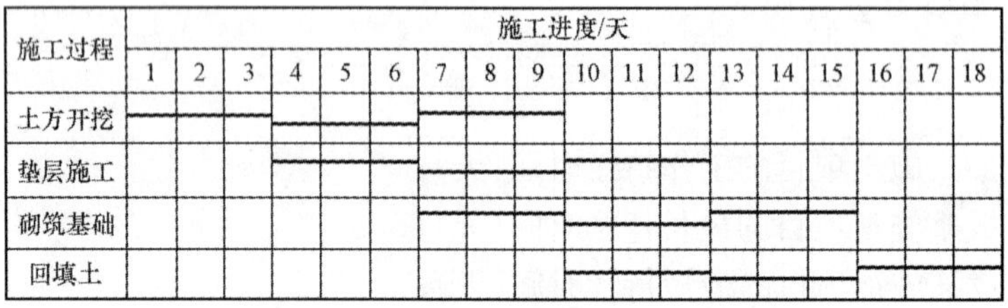

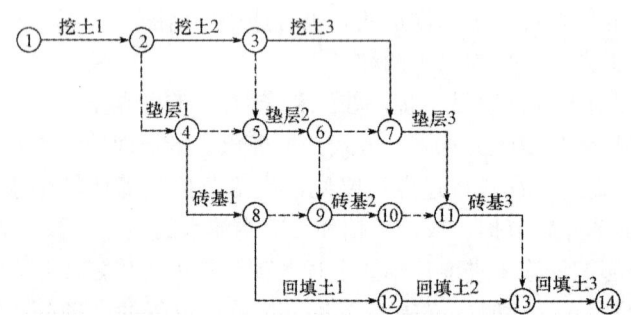

图 4-1　砖基础工程三段施工横道图

图 4-2　砖基础工程三段施工网络图

【应用案例4-3】　某工程为砖混结构主体工程,划分为砌砖墙和楼板施工两个施工过程,每个施工段上的流水节拍均为3天。

问题:试绘制砖混结构主体工程施工的横道图和网络图。

分析:

(1)划分施工过程。按划分施工过程的原则,将起主导作用和影响工期的施工过程单独列项。砖混结构主体标准层可划分为砌砖墙和楼板施工两个施工过程。

(2)划分施工段。为组织流水施工,按划分施工段的原则,并结合实际工程情况划分施工段,施工段的数目一定要合理,不能过多或过少,一般为三段。

(3)组织专业班组。按工种组织单一或混合专业班组连续施工。

(4)组织流水施工,绘制进度计划。按流水施工组织方式组织搭接施工。进度计划常有横道图和网络图两种表达方式。

(5)砖混结构主体标准层的横道图和网络图,如图4-3和图4-4所示。

【应用案例4-4】　某工程,施工单位向项目监理机构提交了项目施工总进度计划(图4-5)和各分部工程的施工进度计划。施工单位为了保证工期,决定对B分部工程进行计划横道图(图4-6)进行调整,组织加快的成倍节拍流水施工。

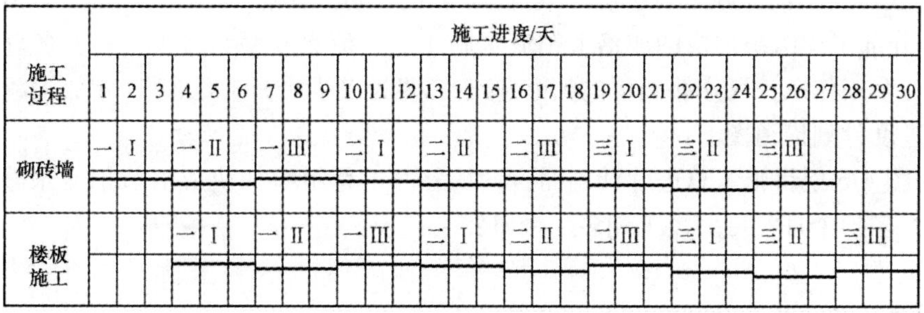

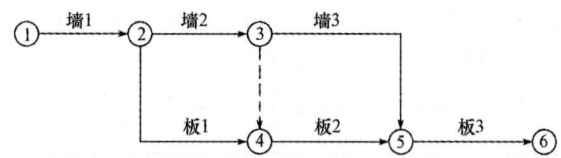

图 4-3　砖混结构主体两个施工过程三段施工横道图

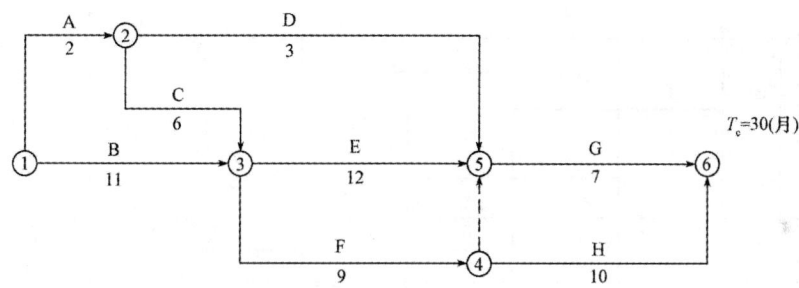

图 4-4　砖混结构主体两个施工过程三段施工网络图

图 4-5　项目施工总进度计划

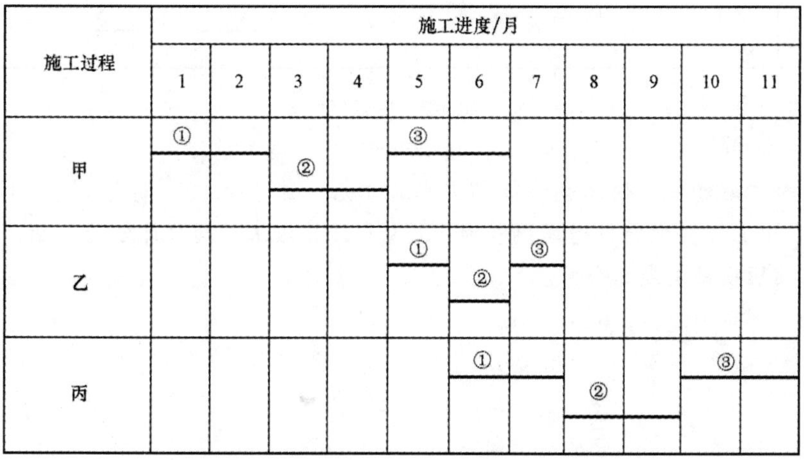

图 4-6　B 分部工程施工进度计划横道图

问题：(1)找出项目施工总进度计划(图 4-5)的关键线路。

(2)B 分部工程组织加快的成倍节拍流水施工后，流水步距为多少个月？各施工过程应分别安排几个工作队？B 分部工程的流水施工工期为多少个月？绘制 B 分部工程调整后的流水施工进度计划横道图。

(3)对图 4-5 项目施工总进度计划而言，B 分部工程组织加快成倍节拍流水施工后，该项目工期为多少个月？可缩短工期多少个月？

分析：

(1)项目施工总进度计划中，关键线路如下：

1)B—E—G；

2)B—F—H。

(2)分部工程组织加快的成倍节拍流水施工后，相应的参数计算如下：

1)B 分部工三个施工过程的流水节拍的最大公约数为 1，流水步距为 1 个月；甲施工过程的工作队数为 2，乙施工过程的工作队数为 1，丙施工过程的工作队数为 2；流水施工工期为 7 个月。

2)B 分部工程调整后流水施工进度计划横道图，如图 4-7 所示。

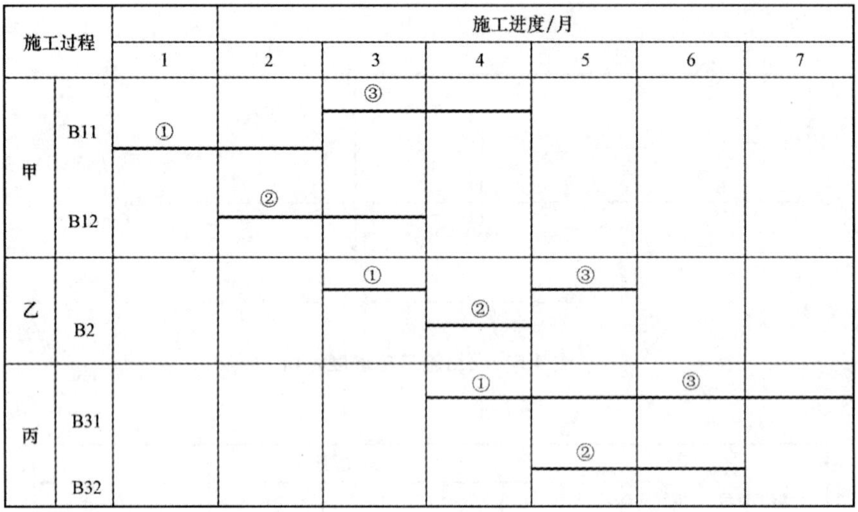

施工过程		施工进度/月						
		1	2	3	4	5	6	7
甲	B11	①		③				
	B12		②					
乙	B2			①	②	③		
丙	B31				①		③	
	B32					②		

图 4-7 横道图

(3)B 分部工程组织加快的成倍节拍流水施工后，流水施工工期由 11 个月调整为 7 个月，将图 4-5 中 B 工作的持续时间调整为 7，重新计算该工程网络计划的工期，项目工期为 27 个月，可缩短项目工期 3 个月。

第五章 单位工程施工组织设计

实训一 单位工程施工平面图设计

一、实训背景

对某拟建工程进行平面图设计,为工程顺利施工做好准备。

二、实训目的

掌握施工平面图设计原则、步骤、内容及方法,培养综合运用理论知识解决实际问题的能力。

三、实训能力标准要求

能够独立完成施工平面图设计。

四、实训指导

1. 施工平面图设计的总体要求

布置要紧凑,少占土地;短运输,少搬运;临时工程要少用资金;利于生产、生活、安全、消防、环保、市容、卫生及劳动保护等;符合国家有关规定和法规。

2. 施工平面图设计的内容

施工平面图设计包括以下内容:

(1)在单位工程施工区域内,地下及地上已建和拟建的建(构)筑物及其他设施施工的位置和尺寸。

(2)拟建工程所需的起重和垂直运输机械、卷扬机、搅拌机等布置位置及主要尺寸,起重机械开行路线及方向等。

(3)交通道路布置及宽度尺寸、现场出入口、铁路及港口位置等。

(4)各种预制构件、预制场地的规划及面积、堆放位置;各种主要材料堆场面积及位置、仓库面积及位置;装配式结构构件的就位布置等。

施工平面图设计的原则及依据

(5)各种生产性及生活性临时建筑、临时设施的布置及面积、名称、位置等。

(6)临时供电、供水、供热等管线布置,水源、电源、变压器位置,现场排水沟渠及排水方向等。

(7)测量放线的标桩位置,地形等高线和土方取弃地点。

(8)一切安全及防火设施的位置。

3. 施工平面图设计的步骤

(1)**熟悉资料**。对与施工平面图设计相关的原始资料、施工图纸、施工进度计划和施工方法进行详细研究。

(2)**起重运输机械的布置**。

1)确定起重机械数量:

$$N = \sum Q / S \qquad (5-1)$$

式中　N——起重机台数;

　　　$\sum Q$——垂直运输高峰期每班要求运输总次数;

　　　S——每台起重机每班运输次数。

2)确定起重机械位置。起重运输机械的位置直接影响搅拌站、加工厂及各种材料、构件的堆场或仓库等的位置,直接影响道路、临时设施及水、电管线的布置等。因此,它是施工现场全局布置的中心环节,应首先确定。

①**塔式起重机的布置**。塔式起重机是集起重、垂直提升、水平输送三种功能为一体的机械设备。按其在工地上使用架设的要求不同,可分为固定式、轨行式、附着式和内爬式四种。塔式起重机轨道的布置方式,主要取决于建筑物的平面形状、尺寸和四周施工场地的条件。要使起重机的起重幅度能够将材料和构件直接运至任何施工地点,应尽量避免出现"死角",争取轨道长度最短。轨道布置方式通常是沿建筑物的一侧或内外两侧布置,必要时还需增加转弯设备;同时做好轨道路基四周的排水工作。轨道布置通常可采用图5-1所示的几种方案。

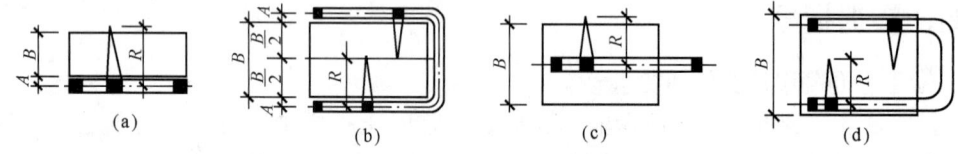

图 5-1　塔式起重机布置方案

(a)单侧布置;(b)双侧布置;(c)跨内单行布置;(d)跨内环形布置

②**自行无轨式起重机械的布置**。自行无轨式起重机械可分为履带式、轮胎式和汽车式三种。它一般不做垂直提升和水平运输之用,适用于装配式单层工业厂房主体结构的吊装,也可用于混合结构如大梁等较重构件的吊装等。

③**井架(龙门架)卷扬机的布置**。井架(龙门架)卷扬机的布置应符合下列要求:

a. 当房屋呈长条形,层数、高度相同时,井架(龙门架)的布置位置应处于与房屋两端的水平运输距离大致相等的适中地点,以减少在房屋上面的单程水平运距;也可以布置在施工段分界处靠近现场较宽的一面,以便在井架(龙门架)附近堆放材料或构件,达到缩短运距的目的。

b. 当房屋有高低层分隔时，如果只设置一副井架（龙门架），则应将井架（龙门架）布置在分界处附近的高层部分，以照顾高低层的需要，减少架子的拆装工作量。

c. 井架（龙门架）的地面进口，要求道路畅通，使运输不受干扰。井架的出口应尽量布置在留有门窗洞口的开间，以减少墙体留槎补洞工作；同时应考虑井架（龙门架）揽风绳对交通、吊装的影响。

d. 井架（龙门架）与卷扬机的距离应大于或等于房屋的总高，以减小卷扬机操作人员的仰望角度，如图 5-2 所示。

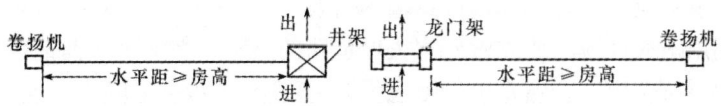

图 5-2 井架（龙门架）与卷扬机的布置距离

e. 井架（龙门架）与外墙边的距离，以吊篮边靠近脚手架为宜，这样可以减少过道脚手架的搭设工作。

（3）**搅拌站、加工棚及各种材料堆场和仓库的布置**。搅拌站、仓库和材料、构件的布置应尽量靠近使用地点或在起重机服务范围内，并考虑到运输和装卸料方便。

1) 搅拌站的布置。搅拌站的布置应符合下列要求：

①搅拌站应有后台上料的场地，尤其是混凝土搅拌站，要考虑与砂石堆场、水泥库一起布置，既要互相靠近，又要便于这些大宗材料的运输和装卸。

②搅拌站应尽可能布置在垂直运输机械附近，以减少混凝土及砂浆的水平运距。当采用塔式起重机方案时，混凝土搅拌机的位置应使吊斗能从其出料口直接卸料并挂钩起吊。

③搅拌站应设置在施工道路近旁，以使小车、翻斗车运输方便。

④搅拌站场地四周应设置排水沟，以有利于清洗机械和排除污水，避免造成现场积水。

⑤混凝土搅拌台所需面积约为 25 m^2，砂浆搅拌台约为 15 m^2，冬期施工还应考虑保温与供热设施等，其面积要相应增加。

2) 加工棚的布置。木材、钢筋、水电等加工棚宜设置在建筑物四周稍远处，并有相应的材料及成品堆场。石灰及淋灰池可根据情况布置在砂浆搅拌机附近。沥青灶应选择较空旷的场地，远离易燃品仓库和堆场，并布置在下风向。

3) 仓库及材料堆场的布置。仓库及材料堆场的面积应由计算确定，然后再根据各个阶段的施工需要及材料使用的先后顺序进行布置。同一场地可供多种材料或构件使用。仓库及材料堆场的布置要求如下：

①仓库的布置。水泥仓库应选择地势较高、排水方便、靠近搅拌机的地方；各种易燃易爆品仓库的布置应符合防火、防爆安全距离的要求；木材、钢筋、水电器材等仓库，应与加工棚结合布置，以便就地取材。

②材料堆场的布置。各种主要材料，应根据其用量的大小、使用时间的长短、供应及运输情况等研究确定。凡用量较大、使用时间较长、供应及运输较方便的材料，在保证施工进度与连续施工的情况下，均应考虑分期、分批进场，以减少堆场或仓库所需面积，达

到降低耗损、节约施工费用的目的;应考虑先用先堆,后用后堆,有时在同一地方,可以先后堆放不同的材料。

钢模板、脚手架等周转材料,应选择在装卸、取用、整理方便和靠近拟建工程的地方布置。基础及底层用砖,可根据现场情况,沿拟建工程四周分堆布置,并距离基坑、槽边不得小于 0.5 m,以防塌方。底层以上的用砖,采用塔式起重机运输时,可布置在服务范围内。砂石应尽可能布置在搅拌机后台附近,石子的堆场应更靠近搅拌机一些,并按石子的不同粒径分别放置。

(4) **现场运输道路的布置**。布置单位工程场内临时运输道路应遵循以下原则和要求:

1) 现场运输道路应按照材料和构件运输的需要,沿着仓库和堆场进行布置。

2) 尽可能利用永久性道路或先做好永久性道路的路基,在交工之前铺设路面。

3) 道路宽度要符合规定,通常单行道应为 3~3.5 m,双行道应为 5.5~6 m。

4) 现场运输道路布置时应保证车辆行驶通畅,有回转的可能。因此,最好围绕建筑物布置成一条环形道路,以便于运输车辆回转、调头;若无条件布置成一条环形道路,应在适当的地点布置回车场。

5) 道路两侧一般应结合地形设置排水沟,沟深不应小于 0.4 m,底宽不应小于 0.3 m。

(5) **办公、生活和服务性临时设施的布置**。办公、生活和服务性临时设施的布置应遵循以下原则和要求:

1) 应考虑使用方便,不妨碍施工,符合安全、防火的要求。

2) 通常情况下,办公室的布置应靠近施工现场,宜设置在工地出入口处;工人休息室应设置在工人作业区;宿舍应布置在安全的上风方向;门卫、收发室宜布置在工地出入口处等。

3) 要尽量利用已有设施或已建工程;必须修建时要经过计算,合理确定面积,尽量节约临时设施费用。

五、案例分析

【应用案例 5-1】 某剪力墙结构高层住宅楼工程,位于某市东贸街北面,该工程有地下室 2 层,地上为 24 层,南北长为 60 m,东西宽为 18 m,建筑面积为 28 000 m²。考虑工程量较大,建筑物高度比较高,故在拟建建筑物的北侧中部安装 1 台 QJ163 塔式起重机,主要解决钢筋、模板、架管的水平和垂直运输;采用商品混凝土,为减少浇筑混凝土时对办公室造成的干扰,混凝土泵车布置在拟建建筑物的东侧;在塔式起重机东西两侧安置 2 台施工电梯,作为砌块、砂浆、装修材料和人员的垂直运输工具;在拟建建筑物的北侧安装 2 台砂浆搅拌机用来搅拌砌筑砂浆和抹灰砂浆;钢筋加工场地(含钢筋堆场)布置在拟建建筑物的北面;木工加工场地布置在拟建建筑物的西北侧,模板就近堆放。施工入口紧靠东贸街,入口处设门卫室,办公室紧靠东贸街布置,工地生活区主要布置在拟建建筑物的北面。该拟建工程施工平面图布置具体如图 5-3 所示。

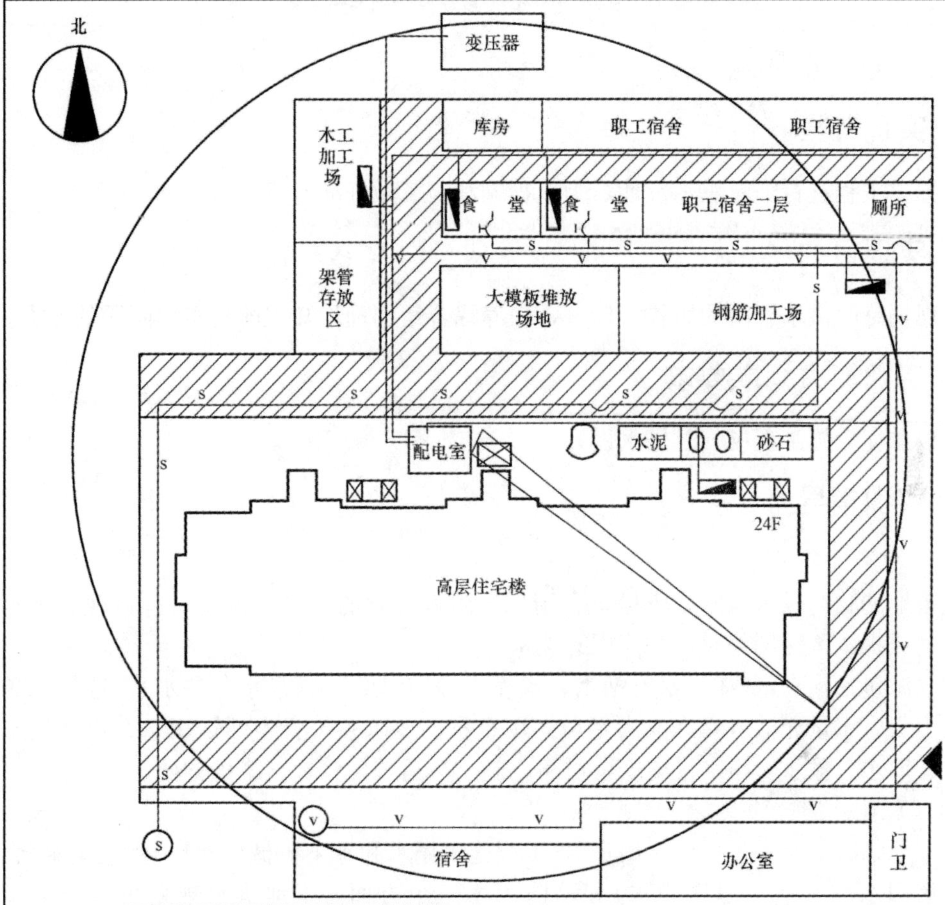

图 5-3 某高层住宅楼工程施工平面图

实训二 临时供水设计

一、实训背景
对某拟建工程进行临时供水设计，为工程顺利施工做好准备。

二、实训目的
掌握现场临时供水管网的布置、计算，培养综合运用理论知识解决实际问题的能力。

三、实训能力标准要求
能够独立完成施工现场临时供水设计。

四、实训指导

1. 选择水源

建筑工地的临时供水水源，应尽量利用现场附近已有的供水管道，只有在现有给水系统供水不足或根本无法利用时，才使用天然水源。

天然水源包括地表水(江河水、湖水、水库水等)和地下水(泉水、井水)。选择水源应考虑下列因素：水量充沛可靠，能满足最大用水量的要求；符合生活饮用水、生产用水的水质要求；取水、输水、净水设施安全可靠；施工、运转、管理、维护方便。

2. 施工总用水量计算

建筑工地临时供水，包括生产用水(含工程施工用水和施工机械用水)、生活用水(含施工现场生活用水和生活区生活用水)和消防用水三个方面。工地供水规划可按以下步骤进行：

(1) **工程施工用水量**，可按下式计算：

$$q = K_1 \sum \frac{Q_1 N_1}{T_1 b} \times \frac{K_2}{8 \times 3\,600} \tag{5-2}$$

式中 q——施工工程用水量(L/s)；

K_1——未预见的施工用水系数，取 $1.05\sim1.15$；

Q_1——年(季)度工程量(以实物计量单位表示)；

N_1——施工用水定额，见表 5-1；

T_1——年(季)度有效工作日(天)；

b——每天工作班次；

K_2——用水不均衡系数，见表 5-2。

(2) **施工机械用水量**，可按下式计算：

$$q_2 = K_1 \sum Q_2 N_2 \frac{K_3}{8 \times 3\,600} \tag{5-3}$$

式中 q_2——机械用水量(L/s)；

K_1——未预见的施工用水系数，取 1.05～1.15；

Q_2——同一种机械台数；

N_2——施工机械台班用水定额，参考表 5-3 中的数据换算求得；

K_3——施工机械用水不均衡系数，见表 5-2。

(3) **施工现场生活用水量**，可按下式计算：

$$q_3 = \frac{P_1 N_3 K_4}{b \times 8 \times 3\ 600} \tag{5-4}$$

式中 q_3——施工现场生活用水量(L/s)；

P_1——施工现场高峰期生活用水人数；

N_3——施工现场生活用水定额，见表 5-4；

K_4——施工现场生活用水不均衡系数，见表 5-2；

b——每天工作班次。

(4) **生活区生活用水量**，可按下式计算：

$$q_4 = \frac{P_2 N_4 K_5}{24 \times 3\ 600} \tag{5-5}$$

式中 q_4——生活区生活用水量(L/s)；

P_2——生活区居民人数；

N_4——生活区昼夜全部生活用水定额，每一居民每昼夜为 100～120 L，随地区和有无室内卫生设备而变化，各分项生活用水量定额见表 5-4；

K_5——生活区用水不均衡系数，见表 5-2。

(5) **消防用水量**。消防用水量(q_5)见表 5-5。

表 5-1 施工用水参考定额

序号	用水对象	单位	耗水量 N_1	备注
1	浇筑混凝土全部用水	L/m³	1 700～2 400	
2	搅拌普通混凝土	L/m³	250	
3	搅拌轻质混凝土	L/m³	300～350	
4	搅拌泡沫混凝土	L/m³	300～400	
5	搅拌热混凝土	L/m³	300～350	
6	混凝土养护(自然养护)	L/m³	200～400	
7	混凝土养护(蒸汽养护)	L/m³	500～700	
8	冲洗模板	L/m²	5	
9	搅拌机清洗	L/台班	600	
10	人工冲洗石子	L/m³	1 000	当含泥量大于 2% 且小于 3% 时
11	机械冲洗石子	L/m³	600	
12	洗砂	L/m³	1 000	
13	砌砖工程全部用水	L/m³	150～250	
14	砌石工程全部用水	L/m³	50～80	

续表

序号	用水对象	单 位	耗水量 N_1	备 注
15	抹灰工程全部用水	L/m²	30	
16	耐火砖砌体工程	L/m³	100～150	包括砂浆搅拌
17	浇砖	L/千块	200～250	
18	浇硅酸盐砌块	L/m³	300～350	
19	抹面	L/m²	4～6	不包括调制用水
20	楼地面	L/m²	190	主要是找平层
21	搅拌砂浆	L/m³	300	
22	石灰消化	L/t	3 000	
23	上水管道工程	L/m	98	
24	下水管道工程	L/m	1 130	
25	工业管道工程	L/m	35	

表 5-2 施工用水不均衡系数

不均衡系数	用水名称	系 数
K_2	施工工程用水 企业生产用水	1.5 1.25
K_3	施工机械运输机械 动力设备	2.00 1.05～1.10
K_4	施工现场生活用水	1.30～1.50
K_5	居民区生活用水	2.00～2.50

表 5-3 施工机械用水参考定额

序号	用水对象	单 位	耗水量 N_2	备 注
1	内燃挖土机	L/(台·m³)	200～300	以斗容量 m³ 计
2	内燃起重机	L/(台班·t)	15～18	以起重吨数计
3	蒸汽起重机	L/(台班·t)	300～400	以起重吨数计
4	蒸汽打桩机	L/(台班·t)	1 000～1 200	以锤重吨数计
5	蒸汽压路机	L/(台班·t)	100～150	以压路机吨数计
6	内燃压路机	L/(台班·t)	12～15	以压路机吨数计
7	拖拉机	L/(昼夜·台)	200～300	
8	汽车	L/(昼夜·台)	400～700	
9	标准轨蒸汽机车	L/(昼夜·台)	10 000～20 000	
10	窄轨蒸汽机车	L/(昼夜·台)	4 000～7 000	
11	空气压缩机	L/(台班·m³·min^{-1})	40～80	以压缩空气机排气量计
12	内燃机动力装置(直流水)	L/(台班·kW)	163.2～407.9	
13	内燃机动力装置(循环水)	L/(台班·kW)	40.0～54.4	
14	锅驼机	L/(台班·kW)	108.8～217.5	

续表

序号	用水对象	单位	耗水量 N_2	备注
15	锅炉	L/(h·t)	1 000	不利用凝结水
16	锅炉	L/(h·m²)	15～30	以小时蒸发量计
17	点焊机：25 型	L/(台·h)	100	以受热面积计
	50 型	L/(台·h)	150～200	实测数据
	75 型		250～350	实测数据
18	冷拔机	L/(台·h)	300	
19	对焊机	L/(台·h)	300	
20	凿岩机：01～30(CM—56)	L/(台·min)	3	
	01～45(TN—4)	L/(台·min)	5	
	01～38(KⅡM—4)	L/(台·min)	8	
	YQ—100	L/(台·min)	8～12	

表 5-4 生活用水量参考定额

序号	用水对象	单位	耗水量 N_4
1	生活用水(盥洗、饮用)	L/(人·日)	20～40
2	食堂	L/(人·次)	10～20
3	浴室(淋浴)	L/(人·次)	40～60
4	淋浴带大池	L/(人·次)	50～60
5	洗衣房	L/千克干衣	40～60
6	理发室	L/(人·次)	10～25
7	学校	L/(学生·日)	10～30
8	幼儿园、托儿所	L/(儿童·日)	75～100
9	医院	L/(病床·日)	100～150

表 5-5 消防用水量

序号	用水名称	火灾同时发生次数	单位	用水量 q_5
1	居民区消防用水：			
	5 000 人以内	一次	L/s	10
	10 000 人以内	二次	L/s	10～15
	25 000 人以内	二次	L/s	15～20
2	施工现场消防用水：			
	施工现场在 25 ha 内	一次	L/s	10～15
	每增加 25 ha	一次	L/s	5

(6)总用水量 Q：

1)当 $q_1+q_2+q_3+q_4 \leqslant q_5$ 时，则

$$Q=q_5+\frac{1}{2}(q_1+q_2+q_3+q_4) \tag{5-6}$$

2)当 $q_1+q_2+q_3+q_4 > q_5$ 时,则
$$Q=q_1+q_2+q_3+q_4 \tag{5-7}$$
3)当工地面积小于 50 000 m^2 且 $q_1+q_2+q_3+q_4 < q_5$ 时,则
$$Q=q_5 \tag{5-8}$$
最后计算的总用水量,还应增加 10%,以补偿不可避免的水管渗漏损失。

3. 确定临时给水系统

给水系统可由取水设施、净水设施、贮水构筑物(水塔及蓄水池)、输水管和配水管综合而成。

(1)**取水设施**。一般由取水口、进水管及水泵组成。取水口距河底(或井底)不得小于 0.25 m,在冰层下部边缘的距离也不得小于 0.25 m。给水工程所用的水泵有离心泵和活塞泵两种。所有的水泵要有足够的抽水能力和扬程。

水泵应具有的扬程按下列公式计算:

1)将水送至水塔时的扬程:
$$H_p = Z_t - Z_p + H_t + a + \sum h' + h_s \tag{5-9}$$

式中 H_p——水泵所需扬程(m);

Z_t——水泵处的地面标高(m);

Z_p——泵轴中线的标高(m);

H_t——水塔高度(m);

a——水塔的水箱高度(m);

$\sum h'$——从泵站到水塔间的水头损失(m);

h_s——水泵的吸水高度(m)。

2)将水直接送到用户时的扬程:
$$H_p = Z_y - Z_p + H_y + \sum h' + h_s \tag{5-10}$$

式中 Z_y——供水对象的最大标高(m);

H_y——供水对象最大标高处必须具有的自由水头,一般为 8~10 m。

其他符号意义同前。

(2)**贮水构筑物**。贮水构筑物一般有水池、水塔或水箱。在临时供水时,如水泵不能连续抽水,则需要设置贮水构筑物。其容量由每小时消防用水确定,但不得少于 10~20 m^3。贮水构筑物(水塔)高度与供水范围、供水对象位置及本身的位置有关,可用下式确定:
$$H_t = Z_y - Z_t + H_y + h \tag{5-11}$$

(3)**管径的选择**。

1)计算法:
$$d = \sqrt{\frac{4Q}{v \times 1\,000}} \tag{5-12}$$

式中 d——配水管直径(m);

Q——耗水量(L/s);

v——管网中水流速度(m/s)。

临时水管经济流速见表5-6。

表5-6 临时水管经济流速

序　号	管径/mm	流速/(m·s^{-1})	
		正常时间	消防时间
1	支管 $d<100$	2	—
2	生产消防管 $d=100\sim300$	1.3	>3.0
3	生产消防管 $d>300$	1.5~1.7	2.5
4	生产用水管 $d>300$	1.5~2.5	3.0

2）查表法：为了减少计算工作量，只要确定管段流量和流速范围，可直接查表5-7、表5-8，选择管径。

表5-7 给水铸铁管

流量 /(L·s^{-1})	管径/mm									
	75		100		150		200		250	
	i	v	i	v	i	v	i	v	i	v
2	7.98	0.46	1.94	0.26						
4	28.4	0.93	6.69	0.52						
6	61.5	1.39	14	0.78	1.87	0.34				
8	109	1.86	23.9	1.04	3.14	0.46	0.765	0.26		
10	171	2.33	36.5	1.30	4.69	0.57	1.13	0.32		
12	246	2.76	52.6	1.56	6.55	0.69	1.58	0.39	0.529	0.25
14			71.6	1.82	8.71	0.80	2.08	0.45	0.695	0.29
16			93.5	2.08	11.1	0.92	2.64	0.51	0.886	0.33
18			118	2.34	13.9	1.03	3.28	0.58	1.09	0.37
20			146	2.60	16.9	1.15	3.97	0.64	1.32	0.41
22			177	2.86	20.2	1.26	4.73	0.71	1.57	0.45
24					24.1	1.38	5.56	0.77	1.83	0.49
26					28.3	1.49	6.64	0.84	2.12	0.53
28					32.8	1.61	7.38	0.90	2.42	0.57
30					37.7	1.72	8.4	0.96	2.75	0.62
32					42.8	1.84	9.46	1.03	3.09	0.66
34					84.4	1.95	10.6	1.09	3.45	0.70
36					54.2	2.06	11.8	1.16	3.83	0.74
38					60.4	2.18	13.0	1.22	4.23	0.78

注：v—流速(m/s)；i—压力损失(m/km 或 mm/m)。

表 5-8 给水钢管

流量 /(L·s^{-1})	管径/mm									
	25		40		50		70		80	
	i	v	i	v	i	v	i	v	i	v
0.1										
0.2	21.3	0.38								
0.4	74.8	0.75	8.98	0.32						
0.6	159	1.13	18.4	0.48						
0.8	279	1.51	31.4	0.64						
1.0	437	1.88	47.3	0.8	12.9	0.47	3.76	0.28	1.61	0.2
1.2	629	2.26	66.3	0.95	18	0.56	5.18	0.34	2.27	0.24
1.4	856	2.64	88.4	1.11	23.7	0.66	6.83	0.4	2.97	0.28
1.6	1 118	3.01	114	1.27	30.4	0.75	8.7	0.45	3.76	0.32
1.8			144	1.43	37.8	0.85	10.7	0.51	4.66	0.36
2.0			178	1.59	46	0.94	13	0.57	5.62	0.40
2.6			301	2.07	74.9	1.22	21	0.74	9.03	0.52
3.0			400	2.39	99.8	1.41	27.4	0.85	11.7	0.60
3.6			577	2.86	144	1.69	38.4	1.02	16.3	0.72
4.0					177	1.88	46.8	1.13	19.8	0.81
4.6					235	2.17	61.2	1.3	25.7	0.93
5.0					277	2.35	72.3	1.42	30	1.01
5.6					348	2.64	90.7	1.59	37	1.13
6.0					399	2.82	104	1.7	42.1	1.21

五、案例分析

【应用案例 5-2】 某项目占地面积为 15 000 m^2，施工现场使用面积为 12 000 m^2，总建筑面积为 7 845 m^2，所用混凝土和砂浆均采用现场搅拌，现场拟分生产、生活、消防三路供水，日最大混凝土浇筑量为 400 m^3，施工现场高峰昼夜人数为 180 人，请计算用水量和选择供水管径。

分析：(1) 用水量计算。

1) 计算现场施工用水量 q_1：

$$q_1 = k_1 \sum \frac{Q_1 \times N_1}{T_1 \times t} \times \frac{k_2}{8 \times 3\,600}$$
$$= 1.15 \times 250 \times 400 \times 1.5 / (8 \times 3\,600 \times 1) = 5.99 \text{(L/s)}$$

式中，$k_1 = 1.15$、$k_2 = 1.5$、$Q_1/T_1 = 400$ m^3/d、$t = 1$；N_1 查表取 250 L/m^3。

2) 计算施工机械用水量 q_2：因施工中不使用特殊机械 $q_2 = 0$。

3)计算施工现场生活用水量 q_3：
$$q_3 = P_1 N_3 k_4 / (t \times 8 \times 3\ 600) = 180 \times 40 \times 1.5/(1 \times 8 \times 3\ 600) = 0.375(\text{L/s})$$
式中，$k_4 = 1.5$，$P_1 = 180$ 人，$t = 1$；N_3 按生活用水和食堂用水计算。
$$N_3 = 0.025 + 0.015 = 0.04[\text{m}^3/(\text{人} \cdot \text{d})] = 40\ \text{L}/(\text{人} \cdot \text{d})。$$
4)计算生活区生活用水量：因现场不设生活区，故不计算 q_4。
5)计算消防用水量 q_5：$1\ \text{ha} = 10^4\ \text{m}^2$（ha 表示公顷）。
本工程现场使用面积为 $12\ 000\ \text{m}^2$，即 $1.2\ \text{ha} < 25\ \text{ha}$，故 $q_5 = 10\ \text{L/s}$。
6)计算总用水量 Q 总：
$$Q_1 = q_1 + q_2 + q_3 + q_4 = 6.365(\text{L/s}) < q_5 = 10\ \text{L/s}$$
即本工程用水量为 11 L/s。
(2)供水管径的计算。
$$d = \sqrt{\frac{4\ 000Q}{\pi v}} = \sqrt{\frac{4\ 000 \times 11}{3.14 \times 1.5}} = \sqrt{\frac{44\ 000}{4.71}} = \sqrt{9\ 341.83} = 97(\text{mm})\ (v = 1.5\ \text{m/s})，取管径为$$
100 mm 的供水管。

实训三 临时供电设计

一、实训背景

某拟建工程进行临时供电设计，为工程顺利施工做好准备。

二、实训目的

掌握现场临时供电系统的布置与计算，培养综合运用理论知识解决实际问题的能力。

三、实训能力标准要求

能够独立完成施工现场临时供电设计。

四、实训指导

1. 用电量的计算

施工工地的总用电量包括动力用电和照明用电两类，其计算公式如下：

$$P = \varphi \left[K_1 \frac{\sum P_1}{\cos\varphi} + K_2 \sum P_2 + K_3 \sum P_3 + K_4 \sum P_4 \right] \quad (5\text{-}13)$$

式中 P——供电设备总需要容量(kW)；
  φ——未预计施工用电系数，取 1.05~1.1；
  P_1——电动机额定功率(kW)；
  P_2——电焊机额定容量(kW)；

P_3——室内照明容量(kW);

P_4——室外照明容量(kW);

$\cos\varphi$——电动机的平均功率因数,施工现场最高为 0.75~0.78,一般为 0.65~0.75;

K_1、K_2、K_3、K_4——需要系数,见表 5-9。

表 5-9 需要系数 K 值

用电名称	数量/台	需要系数	
		K	数值
电动机	3~10	K_1	0.7
	11~30		0.6
	30 以上		0.5
加工厂动力设备			0.5
电焊机	3~10	K_2	0.6
	10 以上		0.5
室内照明		K_3	0.8
室外照明		K_4	1.0

单班施工时,用电量计算可不考虑照明用电。

2. 电源的选择

(1)选择建筑工地临时供电电源时需考虑以下因素:

1)建筑工程及设备安装工程的工程量和施工进度;

2)各个施工阶段的电力需要量;

3)施工现场的大小;

4)用电设备在建筑工地上的分布情况和距离电源的远近情况;

5)现有电气设备的容量情况。选择电源,比较经济的方案是利用施工现场附近已有的高压线路或发电站及变电所,但事前必须将施工中需要的用电量向供电部门申请,通常是将附近的高压电,经设在工地的变压器降压后,引入工地。如果在新辟的地区中施工,没有电力系统时,需自备发电站。

(2)变压器功率计算。变压器的功率按下式计算:

$$W = \frac{KP}{\cos\varphi} \tag{5-14}$$

式中 W——变压器的容量(kW);

P——变压器服务范围内的总用电量(kW);

K——功率损失系数,取 1.05~1.1;

$\cos\varphi$——功率因数,一般取 0.75。

根据计算所得容量,从变压器产品目录中选择。

3. 导线截面的选择

导线截面的选择要满足以下基本要求:

(1)按机械强度选择。导线必须保证不致因一般机械损伤而折断。在各种不同敷设方式下,导线按机械强度允许值确定的最小截面面积见表 5-10。

表 5-10　按机械强度允许值确定的导线最小截面面积

导线用途	导线最小截面面积/mm²	
	铜线	铝线
照明装置用导线：户内用 户外用	0.5 1.0	2.5 2.5
双芯软电线：用于吊灯 用于移动式生产用电设备	0.35 0.5	— —
多芯软电线及软电缆：用于移动式生产用电设备	1.0	—
绝缘导线：固定架设在户内绝缘支持件上，其间距为 　2 m 及以下 　6 m 及以下 　25 m 及以下	 1.0 2.5 4	 2.5 4 10
裸导线：户内用 户外用	2.5 6	4 16
绝缘导线：穿在管内 设在木槽板内	1.0 1.0	2. 2.5
绝缘导线：户外沿墙敷设 户外其他方式敷设	2.5 4	4 10

(2) **按允许电流选择**。导线必须能承受负载电流长时间通过所引起的温升。

三相四线制线路上的电流可按下式计算：

$$I = \frac{P}{\sqrt{3}V\cos\varphi} \tag{5-15}$$

二线制线路上的电流可按下式计算：

$$I = \frac{P}{V\cos\varphi} \tag{5-16}$$

式中　I——导线中的负荷电流(A)；

　　　V——供电电压(kV)；

　　　P——变压器服务范围内的总用电量(kW)；

　　　$\cos\varphi$——功率因数，一般取 0.75。

根据计算所得电流强度，查看导线产品目录或出厂标签标注的导线持续容许电流，就可以选择合适的导线。

(3) **按允许电压降选择**。导线上引起的电压降必须在一定限度之内。配电导线的截面面积可用下式计算：

$$S = \frac{\sum PL}{C\varepsilon} = \frac{\sum M}{C\varepsilon} \tag{5-17}$$

式中　S——导线截面面积(mm²)；

　　　M——负荷矩(kW·m)；

　　　P——负载的电功率或线路输送的电功率(kW)；

L——送电线路的距离(m);

ε——允许的相对电压降(即线路电压损失)(%),照明允许电压降为2.5%~5%,电动机电压不超过±5%;

C——系数,视导线材料、线路电压及配电方式而定。

所选用的导线截面应同时满足以上三项要求,即以求得的三个截面中的最大者为准,从电线产品目录中选用线芯截面。也可根据具体情况选用导线截面。一般道路工地和给水排水工地的作业线比较长,导线截面由电压降决定;建筑工地的配电线路比较短,导线截面可由容许电流决定;在小负荷的架空线路中,往往以机械强度确定。

实训四　单位工程施工进度计划的编制

一、实训背景

作为拟建工程的施工主体,模拟单位工程施工进度计划的编制,为工程顺利施工做好准备。

二、实训目的

掌握单位工程施工进度计划的编制步骤、方法等,培养综合运用理论知识解决实际问题的能力。

三、实训能力标准要求

能够独立完成单位工程施工进度计划的编制。

四、实训指导

1. 单位工程施工进度计划的编制方法

(1)**划分施工过程**。编制进度计划时,应按照图纸和施工顺序,将拟建单位工程的各个施工过程列出,并结合施工方法、施工条件和劳动组织等因素加以适当调整。

在确定施工过程时,应注意以下几个问题:

1)施工过程划分的精细程度,主要是根据单位工程施工进度计划的客观作用而确定。对控制性施工进度计划,项目划分得粗一些,通常只列出分部工程名称;对实施性施工进度计划,项目划分得细一些,一般应进一步划分到分项工程。

2)施工过程要结合所选择的施工方案来划分。

3)要适当简化施工进度计划内容,可将某些穿插性分项工程合并到主导分项工程中。或对在同一时间内,由同一专业工作队施工的过程,合并为一个施工过程。而对于次要的零星分项工程,可合并到其他工程中。

4)水暖电卫工程和设备安装工程通常由专业工作队负责施工,因此,在一般土建工程施工进度计划中,只要反映出这些工程与土建工程相互配合即可。

5)所有施工过程应基本按施工顺序先后排列,所采用的施工项目名称可参考现行定额手册上的项目名称。

(2)**划分流水施工段**。应根据建筑结构特点和结构部位合理地划分流水作业施工段,划分时需考虑以下因素:

1)有利于结构的整体性。如房屋以伸缩缝、沉降缝分段;墙体在门窗洞口处分段,以减少留槎。

2)各施工段的工程量应大致相等,以便于劳动组织的相对稳定,能使各队组连续施工,并减少停歇和窝工。

3)应有一定的工作面,以便于操作,发挥劳动效率。

(3)**计算工程量**。计算各工序的工程量是施工组织设计中的一项十分烦琐、费时最长的工作,工程量计算方法和计算规则与施工图预算或施工预算一样,只是所采用的尺寸应按施工图中施工段的大小而确定。

计算工程量应注意的事项

(4)**确定人工量和机械台班量**。根据各分部分项工程的工程量、施工方法和现行的人工定额,结合施工单位的实际情况,计算出各分部分项工程的人工量。用人工操作时,计算需要的工日数量;用机械作业时,计算需要的台班数量,一般可按下式计算:

$$P_i = \frac{Q_i}{S_i} = Q_i H_i \tag{5-18}$$

式中 P_i——某分项工程人工量或机械台班数量;

Q_i——某分项工程的工程量;

S_i——某分项工程计划产量定额,常见土方机械、钢筋混凝土机械及起重机械台班产量可参见表 5-11~表 5-13;

H_i——某分项工程计划时间定额。

表 5-11 土方机械台班产量

序号	机械名称	型号	主要性能		理论生产率		常用台班产量	
					单位	数量	单位	数量
1	单斗挖掘机		斗容量/m^3	反铲时最大挖深/m				
	蟹斗式		0.2				m^3	80~120
	履带式	W—301	0.3	2.6(基坑),4(沟)	m^3/h	72	m^3	150~250
	轮胎式	W_3—30	0.3	4	m^3/h	63	m^3	200~300
	履带式	W_1—50	0.5	5.56	m^3/h	120	m^3	250~350
	履带式	W_1—60	0.6	5.2	m^3/h	120	m^3	300~400
	履带式	W_2—100	1	5.0	m^3/h	240	m^3	400~600
	履带式	W_1—100	1	6.5	m^3/h	180	m^3	350~550
2	多斗挖掘机	东方红200	挖沟上宽1.2 m,下宽0.8 m,深2 m		m^3/h	376		

续表

序号	机械名称	型号	主要性能				理论生产率		常用台班产量	
							单位	数量	单位	数量
3	推土机		马力	铲刀宽/m	铲刀高/cm	切土深/cm		(运距 50 m)		(运距 15～25 m)
		T_1-54	54	2.28	78	15	m^3/h	28	m^3	150～250
		T_2-60	75	2.28	78	29	m^3/h		m^3	200～300
		东方红—75	75	2.28	78	26.8	m^3/h	60～65	m^3	250～400
		T_1-100	90	3.03	110	18	m^3/h	45	m^3	300～500
		移山 80	90	3.10	110	18	m^3/h	40～80	m^3	300～500
		移山 80（湿地）	90	3.69	96	可在水深 40～80 cm 处推土				
		T_2-100	90	3.80	86	65	m^3/h	75～80	m^3	300～500
		T_2-120	120	3.76	100	30	m^3/h	80	m^3	400～600
4	夯土机		夯板面积/m^2	夯击次数/(次·min^{-1})	前进速度/(m·min^{-1})					
	蛙式夯土机	HW—20	0.045	140～150	8～10		m^3/班	100		
	蛙式夯土机	HW—60	0.078	140～150	8～13		m^3/班	200		
	内燃夯土机	HN—80	0.042	80						
	内燃夯土机	HN—60	0.083	60			m^3/班	64		

表 5-12 钢筋混凝土机械台班产量

序号	机械名称	型号	主要性能			理论生产率		常用台班产量	
						单位	数量	单位	数量
1	混凝土搅拌机	J_1-250	装料容量 0.25 m^3			m^3/h	3～5	m^3	15～25
		J_1-400	装料容量 0.4 m^3			m^3/h	6～12	m^3	25～50
		J_4-375	装料容量 0.375 m^3			m^3/h	12.5		
		J_4-1500	装料容量 1.5 m^3			m^3/h	30		
2	混凝土搅拌机组	HL_1-20	0.75 m^3 双锥式搅拌机组			m^3/h	20		
		HL_1-90	1.6 m^3 双锥式搅拌机 3 台			m^3/h	72～90		
3	混凝土输送泵		最大集料径/mm	最大水平运距/m	最大垂直运距/m				
		HP_1-4	25	200	40	m^3/h	4		
		HP_1-5	25	240		m^3/h	4～5		
		ZH05	50	250	40	m^3/h	6～8		
		HB8	40	200	30	m^3/h	8		

续表

序号	机械名称	型号	主要性能	理论生产率 单位	理论生产率 数量	常用台班产量 单位	常用台班产量 数量
4	筛砂机	锥形旋转式 链斗式	外形尺寸 6.5 m×1.8 m×2.8 m 外形尺寸 3.0 m×1.0 m×2.2 m	m^3/h m^3/h	20 6		
5	钢筋调直机	4—14	加工范围 $\phi4\sim\phi14$			t	1.5～2.5
6	冷拔机		加工范围 $\phi5\sim\phi9$			t	4～7
7	卷扬机式冷拉 3 t 卷扬机式冷拉 5 t	JJM—3 JJM—5	加工范围 $\phi6\sim\phi12$ 加工范围 $\phi14\sim\phi32$			t t	3～5 2～4
8	钢筋切断机	GJ4—40	加工范围 $\phi6\sim\phi40$			t	12～20
9	钢筋弯曲机	WJ40—1	加工范围 $\phi6\sim\phi40$			t	4～8
10	点焊机	DN—75	焊件厚度 8～10mm	点/h	3 000	网片	600～800
11	对焊机	UN_1—75 UN_1—100	最大焊件截面 600 mm^2 最大焊件截面 1 000 mm^2	次/h 次/h	75 20～30	根 根	60～80 30～40
12	电弧焊机		加工范围 $\phi8\sim\phi40$			m	10～20

表 5-13 起重机械台班产量

序号	机械名称	工作内容	常用台班产量 单位	常用台班产量 数量
1	履带式起重机	构件综合吊装，按每吨起重能力计	t	5～10
2	轮胎式起重机	构件综合吊装，按每吨起重能力计	t	7～14
3	汽车式起重机	构件综合吊装，按每吨起重能力计	t	8～18
4	塔式起重机	构件综合吊装	吊次	80～120
5	少先式起重机	构件吊装	t	15～20
6	平台式起重机	构件提升	t	15～20
7	卷扬机	构件提升，按每吨牵引力计 构件提升，按提升次数计（四、五层楼）	次	30～50 60～100
8	履带式、轮胎式或塔式起重机	钢柱安装，柱重 2～10 t 钢柱安装，柱重 11～20 t 钢柱安装，柱重 21～30 t 钢屋架安装于钢柱上，9～18 m 跨 钢屋架安装于钢柱上，24～36 m 跨 钢屋架安装于钢筋混凝土柱上： 　9～18 m 跨 　24～36 m 跨 钢起重机梁安装于钢柱上： 　梁重 6 t 以下 　8～15 t	根 根 根 榀 榀 榀 榀 根 根	25～35 8～20 3～8 10～15 6～10 15～20 10～15 20～30 10～18

续表

序号	机械名称	工作内容	常用台班产量 单位	常用台班产量 数量
8	履带式、轮胎式或塔式起重机	钢起重机梁安装于钢筋混凝土柱上： 梁重6 t以下 8～15 t	根 根	25～35 12～25
		钢筋混凝土柱安装： 单层厂房，柱重10 t以下 柱重11～20 t 柱重21～30 t 多层厂房，柱重2～6 t	根 根 根 根	18～24 10～16 4～8 10～16
		钢筋混凝土屋架安装： 12～18 m跨 24～30 m跨	榀 榀	10～16 6～10
		钢筋混凝土基础梁安装，梁重6 t以下	根	60～80
		钢筋混凝土起重机梁、连系梁、过梁安装： 梁重4 t以下 4～8 t 8 t以上	根 根 根	40～50 30～40 20～30
		钢筋混凝土托架安装： 托架重9 t以下 9 t以上	榀 榀	20～26 14～18
		大型屋面板安装： 板重1.5 t以下 1.5 t以上	块 块	90～120 60～90
		钢筋混凝土檩条安装： 2根一吊 1根一吊	根 根	70～100 40～60
		钢筋混凝土楼板安装： 2～3层，板重1.5 t以下 1.5 t以上 4～6层，板重1.5 t以下 1.5 t以上	块 块 块 块	110～170 70～100 100～150 50～90
		钢筋混凝土楼梯段安装： 每段重3 t以下 3 t以上	段 段	18～24 10～16

在使用定额时，可能会遇到定额中所列项目的工作内容与编制施工进度计划所确定的项目不一致的情况，主要有以下情况：

1)计划中的一个项目包括定额中的同一性质不同类型的几个分项工程。这种情况主要是因为施工进度计划中项目划分得比较粗造成的。解决这个问题的最简单方法是用其所包括的各分项工程的工程量与其产量定额(或时间定额)算出各自的人工量,然后将各劳动量相加,即为计划中项目的人工量,其计算公式如下:

$$P = \frac{Q_1}{S_1} + \frac{Q_2}{S_2} + \cdots + \frac{Q_n}{S_n} = \sum_{i=1}^{n} \frac{Q_i}{S_i} \quad (5\text{-}19)$$

式中　P——计划中某一工程项目的人工量;

　　　$Q_1,Q_2,\cdots,Q_n$——同一性质各个不同类型分项工程的工程量;

　　　$S_1,S_2,\cdots,S_n$——同一性质各个不同类型分项工程的产量定额;

　　　n——计划中的一个工程项目所包括定额中同一性质不同类型分项工程的个数。

一般情况下,只需要计算人工量,而不需要计算平均产量定额。

2)施工计划中的新技术或特殊施工方法的工程项目尚未列入定额手册。在实际的施工中,会遇到采用新技术或特殊施工方法的分部分项工程,由于缺少足够的经验和可靠的资料等,暂时未列入定额手册。计算其劳动量时,可参考类似项目的定额或经过试验测算,确定临时定额。

3)施工计划中"其他工程"项目所需的人工量。"其他工程"项目所需的人工量,可根据其内容和工地具体情况,以总人工量的一定百分比计算,一般取10%~20%。

4)水暖电气卫、设备安装等工程项目不计算人工量。水暖电气卫、设备安装等工程项目,由专业工程队组织施工,在编制一般土建单位工程施工进度计划时,不予考虑其具体进度,仅表示出与一般土建工程进度相配合的关系。

(5)**确定各分项工程持续时间**。计算各分部分项工程施工持续时间的方法有以下两种。

1)**根据配备人数或机械台数计算天数**。其计算公式如下:

$$t_i = \frac{P_i}{R_i N_i} \quad (5\text{-}20)$$

式中　t_i——某分项工程持续时间;

　　　R_i——某分项工程工人数或机械台数;

　　　N_i——某分项工程工作班次。

2)**根据工期要求倒排进度**。首先根据总工期和施工经验,确定各分部分项工程的施工时间,然后再按人工量和班次,确定每一分部分项工程所需要的机械台数或工人数。其计算公式如下:

$$R_i = \frac{P_i}{t_i N_i} \quad (5\text{-}21)$$

计算时首先按一班制,若算得的机械台数或工人数超过施工单位能供应的数量或超过工作面所能容纳的数量,可增加工作班次或采取其他措施,使每班投入的机械台数或工人数减少到合理的范围。

(6)**编制施工进度计划的初步方案**。各分部分项工程的施工顺序和施工天数确定后,应按照流水施工的原则,力求主导工程连续施工;在满足工艺和工期要求的前提下,尽可能使大多数工程能平行地进行,使各个施工队的工人尽可能地搭接起来,其方法步骤如下:

1)划分主要施工阶段,组织流水施工。要安排其中主导施工过程的施工进度,使其尽可能连续施工,然后安排其余分部工程,并使其与主导分部工程最大可能平行进行或最大限度搭接施工。

2)按照工艺的合理性和工序间尽量穿插、搭接或平行作业方法,将各施工阶段流水作业用横线在表的右边最大限度地搭接起来,即得单位工程施工进度计划的初始方案。

(7)**检查与调整施工进度计划**。对于初步编制的施工进度计划,要进行全面检查,确定各个施工过程的施工顺序、平行搭接及技术间歇是否合理;编制的工期能否满足合同规定的工期要求;人工及物资方面能否连续、均衡施工等,并进行初步调整,使不满足变为满足,使一般满足变成优化满足。

调整的方法一般有:增加或缩短某些分项工程的施工时间;在施工顺序允许的条件下将某些分项工程的施工时间向前或向后移动;必要时可以改变施工方法或施工组织。总之,通过调整,在工期能满足要求的条件下,使人工、材料、设备需要趋于均衡,并使主要施工机械利用率比较合理。

应当指出,上述编制施工进度计划的步骤并不是孤立的,而是互相依赖、互相联系的,有的可以同时进行。另外,由于建筑施工是一个复杂的生产过程,受周围客观条件影响的因素有很多,在施工过程中,由于人工和机械、材料等物资的供应及自然条件等因素的影响,使其经常不符合原计划的要求,因而,在工程进展中应随时掌握施工动态,经常检查,适时调整计划。

2. 单位工程施工进度计划的技术经济评价

(1)**施工进度计划技术经济评价的主要指标**。评价单位工程施工进度计划编制的优劣,主要有下列指标:

1)**工期指标**。

①提前时间,其计算公式为

$$提前时间 = 上级要求或合同要求工期 - 计划工期 \qquad (5-22)$$

②节约时间,其计算公式为

$$节约时间 = 定额工期 - 计划工期 \qquad (5-23)$$

2)**人工量消耗的均衡性指标**。用人工量不均衡系数(K)加以评价,即

$$K = \frac{最高峰施工时期工人数}{施工期间每天平均工人数} \qquad (5-24)$$

对于单位工程或各个工种来说,每天出勤的工人数应力求不发生过大的变动,即人工量消耗应力求均衡,为了反映人工量消耗的均衡情况,应画出人工量消耗的动态图。在人工量消耗动态图上,不允许出现短时期的高峰或长时期的低陷情况,允许出现短时期的甚至是很大的低陷。最理想的情况是 K 接近于 1,在 2 以内为好,超过 2 则不正常。当一个施工单位在一个工地上有许多单位工程时,则一个单位工程的人工量消耗是否均衡就不是主要的问题,此时,应控制全工地的人工量动态图,力求在全工地范围内的人工量消耗均衡。

3)**主要施工机械的利用程度**。主要施工机械一般是指挖土机、塔式起重机和混凝土泵等台班费高、进出场费用大的机械,提高其利用程度有利于降低施工费用,加快施工进度。主要施工机械利用率的计算公式为

$$主要施工机械利用率=\frac{报告期内施工机械工作台班数}{报告期内施工机械制度台班数}\times100\% \quad (5\text{-}25)$$

(2) **施工进度计划技术经济评价的参考指标。** 进行施工进度计划的技术经济评价,除以上主要指标外,还可以考虑以下参考指标。

1) **单方用工数指标,** 其计算公式为

$$总单方用工数=\frac{单位工程用工数(工日)}{建筑面积(m^2)} \quad (5\text{-}26)$$

$$分部工程单方用工数=\frac{分部工程用工数(工日)}{建筑面积(m^2)} \quad (5\text{-}27)$$

2) **工日节约率指标,** 其计算公式为

$$总工日节约率=\frac{施工预算用工数(工日)-计划用工数(工日)}{施工预算用工数(工日)}\times100\% \quad (5\text{-}28)$$

$$分部工程工日节约率=\frac{施工预算分部工程用工数(工日)-计划分部工程用工数(工日)}{施工预算分部工程用工数(工日)}\times100\% \quad (5\text{-}29)$$

3) **大型机械单方台班用量(以吊装机械为主)指标,** 其计算公式为

$$大型机械单方台班用量=\frac{大型机械台班量(台班)}{建筑面积(m^2)} \quad (5\text{-}30)$$

4) **建筑安装工人日产量指标,** 其计算公式为

$$建筑安装工人日产量=\frac{计划施工工程总产值(元)}{进度计划日期\times每日平均人数(工日)} \quad (5\text{-}31)$$

五、案例分析

【应用案例5-3】 某职工住宅楼工程为框架结构,总建筑面积为 30 239.55 m²,其中1、2 地下一层、地上二十二层,3 楼地上二十一层,建筑抗震设防类别为丙类,建筑结构安全等级为二级,抗震设防烈度为 7 度,抗震等级为三级,合同工期为 743 天。

问题: 如何编制施工进度计划?

分析:

(1)施工进度安排必须满足合同文件的工期要求。

(2)考虑生产的均衡,尽可能使劳动力、机械设备、资金、材料分配均衡,尽可能做到工种、工序合理衔接,干扰少、工效高、经济效益好。

(3)本工程耗用劳动量大,合理组织内外、上下平行交叉流水施工,能加快进度,保证工程质量,提高经济效益。

(4)受雨期影响,对施工干扰比较大、难度大的工序应先做,加强施工管理,采取相应措施安排好施工。

(5)材料的需用量要根据施工进度提前核算和准备,必须保证工程的连续施工,杜绝因材料短缺而出现窝工现象。

本工程合同工期为 743 天,各分项工程开工时间、完工时间、进度计划具体安排如图 5-4 所示。

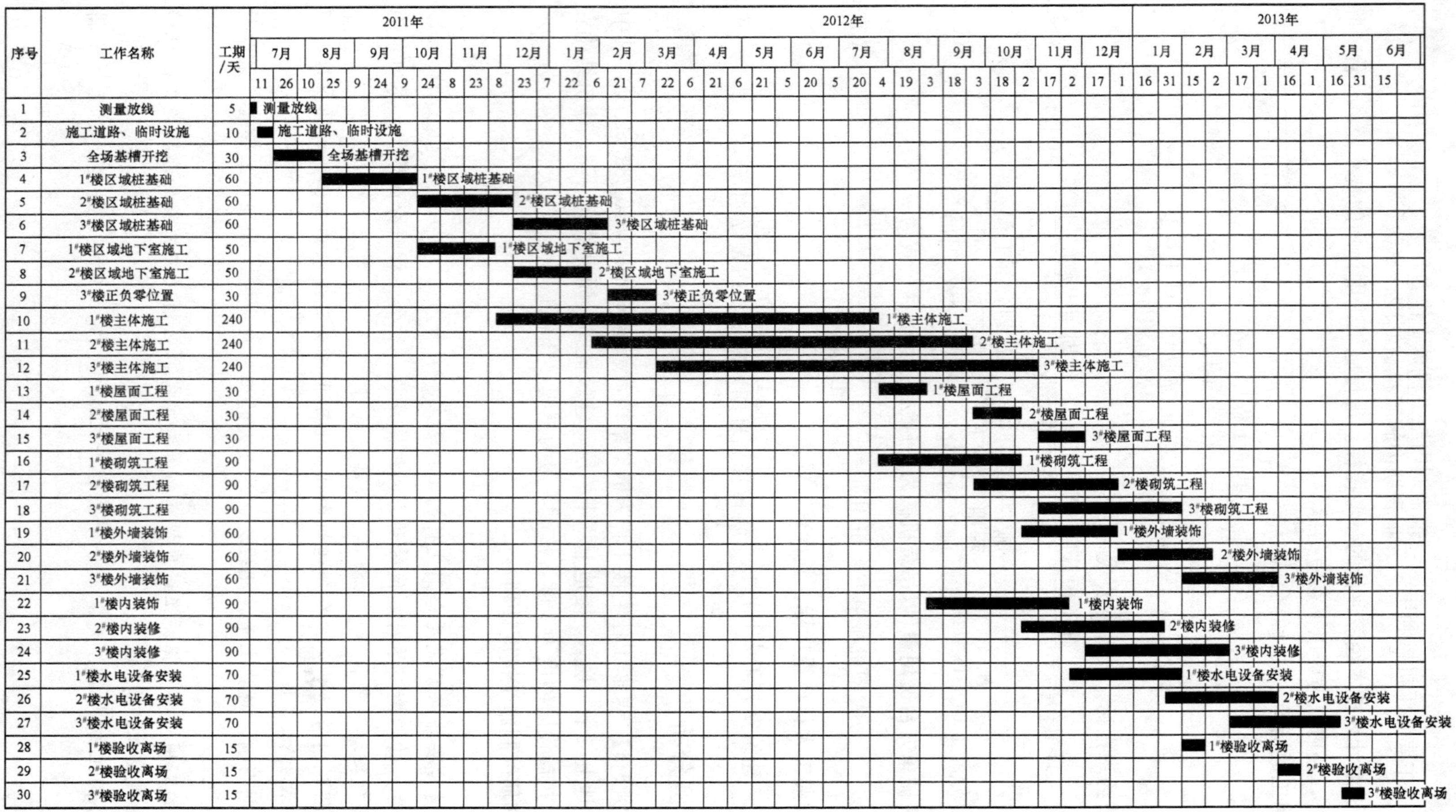

序号
工作名称
工期/天
2011年
2012年
2013年
7月 8月 9月 10月 11月 12月 1月 2月 3月 4月 5月 6月 7月 8月 9月 10月 11月 12月 1月 2月 3月 4月 5月 6月
11 26 10 25 9 24 9 24 8 23 8 23 7 22 6 21 7 22 6 21 6 21 5 20 5 20 4 19 3 18 3 18 2 17 2 17 1 16 31 15 2 17 1 16 1 16 31 15
1 测量放线 5
2 施工道路、临时设施 10
3 全场基槽开挖 30
4 1#楼区域桩基础 60
5 2#楼区域桩基础 60
6 3#楼区域桩基础 60
7 1#楼区域地下室施工 50
8 2#楼区域地下室施工 50
9 3#楼正负零位置 30
10 1#楼主体施工 240
11 2#楼主体施工 240
12 3#楼主体施工 240
13 1#楼屋面工程 30
14 2#楼屋面工程 30
15 3#楼屋面工程 30
16 1#楼砌筑工程 90
17 2#楼砌筑工程 90
18 3#楼砌筑工程 90
19 1#楼外墙装饰 60
20 2#楼外墙装饰 60
21 3#楼外墙装饰 60
22 1#楼内装饰 90
23 2#楼内装修 90
24 3#楼内装修 90
25 1#楼水电设备安装 70
26 2#楼水电设备安装 70
27 3#楼水电设备安装 70
28 1#楼验收离场 15
29 2#楼验收离场 15
30 3#楼验收离场 15

图 5-4　施工进度计划图

实训五 单位工程施工组织设计编制

一、实训背景

作为拟建工程的施工主体,模拟单位工程施工组织设计,为工程顺利施工做好准备。

二、实训目的

掌握单位工程施工组织设计的方法和内容,培养综合运用理论知识解决实际问题的能力。

三、实训能力标准要求

能够独立进行单位工程施工组织设计。

四、实训指导

1. 单位工程施工组织设计的编制

(1)**编制依据。**

1)主管部门的批示文件及建设单位的要求。如上级机关对该项工程的有关批示文件和要求,建设单位的意见和对施工的要求,施工合同中的有关规定等。

2)经过会审的图纸。包括单位工程的全部施工图纸、会审记录、设计变更及技术核定单、有关标准图,较复杂的建筑工程还要了解设备、电气、管道等设计图。如果是整个建设项目中的一个单位工程,还要了解建设项目的总平面布置等。

单位工程施工
组织设计的
编制原则

3)施工企业年度生产计划对该工程的安排和规定的有关指标。如进度、其他项目穿插施工的要求等。

4)施工组织总设计。本工程若为整个建设项目中的一个项目,应把施工组织总设计中的总体施工部署及对本工程施工的有关规定和要求作为编制依据。

5)资源配备情况。如施工中需要的劳动力、施工机具和设备、材料、预制构件和加工品的供应能力和来源情况。

6)建设单位可能提供的条件和水、电供应情况。如建设单位可能提供的临时房屋数量,水、电供应量,水压、电压能否满足施工要求等。

7)施工现场条件和勘察资料。如施工现场的地形、地貌、地上与地下的障碍物、工程地质和水文地质、气象资料、交通运输道路及场地面积等。

8)预算文件和国家规范等资料。工程的预算文件等提供了工程量和预算成本。国家的施工验收规范、质量标准、操作规程和有关定额是确定施工方案、编制进度计划等的主要依据。

9)国家或行业有关的规范、标准、规程、法规、图集及地方标准和图集。如《建筑地基基础工程施工质量验收规范》(GB 50202—2002)、《建筑工程施工质量验收统一标准》(GB 50300—2013)、《建筑机械使用安全技术规程》(JGJ 33—2012)、《混凝土质量控制标准》(GB 50164—2011)、《钢筋焊接及验收规程》(JGJ 18—2012)等。

10)有关的参考资料及类似工程施工组织设计实例。

(2)**编制内容**。

1)工程承包合同。

2)工程设计文件。

3)与工程建设有关的国家、行业和地方的法律、法规、规范、规程、标准及图集。

4)施工组织纲要、施工组织总设计。

5)企业技术标准与管理文件。

6)工程预算文件和有关定额。

7)施工条件及施工现场勘察资料等。

(3)**编制程序**。单位工程施工组织设计的编制程序,是指对单位工程施工组织设计各个组成部分形成的先后次序以及相互之间制约关系的处理,从中可进一步了解单位工程施工组织设计的内容。

1)熟悉施工图纸,到现场实地勘察,了解施工现场周围环境,收集施工相关资料,对工程施工内容做到心中有数。

2)根据设计图纸计算工程量,分段并且分层进行计算,对流水施工的主要工程项目计算到分项工程或工序。

3)拟订工程项目的施工方案,确定所采取的技术措施,并进行技术经济比较,从而选出最优的施工方案。

4)分析并确定施工方案中拟采用的新技术、新材料和新工艺的措施及方法。

5)编制施工进度计划,进行多方案比较,选择最优的进度计划。

6)根据施工进度计划和实际施工条件编制:

①劳动力需要量计划;

②施工机械、机具及设备需要量计划;

③主要材料、构件、成品、半成品等的需要量计划及采购计划。

7)计算行政办公、生活和生产等临时设施的面积。如材料仓库、堆场、各种加工场、施工现场办公设施等的面积。

8)对施工临时用水、供电分别进行规划,以满足施工现场用水及用电的需要。

9)制定工程施工应采取的技术组织措施,包括保证工期、工程质量、降低工程成本、施工安全和防火、文明施工、环境保护、季节性施工等技术组织措施。

10)绘制施工现场平面图,进行多方案比较,选择最优的施工现场平面设计方案。根据工程的具体特点分别绘制出基础工程、主体工程和装饰工程的施工现场平面图。

2. 工程概况

工程概况应包括工程主要情况、各专业设计简介和工程施工条件等。工程概况是对整个工程的总说明和总分析,是对拟建工程的特点、建设地区特点、施工环境及施工条件等所做的简洁明了的文字描述。通常采用图表形式并加以简练的语言描述力求达到简明扼要、一目了然的效果。其主要内容包括以下几个方面:

(1)工程主要情况：工程名称、性质和地理位置；工程的建设、勘察、设计、监理和总承包等相关单位的情况；工程承包范围和分包工程范围；施工合同、招标文件或总承包单位对工程施工的重点要求；其他应说明的情况。

(2)建筑设计简介应依据建设单位提供的建筑设计文件进行描述，包括建筑规模、建筑功能、建筑特点、建筑耐火、防水及节能要求等，并应简单描述工程的主要装修做法。

(3)结构设计简介应依据建设单位提供的结构设计文件进行描述，包括结构形式、地基基础形式、结构安全等级、抗震设防类别、主要结构构件类型及要求等。

(4)机电及设备安装专业设计简介应依据建设单位提供的各相关专业设计文件进行描述，包括给水、排水及采暖系统，通风与空调系统，电气系统，智能化系统，电梯等各个专业系统的做法要求。

(5)工程施工条件：项目建设地点气象状况；项目施工区域地形和工程水文地质状况；项目施工区域地上、地下管线及相邻的地上、地下建(构)筑物情况；与项目施工有关的道路、河流等状况；当地建筑材料、设备供应和交通运输等服务能力状况；当地供电、供水、供热和通信能力状况；其他与施工有关的主要因素。

3. 施工部署

施工部署是宏观的部署，其内容应明确、定性、简明和提出原则性要求，并应重点突出部署原则。施工部署的关键是"安排"，核心内容是部署原则，要努力在"安排"上做到优化。在部署原则上，要做到对所涉及的各种资源在时空上的总体布局进行合理的构思。施工部署包括以下内容：

(1)**施工部署原则**。

1)**确定施工程序**。在确定单位工程施工程序时应遵循以下原则：先地下后地上；先主体后围护；先结构后装饰；先土建后设备。在编制单位工程施工组织设计时，应按施工程序，结合工程的具体情况和工程进度计划，明确各阶段主要工作内容及施工顺序。

2)**确定施工起点流向**。所谓确定施工起点流向，就是确定单位工程在平面或竖向上施工开始的部位和进展的方向。对单层建筑物，如厂房按其车间、工段或跨间，分区分段地确定出在平面上的施工流向。对多层建筑物，除确定每层平面上的流向外，还须确定其各层或单元在竖向上的施工流向。

3)**确定施工顺序**。确定施工顺序时应考虑的因素：遵循施工程序；符合施工工艺；与施工方法相一致；按照施工组织要求；考虑施工安全和质量；受当地气候影响。

4)**选择施工方法和施工机械**。选择机械时，应遵循切实需要、实际可能、经济合理的原则，具体要考虑以下几点：

①技术条件：技术性能、工作效率、工作质量、能源耗费、劳动力的节约、使用安全性和灵活性、通用性和专用性、维修的难易程度和耐用程度等。

②经济条件：原始价值、使用寿命、使用费用和维修费用等。如果是租赁机械，应考虑其租赁费。

③要进行定量的技术经济分析、比较，以使机械选择最优。

(2)**施工管理目标**。施工管理目标包括进度、质量、安全、文明施工、消防、降低成本、绿色施工等。进度目标是指工期和开工、竣工时间；质量目标是指质量等级、质量奖项；安全目标、文明施工目标、消防目标根据有关要求确定；降低成本目标是指确定降低成本的目标值，降低成本额或降低成本率;绿色施工目标根据住房和城乡建设部及地方规定和要求确定。

(3)**施工任务划分**。在确立了项目施工组织管理体制和机构的条件下,划分参与建设的各单位的施工任务和负责范围,明确总包与分包单位的关系,明确各单位之间的关系。

(4)**项目组织机构**。

1)**建立项目组织机构**。应根据项目的实际情况,成立一个以项目经理为首的、与工程规模及施工要求相适应的组织管理机构——项目经理部。项目经理部职能部门的设置应紧紧围绕项目管理内容的需要确定。

2)**确定组织机构形式**。通常以线性组织结构图的形式(方框图)表示,同时应明确三项内容,即项目部主要成员的姓名、行政职务和技术职称(或执业资格),使项目的人员构成基本情况一目了然。

3)**确定组织管理层次**。施工管理层次分决策层、控制层和作业层。项目经理是最高决策者,职能部门是管理控制层,施工班组是作业层。

4)**制定岗位职责**。在确定项目部组织机构时,还要明确内部的每个岗位人员的分工职责,落实施工责任,责任和权力必须一致,并形成相应规章和制度,使各岗位人员各司其职,各负其责。

(5)**主要项目工程量计算**。在计算主要项目工程量时,首先根据工程特点划分项目。项目划分不宜过多,应突出主要项目,然后估算出各主要分项的实物工程量,如土方挖土量、防水工程量、钢筋用量和混凝土用量等。

(6)**施工组织协调与配合**。工程施工过程是通过业主、设计、监理、总包、分包和供应商等多家合作完成的,协调组织各方的工作和管理,是能否按期完工、确保质量和安全、降低成本的关键之一。因此,为了保证这些目标的实现,必须明确制定各种制度,确保将各方的工作组织协调好。

1)编写内容包括以下两个方面:

①协调项目内部参建各方关系。与建设、设计、监理单位的协调、配合,对分包单位的协调、配合和管理。

②协调外部各单位的关系。与周围街道和居委会、政府各部门的协调、配合。

2)协调方式主要是建立会议制度,通过会议通报情况,协商解决各类问题。主要的管理制度如下:

①在协调外部各单位关系方面,建立图纸会审和图纸交底制度、监理例会制度、专题讨论会议制度、考察制度、技术文件修改制度、分项工程样板制度以及计划考核制度等。

②在协调项目内部关系方面,建立项目管理例会制、安全质量例会制、质量安全标准及法规培训制等。

③在协调各分承包关系方面,建立生产例会制等。

4. 施工进度计划

施工进度编制包括编制说明和进度计划图表。

(1)**施工进度计划的编制形式**。施工进度计划一般用横道图或网络图来表达。对于住宅工程和一般公用建筑的施工进度计划,可用横道图或网络图表达;对技术复杂、规模较大的工程,如大型公共建筑等工程的施工进度计划,应用网络图表达。用网络图表达时,应优先采用时标网络图。

分段流水的工程要以网络图表示标准层的各段、各工序的流水关系，并说明各段各工序的工程量，同时按照塔式起重机吊次计算。

施工进度计划图表一般放在施工组织设计正文后面的附图和附表中。

(2)**施工阶段目标控制计划**。首先将工期总目标分解成若干个分目标，以分目标的实现来保证总目标的完成。简要表述各分目标的实现所采取的施工组织措施，并形成施工阶段目标控制计划表，可参考表5-14。

表5-14　施工阶段目标控制计划

序号	阶段目标	起止时间
1		
2		
⋮		

5. 施工准备与资源配置计划

(1)**施工现场准备**。施工现场准备工作的内容包括障碍物的清除、"三通一平"、现场临水临电、生产生活设施、围墙及道路等施工平面图中所有内容，并按照施工平面图所规定的位置和要求布置。

(2)**技术准备**。技术准备是指完成本单位工程所需的技术准备工作。技术准备一般称为现场管理的"内业"，它是施工准备的核心内容，指导着施工现场准备。

1)一般性准备工作包括熟悉施工图纸、组织图纸会审和技术培训等。

①熟悉施工图纸，组织图纸会审，准备好本工程所需的规范、标准和图集等图纸会审计划安排。

②技术培训包括劳务人员培训和管理人员培训。劳务人员培训是指对劳务人员的进场教育，上岗培训；对专业人员的培训，如新技术、新工艺、新材料和新设备的操作培训等，提高使用操作的适应能力。管理人员培训是指对管理人员的上岗培训，组织参加和技术交流；由专家进行专业培训；推广新技术、新材料、新工艺、新设备应用培训和学习规范、规程、标准、法规的重要条文等。

2)器具配置计划包括经纬仪、水准仪和米尺等。

3)技术工作计划。

①施工方案编制计划包括分项工程施工方案编制计划和专项施工方案编制计划。分项工程施工方案要以分项工程为划分标准，如混凝土施工方案、室内装修方案和电气施工方案等。专项施工方案是指除分项工程施工方案以外的施工方案，如施工测量方案、大体积混凝土施工方案、安全防护方案、文明施工方案、季节性施工方案、临电施工方案和节能施工方案等。

②新技术、新工艺、新材料和新设备推广应用计划。

③样板项、样板间计划。"方案先行、样板引路"是保证工期和质量的"法宝"，要坚持样板制(包括工序样板、分项工程样板、样板墙、样板间、样板段和样板回路等多方面)。根据方案和样板，制定出合理的工序、有效的施工方法和质量控制标准。

④试验、检测工作计划。试验、检测工作计划内容应包括常规取样试验计划及有见证取样试验计划。

⑤高程引测与建筑物定位。说明高程引测和建筑物定位的依据,组织交接桩工作,做好验线准备。

⑥试验室、预拌混凝土供应。说明对试验室、预拌混凝土供应商的考察和确定。如采用预拌混凝土,对预拌混凝土供应商进行考察。当确定好预拌混凝土供应商后,要求在签订预拌混凝土经济合同时,应同时签订预拌混凝土供应技术合同。应根据对试验室的考察及本工程的具体情况,确定试验室。明确是否在现场建立标养室。若建立标养室,应说明配备与工程规模、技术特点相适应的标养设备。

⑦施工图翻样设计工作。要求提前做好施工图和安装图等的翻样工作,如模板设计翻样和钢筋翻样等。项目专业工程师应配合设计,并对施工图进行详细的二次深化设计。一般采用 AutoCAD 绘图技术,对较复杂的细部节点做 3D 模型。

(3)**资金准备**。资金准备应根据施工进度计划及工程施工合同中的相关条款编制资金使用计划,以确保施工各阶段的目标和工期总目标的实现,此项工作应在施工进度计划编制完成后、工程开工前完成。

(4)**劳动力配备计划**。劳动力需要量计划。编制劳动力需要量计划,需依据施工方案、施工进度计划和施工预算。其编制方法是按进度表将每天所需人数分工种统计,得出每天所需的工种及人数,按时间进度要求汇总编出。它主要是作为现场劳动力调配、衡量劳动力耗用指标及安排生活福利设施的依据。

(5)**材料与机械配备计划**。

1)主要材料需要量计划。编制主要材料量需要计划,要依据施工预算工料分析和施工进度。其编制方法是对施工进度计划表中各施工过程,分析其材料组成,依次确定其材料品种、规格、数量和使用时间,并汇总成表格形式。它是备料、确定仓库和堆积面积以及组织运输的主要依据,其表格形式见表 5-15。

表 5-15 主要材料需要量计划

序号	材料名称	规格	需要量		需要时间	备注
			单位	数量		
1						
2						
⋮						

2)预制加工品需要量计划。预制加工品包括混凝土制品、混凝土构件、木构件和钢构件等。编制预制加工品需要量计划,需依据施工预算和施工进度计划。其编制方法是将施工进度计划表中需要预制加工品的施工过程,依次确定其预制加工品的品种、型号、规格、尺寸、数量和使用时间,并汇总成表格形式,它主要用于加工订货、确定堆场面积和组织运输,其表格形式见表 5-16。

3)主要施工机具设备配置计划包括大型机械的选用和编制方法。

①大型机械的选用。土方机械、水平与垂直运输机械(如塔式起重机、外用电梯和混凝土泵等)的选用,应说明选择依据、选用型号、数量以及能否满足本工程的施工要求,并编制大型机械进场计划。

表 5-16 预制加工品需要量计划

序号	预制加工品名称	图号型号	规格尺寸	需要量		使用部位	加工单位	要求供应起止时间	备注
				单位	数量				
1									
2									
⋮									

选择挖、运土方设备。根据进度计划安排、总的土方量、现场的周边情况和挖掘方式确定每天出土方量,依据出土方量选择挖掘机、运土车的型号和数量。如果有护坡桩,还需与护坡桩施工进度和锚杆施工进度相配合。

选择塔式起重机。根据建筑物高度、结构形式(附墙位置)、现场所采用的模板体系和各种材料的吊运所需的吊次、需要的最大起重量、覆盖范围、现场的周边情况以及平面布局形式确定塔式起重机的型号和台数,并要对距塔式起重机最远和所需吊运最重的模板或材料核算塔式起重机在该部位的起重量是否满足。

选择其他设备。依据划分流水段时所确定的每段的混凝土量、建筑物高度和输送距离,选择混凝土拖式泵的型号;外用电梯的选择应考虑使用情况说明;选择现场施工所需的其他大型设备时,都应依据实际情况进行计算。

②编制方法是将所需的机械类型、数量和进场时间进行汇总成表,以表格形式列出,参见表 5-17。

表 5-17 主要施工机具设备配置计划

序号	名称	规格型号	单位	数量	电功率/(kV·A)	拟进退场时间	备注
1	塔式起重机						用途及使用部位
2	电焊机						
3	振动棒						
⋮							

6. 主要施工方法

主要施工方法是指单位工程中主要分部(分项)工程或专项工程的施工手段和工艺,属于施工方案的技术方面的内容。这部分内容应着重考虑影响整个单位工程施工的分部(分项)工程或专项工程的施工方法。单位工程施工的主要施工方法不但包括各主要分部(分项)工程施工方法的内容(如土石方、基础、砌体、模板、钢筋、混凝土、结构安装、装饰、垂直运输和设备安装等工种工程),还包括测量放线、脚手架工程和季节性施工等专项工程施工方法。

(1)**流水段划分图**。应结合单位工程的具体情况分阶段划分施工流水段,并绘制流水段划分图。

1)绘制地下部分流水段划分图。

2)绘制地上部分流水段划分图。

流水段划分图应标出轴线位置尺寸及施工缝与轴线之间的距离。流水段划分图也可以放在施工组织设计附图中。

(2) **编写要求**。

1) 要反映主要分部(分项)工程或专项工程拟采取的施工手段和工艺,具体要反映施工中的工艺方法、工艺流程、操作要点和工艺标准,对机具的选择与质量检验等内容。

2) 施工方法的确定应体现先进性、经济性和适用性。

3) 在编写深度方面,要对每个分项工程施工方法进行宏观的描述,要体现宏观指导性和原则性,其内容应表达清楚,决策要简练。

(3) **测量放线**。

1) 平面控制测量。

①建立平面控制网。说明轴线控制的依据及引至现场的轴线控制点位置。

②平面轴线的投测。确定地下部分平面轴线的投测方法;确定地上部分平面轴线的投测方法。

2) 高程控制测量。

①建立高程控制网,说明标高引测的依据及引至现场的标高的位置。

②确定高程的传递的方法。

③明确垂直度控制的方法。

3) 说明对控制桩点的保护要求,包括轴线控制桩点的保护和施工中使用的水准点的保护。

4) 明确测量控制精度,包括轴线放线误差、标高误差、轴线竖向投测误差等。

5) 制订测量设备配置计划,表格形式见表5-18。

表5-18 测量设备配置计划

序号	仪器名称	数量	用途	备注
1				检定日期、有效期
2				
⋮				

6) 沉降观测。当设计或相关标准有明确要求时,或当施工中需要进行沉降观测时,应确定观测部位、观测时间及精度要求。沉降观测一般由建设单位委托有资质的专业测量单位完成,施工单位配合。

7) 质量保证要求。提出保证施工测量质量的要求。

(4) **桩基工程**。桩基工程包括:说明桩基类型,明确选用的施工机械型号;描述桩基工程施工流程;入土方法和入土深度控制;桩基检测;质量要求等。

(5) **降水与排水工程**。

1) 说明施工现场地层土质和地下水情况,是否需要降水等。如需降水,应明确降低地下水水位的措施,是采用井点降水,还是其他降水措施,或是采用在基坑壁外采用止水帷幕的方法。

2) 选择排除地面水和地下水的方法,确定排水沟、集水井或井点的布置及所需设备型号和数量。

3) 说明降水深度是否满足施工要求(注意:水位应降至基坑最深部位以下50 cm),说明降水的时间要求。要考虑降水对邻近建筑物可能造成的影响及所采取的技术措施。

4) 应说明日排水量的估算值及排水管线的设计。

5)说明当工地停电时,基坑降水采取的应急措施。

(6)**基坑的支护结构**。

1)说明工程现场施工条件、邻近建筑物等与基坑的距离、邻近地下管线对基坑的影响、基坑放坡的坡度、基坑开挖深度、基坑支护类型和方法、坑边立塔应采取的措施、基坑的变形观测。

2)重点说明选用的支护类型。

(7)**土方工程**。

1)计算土方工程量(挖方、填方)。

2)根据工程量大小,确定是采用人工挖土还是机械挖土。

3)确定挖土方的方向并分段、坡道的留置位置、土方开挖步数和每步开挖深度。

4)确定土方开挖方式,当采用机械挖土时,根据上述要求选择土方机械型号、数量和放坡系数。

5)当开挖深基坑土方时,应明确基坑土壁的安全措施,是采用逐级放坡的方法还是采用支护结构的方法。

6)应明确土方开挖与护坡、锚杆及工程桩等工序的穿插配合,土方开挖与降水的配合。

7)人工如何配合修整基底、边坡。

8)说明土方开挖注意事项,包括安全和环保等方面。

9)确定土方平衡调配方案,描述土方的存放地点、运输方法和回填土的来源。

10)明确回填土的土质的选择、灰土计量、压实方法及压实要求,回填土季节施工的要求。

(8)**钎探、验槽、垫层**。

1)土方挖至槽底时的施工方法说明。

2)是否进行钎探及钎探工艺、钎探布点方式、间距、深度和钎探孔的处理方法说明。

3)明确清槽要求。

4)明确季节施工对基底的要求。

5)验槽前的准备,是否进行地基处理。

6)明确验槽后对垫层和褥垫层施工有何要求,垫层混凝土的强度等级,是采用预拌混凝土还是现拌混凝土。

(9)**模板工程**。模板分项工程施工方法的选择内容包括模板及其支架的设计(类型、数量、周转次数)、模板加工、模板安装、模板拆除及模板的水平垂直运输方案。

1)模板设计。

①地下部分模板设计。描述不同的结构部位采用的模板类型、施工方法、配置数量和模板高度等。

②地上部分模板设计。

③特殊部位的模板设计。对有特殊造型要求的混凝土结构,如建筑物的屋顶结构和建筑立面等构件,模板设计较为复杂,应明确模板设计要求。

④说明需要进行模板计算的重要部位,其计算可在模板施工方案中进行。

2)模板加工、制作及验收。

①说明各类模板的加工制作方式,是委托外加工,还是现场加工制作。

②明确模板加工制作的主要技术要求和主要技术参数。如需委托外加工，应将有关技术要求和技术参数以技术合同的形式向专业模板公司提出加工制作要求。如果在现场加工制作，应明确加工场所、所需设备及加工工艺等要求。

③模板验收是检验加工产品是否满足要求的一道重要工序，因此，要明确验收的具体方法。

3）模板施工。墙柱侧模、楼板底模、异型模板、梁侧模、大模板的支顶方法和精度控制；电梯井筒的支撑方法；特殊部位的施工方法（后浇带和变形缝等）。明确层高和墙厚变化时模板的处理方法、各构件的施工方法、注意事项和预留支撑点的位置。明确模板支撑上、下层支架的立柱对中控制方法和支拆模板所需的架子和安全防护措施。明确模板拆除时间、混凝土强度及拆模后的支撑要求，模板的使用维护措施要求。

在对模板安装与拆除进行编写时，应着重说明以下要求：

①模板安装的要求。明确不同类型模板所选用隔离剂的类型；确定模板的安装顺序和技术要求；确定模板安装允许偏差的质量标准；对所需的预埋件和预留孔洞的要求进行描述。

②模板拆除的要求。模板拆除必须符合设计要求、验收规范的规定及施工技术方案；明确各部位模板的拆除顺序；明确各部位模板拆除的技术要求，如侧模板拆除的技术要求（常温或冬期施工）、底模及其支撑拆除的技术要求、后浇带等特殊部位模板拆除的技术要求；为确保楼板不因过早拆除而出现裂缝的措施。

4）模板的堆放、维护和修理。说明模板的堆放、清理、维修和涂刷隔离剂等要求。

（10）钢筋工程。

1）钢筋的供货方式、进场检验及原材料存放。说明钢筋的供货方式、进场验收（出厂合格证、炉号和批量）、钢筋外观检查、复试及见证取样要求和原材料的堆放要求。

2）钢筋的加工方法。

①明确钢筋的加工方式，是场内加工还是场外加工。

②明确钢筋调直、切断和弯曲的方法，并说明相应加工机具设备型号和数量，加工场面积及位置。

③明确钢筋放样、下料和加工要求。

④做各种类型钢筋的加工样板。

3）钢筋连接方法。

①明确钢筋的连接方式，是焊接还是机械连接，或是搭接；明确具体采用的接头形式，是电弧焊还是电渣压力焊，或是直螺纹。

②说明接头试验要求，简述钢筋连接施工要点。

4）钢筋安装方法。

①分别对基础、柱、墙、梁和板等部位的施工方法和技术要点作出明确的描述。

②防止钢筋位移的方法及保护层的控制。

③如设计墙、柱为变截面，应说明墙、柱变截面处的钢筋处理方法。

④钢筋绑扎施工。根据构件的受力情况，明确受力筋的方向和位置、水平筋搭接部位，钢筋绑扎顺序、接头位置，钢筋接头形式、箍筋间距、马凳及垫块钢筋保护层的要求；图纸中墙和柱等竖向钢筋保护层要求；竖向钢筋的生根及绑扎要求；钢筋的定位和间距控制措施。预留钢筋的留设方法，尤其是围护结构拉结筋。钢筋加工成型（特殊钢筋如套筒冷挤压和镦粗直螺纹套筒等）及绑扎成型的验收。

5)钢筋运输方法。说明现场成型钢筋搬运至作业层采用的运输工具。如钢筋在场外加工,应说明场外加工成型的钢筋运至现场的方式。

6)预应力钢筋施工方法。如钢筋做现场预应力张拉时,应说明施工部位,预应力钢筋的加工、运输、安装和检测方法及要求。

7)钢筋保护。明确钢筋半成品、成品的保护要求。

(11)钢结构工程。

1)明确本工程钢结构的部位。

2)确定起重机类型、型号和数量。

3)确定钢结构制作的方法。

4)确定构件运输堆放和所需机具设备型号、数量和对运输道路的要求。

5)确定安装、涂装材料的主要施工方法和要求,如安排吊装顺序、机械开行路线、构件制作平面布置和拼装场地等。

(12)**架子工程**。根据不同建筑类型确定脚手架所用材料、搭设方法及安全网的挂设方法。具体内容要求如下:

1)应系统描述以下各施工阶段所采用的内、外脚手架的类型:

①基础阶段:内脚手架的类型;外脚手架的类型;安全防护架的设置位置及类型;马道的设置位置及类型;

②主体结构阶段:内脚手架的类型;外脚手架的类型;安全防护架的设置位置及类型;马道的设置位置及类型;上料平台的设置位置及类型。

③装饰装修阶段:内脚手架的类型;外脚手架的类型。

2)明确内、外脚手架的用料要求。

3)明确各类型脚手架的搭、拆顺序及要求。

4)明确脚手架的安全设施。

5)明确脚手架的验收。

6)脚手架工程涉及安全施工,应单独编制专项施工方案,高层和超高层的外架应有计算书,并作为施工方案的组成部分。当外架由专业分包单位分包时,应明确分包形式和责任。

(13)**混凝土工程**。

1)各部位混凝土强度等级。

2)明确混凝土的供应方式。

①明确是选用现场拌制混凝土,还是预拌混凝土。

②采用现拌混凝土。应确定搅拌站的位置、搅拌机型号与数量。

③采用预拌混凝土。选择确定预拌混凝土供应商,在签订预拌混凝土供应经济合同时,应同时签订技术合同。

3)混凝土的配合比设计要求。

①对配合比设计的主要参数:对原材料、坍落度、水胶比和砂率提出要求。

②对外加剂类型、掺合料的种类提出要求。

③如现场拌制混凝土,应确定砂石筛选、计量和后台上料方法。

④明确对碱和氨等有害物质的技术指标要求。

4)混凝土的运输。

①明确场外、场内的运输方式(水平运输和垂直运输),并对运输工具、时间、道路、运输及季节性施工加以说明。

②当使用泵送混凝土时,应对泵的位置、泵管的设置和固定措施提出原则性要求。

5)混凝土拌制和浇筑过程中的质量检验。

①现拌混凝土。明确混凝土拌制质量的抽检要求,如检查原材料的品种、规格和用量,对外加剂、掺合料的掺量、用水量、计量要求和混凝土出机坍落度、混凝土的搅拌时间等项目的检查及每一工作班内的检查频次。

②预拌混凝土。明确混凝土进场和浇筑过程中对混凝土的质量抽检要求,如现场在接收预拌混凝土时,必须要检查预拌混凝土供应商提供的混凝土质量资料是否符合合约规定的质量要求,检查到场混凝土出罐时的坍落度,检查浇筑地点混凝土的坍落度,并明确每一工作班内的检查频次。

6)混凝土的浇筑工艺要求及措施。明确对混凝土分层浇筑和振捣的要求。

7)明确混凝土的浇筑方法和要求。

①描述不同部位的结构构件采用何种方式浇筑混凝土(采用泵送或塔式起重机运送)。

②根据不同部位,分别说明浇筑的顺序和方法(分层浇筑或一次浇筑)。

③对楼板混凝土标高及厚度的控制方法。

④当使用泵送混凝土时,应按《混凝土泵送施工技术规程》(JGJ/T 10—2011)中有关内容提出泵的选型原则和配管原则等要求。

⑤明确对后浇带的施工时间、施工要求以及施工缝的处置。

⑥明确不同部位、不同构件所使用的振捣设备及振捣的技术要求。

8)施工缝。确定施工缝的留置位置与处理方法。

9)混凝土的养护制度和方法。应明确混凝土的养护方法和养护时间,在描述养护方法时,应将水平构件与竖向构件分别描述。

10)大体积混凝土。对于大体积混凝土,应确定大体积混凝土的浇筑方案,说明浇筑方法、制定防止温度裂缝的措施、落实测温孔的设置和测温工作等。

11)预应力混凝土。对预应力混凝土,应确定预应力混凝土的施工方法、控制应力和张拉设备。

12)混凝土的季节性施工。

①制订相应的防冻和降温措施。

②明确冬期施工所采用的养护方法及易引起冻害的薄弱环节应采取的技术措施。

③落实测温工作。

13)混凝土的试验管理。

①明确现场是否设置标养室。

②明确混凝土试件制作与留置要求。

14)混凝土结构的实体验收。质量验收应以《混凝土结构工程施工质量验收规范》(GB 50204—2015)中的附录 C 为依据,在施工组织设计中提出原则性要求和做法。有关对结构实体的混凝土强度检验的详细要求和方法应在《结构实体检验方案》中做进一步细化。

(14)**砌体工程**。

1)简要说明本工程砌体采用的砌体材料种类、砌筑砂浆强度等级和使用部位。

2)简要说明砖墙的组砌方法或砌块的排列设计。

3)明确砌体的施工方法,简要说明主要施工工艺要求和操作要点。

4)明确砌体工程的质量要求。

5)明确配筋砌体工程的施工要求。

6)明确砌筑砂浆的质量要求。

7)明确砌筑施工中的流水分段和劳动力组合形式等。

8)确定脚手架搭设方法和技术要求。

(15) **吊装工程**。

1)明确吊装方法,是采用综合吊装法还是单件吊装法;是采用跨内吊装法还是跨外吊装法。

2)确定吊装机械(具),是采用机械吊装还是抱杆吊装。

3)若选择吊装机械,应根据吊装构件重量、起吊半径、起吊高度、工期和现场条件,选择吊装机械类型和数量。

4)安排吊装顺序、机械设备位置和行驶路线以及构件的制作、拼装场地,并绘出吊装图。

5)确定构件的运输、装卸、堆放办法,所需的机具,设备的型号、数量和对运输道路的要求。

6)吊装准备工作内容及吊装有关技术措施。

7)吊装的注意事项。如吊装与其他分项工程工序之间的工作衔接、交叉时间安排和安全注意事项等。

(16) **防水工程**。

1)结构自防水的用料要求及相关技术措施。说明防水混凝土的等级、防水剂的类型、掺量及对碱-集料反应的技术要求。

2)材料防水的用料要求及方法措施。说明防水材料的类型、层数和厚度,明确防水材料的产品合格证和材料检验报告的要求,进场时是否按规定进行外观检查和复试。当采用防水卷材时,应明确所采用的施工方法(外贴法或内贴法);当采用涂料防水、防水砂浆防水、塑料防水板和金属防水层时,应明确技术要求。说明对防水基层的要求、防水导墙的做法和防水保护层的做法等。

3)结构防水用料要求及相关技术措施。说明地下工程的变形缝、施工缝、后浇带、穿墙管、定位支撑及埋设件等处防水施工的方法和要求及应采取的阻水措施。

4)其他。对防水队伍的要求和防水施工注意事项。

(17) **外保温工程**。

1)说明采用外墙保温类型及部位。

2)明确主要的施工方法及技术要求。

3)依据《建筑节能工程施工质量验收规范》(GB 50411—2007)明确外墙保温板施工的现场试验要求以及保温材料进场要求和材料性能要求。

(18) **屋面工程**。

1)根据设计要求,说明屋面工程所采用保温隔热材料的品种,防水材料的类型(卷材、涂膜和刚性)、层数、厚度及进场要求(外观检查和复验)。

2)明确屋面防水等级和设防要求。

3)明确屋面工程的施工顺序和各工序的主要施工工艺要求。

4)说明屋面防水采用的施工方法和技术要点。当采用防水卷材时，应明确所采用的施工方法(冷粘法、热粘贴、自粘贴或热风焊接)；当采用防水涂膜时，应明确技术要求。

5)明确屋盖系统的各种节点部位及各种接缝的密封防水施工要求。

6)说明对防水基层、防水保护层的要求。

7)明确试水要求。

8)明确屋面工程各工序的质量要求。

9)明确屋面材料的运输方式。

10)依据《建筑节能工程施工质量验收规范》(GB 50411—2007)，明确保温材料各项指标的复验要求。

(19) **机电安装**。

1)应说明结构施工配合阶段预留预埋的措施。套管和埋件的预埋方法、部位，结构预留洞的留设方法和线管暗埋的做法。

2)简要说明各专业工程的施工工艺流程，主要施工方法及要求。

3)明确各专业工程的质量要求。

(20) **装饰装修**。

1)总体要求。

①施工部署及准备。以表格形式列出各楼层房间的装修做法明细表。确定总的装修工程施工顺序及各工种如何与专业施工相互穿插配合。绘制内、外装修的工艺流程。

②确定装饰工程各分项的操作方法及质量要求，有时要做样板间。

③说明材料的运输方式，确定材料堆放、平面布置和储存要求，确定所需机具设备等。

④说明室内外墙面工程、楼地面工程和顶棚工程的施工方法、施工工艺流程与流水施工的安排，装饰材料的场内运输方案。

2)地面工程。

①根据设计要求，简要说明本工程地面做法名称及所在部位。

②说明各种地面的主要施工方法及技术要点。

③明确地面养护及成品保护要求。

④明确质量要求。

3)抹灰工程。

①根据设计要求，简要说明本工程采用的抹灰做法及所处部位。

②简要描述主要的施工方法及技术要点。

③说明防止抹灰空鼓和开裂的措施。

④明确质量要求。

4)门窗工程。

①根据设计要求，说明本工程门窗的类型及所处部位。

②描述主要的施工方法及技术要点。如放线、固定窗框、填缝、窗扇安装、玻璃安装、清理和验收工艺等。

③明确成品保护要求。

④明确安装的质量要求。
⑤明确对外墙金属窗、塑料窗的三项指标和保温性能的要求。
⑥明确外墙金属窗的防雷接地做法(要结合防雷及各类专业规范进行明确)。

5)吊顶工程。
①明确采用吊顶的类型、材料和所处部位。
②描述主要的施工方法及技术要点。
③说明吊顶工程与吊顶管道和水电设备安装的工序关系。
④明确质量要求。

6)轻质隔墙工程。
①明确本工程采用何种隔墙及所处部位。
②说明轻质隔墙的施工工艺。
③描述主要的安装方法及技术要点。
④明确质量要求。
⑤明确隔墙与顶棚和其他墙体交接处应采取的防开裂措施。
⑥明确成品保护要求。

7)饰面板(砖)工程。
①明确所采用饰面板的种类及所处部位。
②说明轻饰面板的施工工艺。
③明确主要施工方法及技术要点。如重点描述外墙饰面板(砖)的粘结强度试验,湿作业防止反碱的方法,防震缝、伸缩缝和沉降缝的做法。
④明确外墙饰面与室外垂直运输设备拆除之间的时间关系。
⑤明确质量要求。
⑥明确成品保护。

8)幕墙工程。
①明确采用幕墙的类型和所处部位。
②说明幕墙工程施工工艺。
③明确主要施工方法及技术要点。
④明确成品保护。
⑤提供主要原材料的性能检测报告。
⑥明确玻璃幕墙的四性试验(气密性、水密性、抗风压性能和平面内变形性能)及节能保温性能要求。

9)涂饰工程。
①明确采用涂料的类型及所处部位。
②简要说明主要施工方法和技术要求。
③明确按设计要求和《民用建筑工程室内环境污染控制规范(2013年版)》(GB 50325—2010)的有关规定对室内装修材料进行检验的项目。

10)裱糊与软包工程。
①明确采用裱糊与软包的类型及所处部位。
②明确主要施工方法及技术要点。

11)细部工程。简要说明橱柜、窗帘盒、窗台板、散热器罩、门窗、护栏、扶手、花饰的制作与安装要求。

12)厕浴间、卫生间。明确卫生间的墙面、地面、顶板的做法，主要施工工艺、工序安排、施工要点、材料的使用要求及防止渗漏采取的技术措施和管理措施。

(21)**季节性施工**。当工程施工跨越冬期或雨期时，就必须制定冬期施工措施或雨期施工措施。季节性施工内容如下：

1)冬、雨期施工部位。说明冬、雨期施工的具体项目和所在的部位。

2)冬期施工措施。根据工程所在地的冬季气温、降雪量不同，工程部分及施工内容不同，施工单位的条件不同，制定不同的冬期施工措施。

3)雨期施工措施。根据工程所在地的雨量、雨期及工程的特点(如深基础、大土方量、施工设备、工程部位)制定措施。

4)暑期施工措施。根据台风、暑期高温及工程特点等制订措施。

有关季节性施工的内容应在季节性专项施工方案中细化。

7. 主要施工管理计划

主要施工管理计划是《建筑施工组织设计规范》(GB 50502—2009)中的提法，目前的施工组织设计中多用管理和技术措施来编制，主要施工管理计划实际上是指在管理和技术经济方面对保证工程进度、质量、安全、成本和环境保护等管理目标的实现所采取的方法和措施。

(1)**进度管理计划**。

1)对项目施工进度计划进行逐级分解，通过阶段性目标的实现保证最终工期目标的完成；

2)建立施工进度管理的组织机构并明确职责，制定相应管理制度；

3)针对不同施工阶段的特点，制订进度管理的相应措施，包括施工组织措施、技术措施和合同措施等；

4)建立施工进度动态管理机制，及时纠正施工过程中的进度偏差，并制定特殊情况下的赶工措施；

5)根据项目周边环境特点，制订相应的协调措施，减少外部因素对施工进度的影响。

(2)**质量管理计划**。

1)确定质量目标并进行目标分解。质量目标的内容应具有可测性，如单位工程合格率、分部工程优良率、分项工程优良率和顾客满意度等。

2)建立项目质量管理的组织机构(应有组织机构框图)，明确职责，并认真贯彻执行。

3)建立健全质量过程检查制度(如质量责任制、三检制、样板制、奖罚制和否决制等)，以保证工程质量，并对质量事故的处理做出相应规定。

4)制定符合项目特点的技术保障和资源保障措施，通过可靠的预防控制措施，保证质量目标的实现。技术保障措施包括：建立技术管理责任制；项目所用规范、标准、图集等有效技术文件清单的确认；图纸会审、编制施工方案和技术交底；试验管理；工程资料的管理；"四新"技术的应用等。资源保障措施包括项目管理层和劳务层的教育、培训；制定材料和设备采购规定等。

(3)**安全管理计划**。

1)确定项目重要危险源，制定项目职业健康安全管理目标。

2)建立有管理层次的项目安全管理组织机构,并明确职责。

3)根据项目特点,进行职业健康安全方面的资源配置。

4)建立具有针对性的安全生产管理制度和职工安全教育培训制度。

5)针对项目重要危险源,制定相应的安全技术措施;对达到一定规模的危险性较大的分部(分项)工程和特殊工种的作业,应制定专项安全技术措施的编制计划。

6)根据季节、气候的变化,制定相应的季节性安全施工措施。

7)建立现场安全检查制度,并对安全事故的处理做出相应规定。

(4)**分包安全管理**。与分包方签订安全责任协议书,将分包安全管理纳入总包管理。

(5)**消防管理计划**。

1)制定消防管理目标。

2)建立消防管理组织机构并明确职责。施工现场的消防安全,由施工单位负责。施工现场实行逐级防火责任制,施工单位明确一名施工现场负责人为防火负责人,全面负责施工现场的消防安全工作,且应根据工程规模配备消防干部和义务消防员,重点工程和规模较大工程的施工现场应组织义务消防队。消防干部和义务消防队应在施工现场防火负责人和保卫组织领导下,负责日常消防工作。

3)贯彻国家与地方有关法规、标准,建立消防责任制。

4)制定消防管理制度。如消防检查制、巡逻制、奖罚制和动火证制。

5)制订教育与培训计划。

6)结合工程项目的具体情况,落实消防工作的各项要求。

7)签订总分包消防责任协议书。

(6)**文明施工管理计划**。

1)确定文明施工目标。

2)建立文明施工管理组织机构(应有组织机构框图)。

3)建立文明施工管理制度。

4)施工平面管理要点。

5)现场场容管理。

6)现场料具管理。

7)其他管理措施。

8)协调周边居民关系。

(7)**现场保卫计划**。

1)成立现场保卫组织管理机构。

2)建立项目部保卫工作责任制,明确责任。

3)建立现场保卫制度,如建立门卫值班、巡逻制度、凭证出入保卫奖惩制度、保卫检查制度等。

(8)**环境管理计划**。

1)确定项目重大环境因素,制定项目环境管理目标。

2)建立项目环境管理的组织机构,明确管理职责。

3)根据项目特点,进行环境保护方面的资源配置。

4)制定各项环境管理制度。

5)制定现场环境保护的控制措施。

(9)成本管理计划。

1)根据项目施工预算,制定项目施工成本目标。

2)建立施工成本管理的组织机构,明确职责,制定相应的管理措施。

3)制定降低成本的具体措施。

(10)分包管理措施。

1)建立对分包的管理制度,制定总分包的管理办法和实施细则。

2)对各分包商的服务与支持。

3)与分包方鉴定安全消防协议。

4)协调总包与分包、分包与分包的关系。

5)加强合同管理。

6)加强对劳动力的管理。

(11)绿色施工管理计划。

1)制定组织管理措施,主要包括建立绿色施工管理体系、制定绿色施工管理制度、进行绿色施工培训和定期对绿色施工检查监督等。

2)制定资源节约措施,主要包括节约土地的措施、节能的措施、节水的措施、节约材料与资源利用的措施。

3)制定环境保护措施,主要包括防止周围环境污染和大气污染的技术措施、防止水土污染的技术措施、防止噪声污染的技术措施、防止光污染的技术措施、废弃物管理措施以及其他管理措施。

4)制定职业健康与安全措施,主要包括场地布置及临时设施建设措施、作业条件与环境安全措施、职业健康措施和公共卫生防疫管理措施。

8. 施工现场平面布置

单位工程施工现场平面布置,是对拟建工程的施工现场,根据施工需要的内容,按一定的规则而作出的平面和空间的规划。现场平面布置图用于指导拟建工程施工。

(1)设计内容。

1)绘制施工现场的范围。包括用地范围,拟建建筑物位置、尺寸及已有地上和地下的一切建筑物、构筑物、管线和场外高压线设施的位置关系尺寸,测量放线标桩的位置、出入口及临时围墙。

2)大型起重机械设备的布置及开行线路位置。

3)施工电梯、龙门架垂直运输设施的位置。

4)场内临时施工道路的布置。

5)确定混凝土搅拌机、砂浆搅拌机或混凝土输送泵的位置。

6)确定材料堆场和仓库。

7)确定办公及生活临时设施的位置。

8)确定变压器、供电线路、供水干管、泵送和消火栓等水源、电源的位置。

9)现场排水系统位置。

10)安全防火设施位置。

11)其他临时设施布置。

(2) **施工现场平面设计的步骤**。确定起重机械的位置→确定搅拌站、加工棚、仓库、材料及构件堆场的尺寸和位置→布置运输道路→布置临时设施→布置水电管网→布置安全消防设施→调整优化。

(3) **绘制要求**。

1) 施工现场平面图是反映施工阶段现场平面的规划布置，由于施工是分阶段的(如地基与基础工程、主体结构工程和装饰装修工程)，有时根据需要分阶段绘制施工平面图，这对指导组织工程施工更具体、更有效。

2) 绘制施工平面图布置要求层次分明，比例适中，图例、图形规范，线条粗细分明，图面整洁美观，同时绘图要符合国家有关制图标准，并应详细反映平面的布置情况。

3) 施工平面布置图应按常规内容标注齐全，应有具体的尺寸和文字，如平面总尺寸、建筑物主要尺寸及模板、大型构件、主要料具堆放区、搅拌站、料场、仓库、大型临建和水电等。比如塔式起重机要标明回转半径、最大起重量、最大可能的吊重、塔式起重机具体位置坐标。

4) 绘制基础图时，应反映出基坑开挖边线，深支护和降水的方法。

5) 施工平面布置图中，不能只绘制红线内的施工环境，还要对周边环境表述清楚，如原有建筑物的使用性质、高度和距离等，这样才能判断所布置的机械设备等是否影响周围环境、布置得是否合理。

6) 绘图时，通常图幅不宜小于A3，应有图框、比例、图签、指北针和图例。

7) 绘图比例一般常用1∶100～1∶500，视工程规模大小而定。

8) 施工现场平面布置图应配有编制说明及注意事项。如文字说明较多时，可在平面图中单独说明。

(4) **施工现场平面布置管理规划**。施工现场平面管理是指在施工过程中对施工场地的布置进行合理调节。施工现场平面布置设计完成之后，应建立施工现场平面管理制度，制定管理办法。

对施工周期较长的工程，施工平面布置图要随施工组织的调整而调整。应对施工现场平面图布置实行动态管理，协调各施工单位关系，定期对施工现场平面进行使用情况校核，根据施工进展，及时对施工平面进行调整。

及时做好施工现场平面维护工作，大型临时设施及临水、临电线路等布置，不得随意更改和移动位置，认真落实施工现场平面布置图的各项要求，以保证施工能够有条不紊地进行。

五、案例分析

【**应用案例5-4**】 某拟建工程项目施工组织设计实例。

(一) 编制依据及说明

1. 编制依据

① ××建设集团有限公司建筑规划设计院设计的建筑、结构、安装施工设计图纸以及图纸会审纪要。

② 国家、行业及地方有关政策、法律、法令、法规。

③ 国家强制性技术质量标准、施工验收规范、规程。

④ 工艺标准及操作规程。

⑤本公司 ISO 9002 质量体系程序文件及管理规章制度。

2. 编制说明

本施工组织设计作为指导施工的纲领性依据,以满足现场施工的要求为原则,突出科学性、可行性、规范性、指导性及严肃性,依据国家法律法规性文件及公司相关工程施工经验及有关制度,对项目管理组织机构的设置、劳动力计划的安排、材料供应安排、机械设备配置、主要分部分项工程施工、关键性部位施工、工期保证措施、质量、安全保证措施、环保、消防、噪声、文明施工等措施做了详尽的部署,确保工程优质、高效、安全、文明、环保施工。

(二)工程概况

1. 工程建设概况

工程名称:××市甘桂路帝豪大厦商住综合楼工程。

建设单位:××房地产开发有限公司。

勘察单位:××勘察设计院。

设计单位:××建设集团有限公司建筑规划设计院。

监理单位:××监理有限公司。

总建筑面积:43 411.7 m²,其中地上面积为 39 477.54 m²,地下面积为 3 934.16 m²。

建筑层数:28 层(地下一层)。

建筑层高:地下层为 6.3 m,1 层为 5.1 m,2、3 层为 4.8 m,4 层为 6 m。

建筑总高度:97.3 m。

工程地址:湖南省××市甘桂路。

结构类型:框架-剪力墙结构。

建筑功能:地下一层为设备用房及车库(3 934.16 m²),1~4 层为酒店及商业,5 层为设备转换层,以上西面主楼 6~23 层为酒店客房,东面主楼 6~28 层为住宅。

2. 建筑设计概况

本工程建筑构造及装修做法如下:

楼地面:地下层车库地面为石屑水泥地面;1 层门厅、电梯厅为大理石楼地面,商业、办公室、消控室为陶瓷地砖地面,楼梯间为陶瓷地砖地面。2~4 层地面为水泥砂浆楼地面,酒店 6~23 层为水泥砂浆楼地面,住宅 6~28 层为钢筋混凝土板随捣随光。

内墙:一层门厅、电梯厅为花岗石墙面,酒店、商业厕所面砖到 1 800 mm,墙面仿瓷涂料。住宅楼梯间仿瓷涂料。

顶棚:酒店、商业顶棚仿瓷涂料,住宅顶板刮水泥胶。

外墙面:正立面及正面转角、左立面 1~4 层米黄色石材干挂,其他各面 1~4 层米黄色外墙面砖;4 层以上,宽线条装饰处为咖啡色面砖,其他面为黄色面砖。外墙面为面砖饰面为主,外墙装饰细线条刷乳胶漆。

屋面:上人屋面防水为细石混凝土防水和高聚物改性沥青卷材防水,其做法为:钢筋混凝土板→20 mm 厚(最薄处)1∶8 水泥珍珠岩找坡→20 mm 厚 1∶2.5 水泥砂浆找平层→底胶漆一道→4 mm 厚 SBS 改性沥青防水卷材防水层→40 mm 厚挤塑聚苯乙烯泡沫塑料板→点粘一层 350 号石油沥青油毡→40 mm 厚 C30UEA 补偿收缩混凝土防水层,表面压光→25 mm 厚 1∶4 干硬性水泥砂浆。

门窗：门为木质防火门、成品防盗门；住宅户内门用户自理，住宅及酒店窗为中空玻璃铝合金窗。

3. 结构设计概况

本工程按地震设防裂度为 6 度，尺寸单位均为 mm（毫米）。

基础：基础形式为人工挖孔桩基础。地下室剪力墙基为桩承台，电梯井筒体下为 1 500～1 800 mm 深的桩承台。柱部分为梁基，大部分为承台。桩基础持力层为泥质灰岩。

桩混凝土强度等级为 C30。承台混凝土强度等级为 C45。

主体结构：5 层以下为全现浇钢筋混凝土框架-剪力墙结构，酒店部分 5 层以上仍为框架-剪力墙结构，住宅五层以上为薄壁柱框架结构，电梯井为筒体结构。五层为架空设备转换层，高为 3.9 m，板厚为 130 mm。±0.000 层楼板厚为 180 mm，楼面混凝土强度等级为 C45，柱强度等级为 C50；钢筋保护层厚度为：基础底板底面 40 mm；地下室外墙为 20 mm；剪力墙为 20 mm；梁、柱为 30 mm；楼板及楼梯为 20 mm。

4. 工程特点及施工条件概况

（1）工程特点。根据本工程建筑面积大、施工工期紧、质量要求高的特点，我们将在施工中着重注意以下问题：

1）施工进度的综合安排，劳动力的科学合理调度，机械设备的有序使用，水暖电与土建各工种的密切配合，各工种之间的交叉流水施工等问题。

2）根据施工场地特点，考虑分段施工、流水作业，平面按要求布置，科学安排，与文明施工有机结合。

3）本工程地基处理较深（－6.300 m），地下水水位较高，属于超过一定规模的较大的危险性分部分项工程，专项方案和计算书必须经过专家论证后方可施工。

4）施工中基坑竖向、横向位移观测也是该工程的控制重点。

5）防水工程包括基础、挡墙、卫生间及屋面防水，也是施工中的重点。

6）结构剪力墙、柱模板采用多层木模板，采用钢管支撑加固；顶板、梁采用竹胶合板，用钢管脚手架支撑加固。

7）外脚手架：施工阶段基础 1～2 层采用全封闭落地式双排外脚手架防护，3 层以上采用型钢悬挑脚手架，4 层一个封闭层。装饰装修阶段均采用吊篮脚手架。

（2）施工条件概况。

1）施工场地。本工程施工场地小，材料进出场困难，必须合理布置临时设施及材料、架料堆场，做好场地硬化、美化工作，创造一个良好的施工环境。

2）交通情况。本工程的车辆出入较为方便，为保证施工周边的清洁卫生，我司将派专人每日清扫车辆出入口的清洁，并对出施工现场的车辆进行冲洗。

3）现场及过往行人安全。由于本工程紧临甘桂路，来往人员较多，在施工过程中，我司将严格按照××市城建主管部门的要求施工，按照《建筑施工安全检查标准》(JGJ 59—2011)的规定，实施全封闭施工，确保现场和行人安全。

（三）工程施工范围及要求

1. 工程施工范围

本工程施工范围按设计单位提供的工程施工图纸为准，包括土建、给水排水、通风、室内照明预埋管均属本次施工范围。

2. 工程施工要求

工程质量要求：严格按照现行国家规范施工，使施工质量达到国家规定的标准。

工期要求：本工程总工期要求为日历天数 451 天(含开工前准备工作和分包工程)。

(四)施工部署

1. 施工指导思想

(1)在本工程的承建过程中，按照矩阵式项目管理模式，发挥公司整体管理的优势，同时组织高效、务实的项目班子，以雄厚的技术力量、优秀的技术装备、先进的施工工艺、积极认真的工作态度和严格科学的管理来实施工程施工。遵守业主制订的有关制度，服从协调，精心组织好工程建设，为业主的发展做出贡献。

(2)同一施工区域内不同专业的施工应该按照施工总进度要求的阶段目标节点按时交接和完成。

(3)根据总进度计划和阶段目标节点的要求，做好各施工区域施工所需大型施工机械和不同专业劳动力的总体平衡调配。

(4)完善质量控制系统，配合工程质量监理，确保工程实体实现质量高标准。

(5)推行完善项目管理，努力提高管理工作和施工作业效率。

(6)合理安排施工顺序，实行工序交接控制。

2. 施工总体目标

(1)质量目标："合格"。争取使各分部、分项工程合格率达到100%，单位工程合格率达到100%，争创市优良工程。

(2)工期目标：2014年3月11日开工；2015年3月10日竣工，日历工期为365天。

(3)安全目标：安全生产无事故，争创"省级安全文明工地"。

(4)技术目标：争创省"科技应用示范工程"。

(5)环保目标：环保生产，守法施工，控制污染，减少扰民。

3. 施工组织管理

本工程实行项目管理，公司将此工程列入公司重点工程并组建工程项目部，由具有国家一级建造师资质的专业人员担任本工程项目经理，受公司委托全权履行施工合同；由具有高级工程师资质的人担任技术总负责人，组成精干高效的项目决策层。并选择具有相关学历及工作经验、高素质人员担任各岗位技术管理人员，组建工程项目部管理层进行项目施工管理。严格按《质量管理体系 要求》(GB/T 19001—2016)、《职业健康安全管理体系 要求》(GB/T 28001—2011)的规定执行，从技术资料、技术质量、工期、施工文明、环保、生产等方面进行全方位、全员、全过程管理。

(1)公司工程管理机构图(略)。

(2)项目组织机构图(图5-5)。

(3)施工队伍简介(略)。

4. 施工组织与安排

(1)施工流水段的划分。本工程地下室及1~4层施工时，从①~⑨与⑩~㉑轴处将工程划分为两个施工段组织流水施工，商住综合楼为第一施工段，酒店为第二施工段；5层及以上结构施工时住宅为一个施工段，酒店客房为一个施工段，楼层间进行流水作业施工。

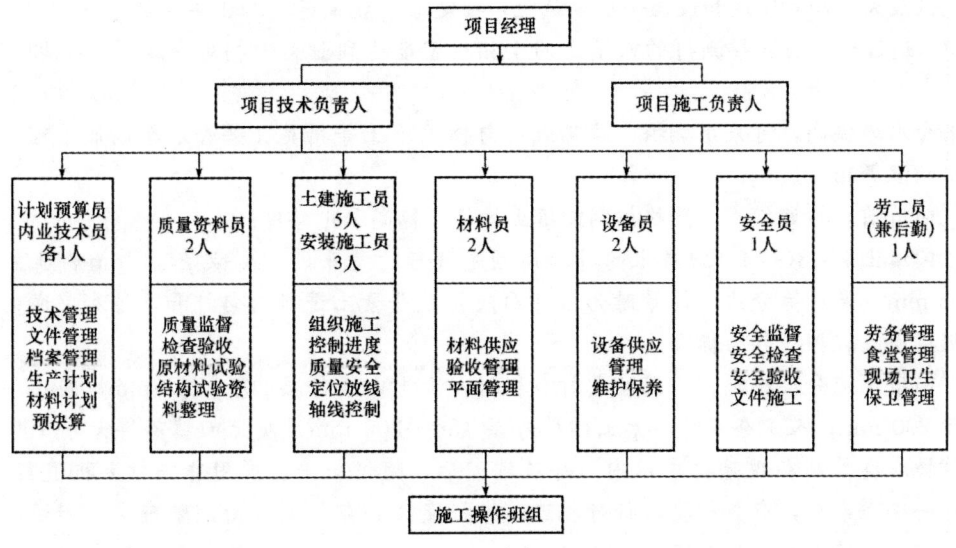

图 5-5 项目组织机构图

(2)施工组织安排。根据"先地下、后地上,先结构、后围护,先土建、后设备"的施工程序原则,重点抓好基础工程、上部主体结构工程施工及专业安装工程与土建工程的搭接与配合,注意土建施工中的设备安装要求的预留与预埋工作。施工程序的总体安排如下:施工准备→基础施工→地下室工程→±0.000以上主体结构工程→围护工程与填充墙砌筑工程→屋面工程→装修及安装工程→室外附属工程。分部工程之间存在有搭接与穿插。

(五)施工方案

1. 建筑物的定位放线及标高测量(略)

2. 土方工程

(1)土方开挖。本工程土方开挖深度约为 7 m(地下室底板)、8.5 m(地下室集水坑),属于深基坑,基坑支护和基坑土方大开挖均由甲方另找分包专业施工单位施工,至基底标高+300 mm,余下工作留着由人工进行清槽,为总包单位施工。

土方开挖工艺流程:确定开挖顺序和坡度→分段分层平均下挖→修边和清底。

基底标高+300 mm 以上土方开挖整体由拟建工程西北侧开挖,向南和西侧退挖收土,人工跟机清槽,基础梁及承台内土采用小型挖掘机配合人工清土完成。因现场施工场地较为狭窄,回填土无法考虑在现场堆放,所有土方均需外运。

(2)回填土施工。本工程基础外回填范围内回填土优先选择基槽中挖出的土,土中不得含有有机杂质及建筑垃圾。回填前应检查其粒径不大于 50 mm,且含水率符合要求。

1)施工工艺流程:基坑底清理→检查土质→验收防水层→粘贴保护层→分层铺土、耙平→夯打密实→试验合格→验收。

2)施工方法。

①回填前,对地下室外墙防水层、保护层进行验收,并须办好隐检手续,把基坑底的垃圾杂物清理干净,保证基底清洁、无杂物。

②做最大干相对密度和最佳含水率试验，确定每层虚铺厚度和压实遍数等参数。在具体施工中，通过环刀法取样测得的回填土的干相对密度达到最大干相对密度的90%即可认为合格。

若含水率偏高，可采用翻松、晾晒或均匀掺入干土等措施；若含水率偏低，可采用预先洒水润湿等措施。

③回填前，抄好标高，严格控制回填土厚度、标高和平整度。

④回填土2∶8(体积比)灰土的拌和用预先做好的量斗，石灰粒径≤5 mm，土颗粒粒径≤15 mm，采用筛分法。计量时为2斗白灰粉8斗素土进行均匀拌和，拌和完成的灰土以手握成团、轻捏即碎为标准。

⑤回填土应分层摊铺。采用蛙式打夯机时，素土回填每层200～250 mm，灰土回填不得大于200 mm；人工夯实时，素土回填每层150～200 mm，灰土回填不得大于150 mm。每层铺摊厚度控制在规范要求以内。每层铺摊后，随之耙平。采用冲击打夯机进行夯实，打夯应一夯压半夯，夯夯相接，行行相连，纵横交叉。夯打次数由试验确定。回填土分层夯压密实，回填土每层打夯不少于4遍，打夯应一夯压半夯，夯夯相接，纵横交叉。严禁采用浇水下沉，即所谓"水夯"法施工。

⑥加强对天气的监测，做到雨天停止回填土施工和拌制。当出现"橡皮土"时，必须挖出换土重填。

⑦回填土机械打夯时，必须保护好防水保护层，可采用木板做临时保护，待夯实后撤除木板，严禁打夯机破坏防水层。遇水电预埋管处，要采用人工夯实，严禁采用打夯机打夯，以防破坏管件等。

3. 降水及基坑支护结构

根据建设单位提供的地质勘探报告，委托其他的专业施工单位负责设计和施工边坡支护、变形观测和基坑降水。

(1)底局部加深部位降排水。对于基坑槽底电梯井坑、集水坑等局部加深部位，如水位未降至开挖面以下，可在坑内人工挖集水井，井径为 ϕ600 mm，井深约为1.5 m，埋设外径为400 mm的无砂混凝土井管，四周空间填滤料，井管内下入潜水泵抽水。

(2)基坑边坡土体渗水及雨水处理。地下水主要含于渗透系数较小的粉黏土层，其含水层底板高于槽底，降水井不能完全将其疏干，少量水可能沿含水层底板从坡面渗出。对此，可在槽底肥槽内开挖排水盲沟和集水坑。排水盲沟宽为0.30 m，深为0.40 m，盲沟要求随挖随填，与降水井相连组成降排水系统；集水坑直径为 ϕ600 mm，深度≥0.80 m，埋设无砂混凝土井管，排水盲沟及井管周围填滤料，下泵抽水；集水坑间距根据渗水量设置，一般在30 m左右，盲沟坡度不小于1‰，并且排水盲沟也可作为雨期施工时的明排措施，在雨期时将坑内积水通过集水明排的方法进行处理。

4. 人工挖孔桩

(1)工艺流程。放线定位及设置水准点→开挖第一节桩孔土方→支护壁模板、放附加钢筋、浇筑第一节护壁混凝土→检查桩位轴线→架设垂直运输架→安装电动葫芦→安装吊桶照明、活动盖板、水泵、通风机等。

开挖吊运第二节桩孔土方(修边)→支第二节护壁模板(放附加钢筋)→浇筑第二节护壁混凝土→检查桩位轴线→逐层往下循环作业→开挖扩孔部分→桩孔、桩底检查验收→有溶洞则进行处理→吊放钢筋笼→浇筑桩身混凝土。

(2)施工方法。综合施工安全及地下水降排情况，人工挖孔桩采用隔桩施工。成桩挖掘采用风镐施工为主，并辅以短镐、锄头等工具开挖。电动绞架作垂直运输工具。施工过程中配备通风设施及12V低压照明。

1)桩孔土方开挖及二次转运。

①桩孔土方开挖。桩孔开挖采用盆式挖掘方式，即先挖中间的土方体，后挖周边土体，每节的高度根据实际地质条件及规范要求，控制在1.2 m内。

②土方的二次转运。为了保持现场文明，同时根据现场实际情况，各子项(单位)工程成桩的深度较深，土方量较大，桩孔之间布置得较密，有些子项(单位)工程成桩后需要探溶，为了保证挖桩及探溶提供工作面，所有人工挖孔桩的土方由挖桩作业人员挖出后倒放在桩口附近，达到一定量后用50型挖土机和铲土机配合人工收集到施工生产部门现场画定的临时堆土区内。临时堆土区的土达到一定数量后组织土方可外运。

2)桩孔岩石电力爆破。桩孔岩石爆破炮工要结合现场情况，依据炸药性能系数，对每个炮眼药量进行计算，保证达到最佳安全爆破。一般情况下炮孔深度不大于1.2 m，孔径为35 mm，且装药前应检查孔内是否干净、有无水渍。如有，用高压气管进行清孔。

3)防水、排水措施。采用隔桩施工，利用暂未作业的桩孔作为降水井。在有透水层区段的护壁预留泄水孔(孔径与水管外径相同，以利接管引水)，在浇筑混凝土前予以堵塞。采用泥浆泵抽排水。

4)混凝土护壁施工(略)。

5)钢筋笼制作及安装(略)。

6)桩芯混凝土的施工(略)。

(3)施工机械的选择。依据桩芯混凝土量和施工进度计划的安排，混凝土施工选用HBC80型混凝土输送泵(最大50 m^3/h)1台，振动棒和振动棒电机各4套。

(4)各项管理及保证措施(略)。

5. 地下室防水工程(略)

6. 钢筋工程

本工程钢筋采用HPB300级、HRB335级、HRB400级，横向采用闪光对焊、电弧焊、绑扎搭接，墙、柱纵向受力钢筋采用电渣压力焊连接。

对每批进场材料严格验收，必须符合《混凝土结构工程施工质量验收规范》(GB 50204—2015)，按规范取样送检，试验合格后方可使用。钢筋采用集中加工，加工前由施工员绘制下料表，经工号负责人审核无误，报请工程师审批后，交钢筋加工厂进行加工。

钢筋加工前，钢筋厂负责对弯曲的钢筋调直并清除污锈，加工时首先制作样筋。

下料结束后，挂蓝色料牌，经项目部质控人员检验合格后，使用专用车辆运至现场使用。

(1)钢筋调直。小于Φ12 mm的盘圆钢筋，使用调直机进行调直，所有钢材均用机械切断、弯曲。

(2)钢筋弯折。

1)HPB300级钢筋末端应做180°弯钩，其弯弧内直径不应小于钢筋直径的2.5倍，弯钩的弯后平直部分长度不应小于钢筋直径的3倍。

2)当设计要求钢筋末端需做135°弯钩时,HRB335级、HRB400级钢筋的弯弧内直径不应小于钢筋直径的4倍,弯钩的弯后平直部分长度应符合设计要求。

3)钢筋作不大于90°的弯折时,弯折处的弯弧内直径不应小于钢筋直径的5倍。

4)箍筋弯钩角度为135°,平直部分长度为$10d$。

(3)钢筋保护层。基础底板下采用大理石或混凝土垫块,±0.000以上剪力墙钢筋采用环形塑料垫块,顶板采用大理石垫块,确保板筋保护层厚度。

剪力墙钢筋采用梯子凳,梯子凳规格间距同剪力墙钢筋,确保钢筋保护层厚度,剪力墙采用$\phi12$ mm以上钢筋顶杆或断面为20 mm×20 mm长度同墙厚的混凝土顶杆。

钢筋保护层厚度为:基础底板底面为40 mm;地下室外墙为20 mm;剪力墙为20 mm;梁、柱为30 mm;楼板及楼梯为20 mm。

(4)钢筋工程工作流程:钢筋进场→原材料试验检验→钢筋加工制作→钢筋半成品运输→钢筋连接、钢筋绑扎→钢筋隐蔽验收。

(5)钢筋绑扎(略)。

(6)钢筋焊接(略)。

1)钢筋接头严格按照设计施工图和施工规范要求进行施工,水平钢筋接头连接形式为闪光对焊。对直径≥16 mm的竖向钢筋连接,采用电渣压力焊连接。设置在同一构件内钢筋接头相互错开,在长度为$35d$且不小于500 mm的截面内,焊接接头在受拉区不超过50%。

2)钢筋焊接之前,焊接工艺及电焊工资格考核经工程师审核,审核合格的电焊工方可进入施工现场进行焊接操作。

3)进场钢筋在钢筋加工厂下料前,采用钢筋对焊机进行闪光对焊,然后根据运输条件及图纸要求下料,尽可能减少接头数量。现场钢筋绑扎时,钢筋接头形式做到满足现行国家标准的要求。

(7)钢筋工程质量控制措施(略)。

7. 模板工程

(1)模板体系选择。剪力墙均采用双面覆膜胶合板模板体系,水平模板采用木模板体系,水平支撑采用钢管或碗口架支撑体系。双面覆膜胶合板模板体系,由现场加工组合而成。根据以上的选择,模板体系设计见表5-19。

表5-19 模板体系设计

序号	部位	面层模板	背楞	支撑体系
1	墙体	15 mm覆膜胶合板	$\phi48$ mm双支钢管	$\phi48$ mm钢管
2	矩形柱	15 mm覆膜胶合板	$\phi48$ mm双支钢管	$\phi48$ mm钢管
3	梁、板	12 mm覆膜胶合板	50 mm×100 mm木枋	碗口架支撑
4	楼梯	50 mm木枋和 15 mm覆膜胶合板	$\phi48$ mm钢管、 100 mm×100 mm木枋	钢管支撑

(2)模板投入量考虑(略)。

(3)剪力墙模板。

本工程根据施工工艺的不同,剪力墙模板分别采用双面覆膜胶合板木模板体系。

墙体水平施工缝留在底板顶面处,混凝土浇筑完毕后剔凿软弱层到坚硬的石子。采用

15 mm 厚双面覆膜胶合板、50 mm×100 mm、100 mm×100 mm 木枋配套穿墙螺栓(ϕ16 mm)使用。木模板使用前模板表面应清理，涂刷隔离剂，严禁隔离剂沾污钢筋与混凝土接槎处。竖向内背楞采用 50 mm×100 mm 木枋@300 mm，水平采用 2ϕ48 mm 钢管@600 mm。加固通过背楞上打孔拉结穿墙螺栓@600 mm，用钢管＋U 托上中下三道进行加固以保证其稳定，外墙外侧模支顶在坑壁(支顶处加木枋垫木)。地下室外墙用 ϕ16 mm 对拉螺栓带止水片，端头带小木块限位片，以防地下水沿对拉螺栓渗入墙内。对拉螺栓水平间距同双钢管竖楞，竖向间距同 ϕ48 mm 钢管水平背楞间距，最下面三道对拉螺栓两侧加双螺母。内墙采用普通可回收穿墙螺栓。支模后，要求木工班组和工长及质检员认真检查支模质量情况，填写好《模板分项工程质量检验批记录表》，明确责任。

墙体木模板施工要求如下。

1) 施工准备工作：在施工底板和各层楼板的绑扎钢筋中，应当用现场的 ϕ25 mm、长度 $L \geqslant 500$ mm、形状为"⌐"的钢筋预埋在板中作拉杆用，预埋筋在墙模底口 2.5 m 及 1.5 m 处。模板施工前，施工队工长必须向施工班组进行书面和安全交底。检查墙内预埋件及水电管线是否已安装好，并绑好钢筋保护层垫块。办理好隐检手续。

2) 墙体支模工艺流程：钢筋隐检→模板控制线放线→立单侧模板→安装穿墙螺栓→立另一侧模板→水平背楞→紧固穿墙螺栓→绑扎支撑→验收。

3) 墙模施工方法(略)。

4) 现场模板堆放(略)。

5) 剪力墙木模板安装质量要求(略)。

(4) 梁板模板。

1) 材料选择。根据现场供料情况，梁、板模板拟采用 15 mm 厚双面覆膜胶合板作面板，50 mm×100 mm 木枋作次龙骨，100 mm×100 mm 木枋为主龙骨，支撑系统采用钢管或碗扣脚手架，横向设水平拉杆及剪刀撑。

2) 梁、板及阳台模板安装。

① 梁、板及阳台模板安装工艺流程如图 5-6 所示。

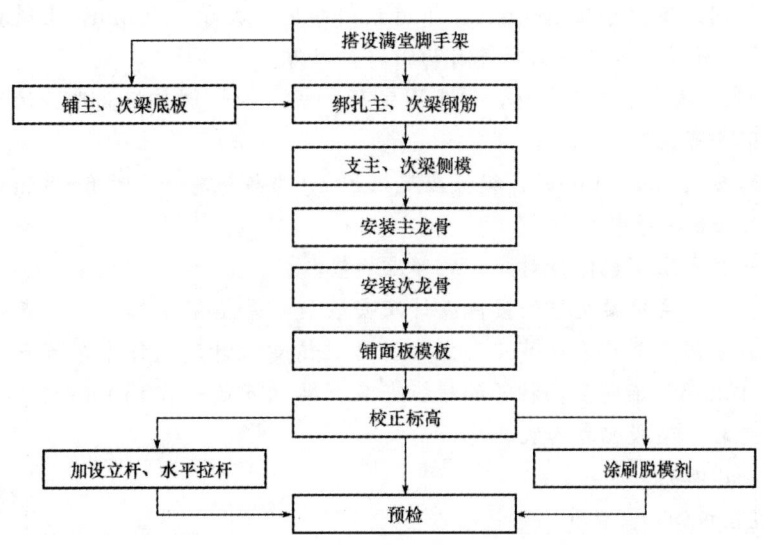

图 5-6　梁、板及阳台模板安装工艺流程

②梁板模板的安装。

a. 待框架柱、墙体拆模后,就可搭设满堂脚手架,固定梁底水平杆位置,铺设主、次梁底板。

b. 主、次梁钢筋绑扎完毕后,支立梁侧模;同时,调整现浇板支撑架的间距,满堂脚手架搭设要求拉杆放齐,扣件上紧,再放上顶托,依标高调整好高度,摆放钢管、木枋、铺竹胶板,用木螺钉固定,再依标高控线在板下调整高度,控制板面标高略高 1 mm。

c. 梁模板采用 15 mm 厚覆膜竹夹板作面板,50 mm×100 mm 木枋作肋间距不大于 200 mm;当梁侧模支承刚度不够时,需加设 1~2φ16 mm 对拉杆。

d. 梁柱接头模板采用 15 mm 厚木夹板和 50 mm×100 mm 木肋制作,与梁、顶板模衔接紧密,并做到相对独立,便于拆模。加工数量根据施工需要与梁板模对应,至少满足一层需要,尽量周转使用。节点模应拆卸方便,能满足多次重复使用,并保证梁柱接头混凝土的整体效果。

e. 支撑体系采用钢管脚手架+可调式顶托头,梁高小于≤800 mm 支撑立杆间距为 1 000 mm;梁高≥1 000 mm 时,支撑立杆间距为 800 mm。

f. 普通钢筋混凝土顶板模板采用:扣件支撑+木龙骨+木夹板的支模方案。顶板模板全部采用 15 mm 厚覆膜竹夹板,墙板接头处采用 40 mm×40 mm 角钢加贴海绵条,以防漏浆。

顶板搁栅采用 50 mm×100 mm 木枋、间距为 400 mm,托梁采用 100 mm×100 mm 木枋、间距不大于 1 200 mm。

g. 梁板模板采用竹胶板模,面板选用 12~15 mm 厚优质酚醛树脂覆面胶合板,板底部次木龙骨采用 50 mm×100 mm 的木枋,间距为 300 mm,板缝处采用 50 mm×100 mm 的木枋进行固定面板,主龙骨采用 φ48 mm 钢管两根,间距同支撑立杆间距,当板厚小于 250 mm 时,主龙骨及支撑立杆间距为 1 200 mm;当板厚为 260~400 mm 时,主龙骨及支撑立杆间距为 900 mm;当板厚大于 400 mm 且小于等于 500 mm 时,主龙骨及支撑立杆间距为 600 mm。

纵横向拉杆间距不大于 1 500 mm,下道拉杆距地不大于 250 mm,上道拉杆距顶板不大于 350 mm,每开间内纵横向必须各有两组斜剪刀撑。

h. 板与板交接缝处应放好木枋,便于固定竹胶板。模板调整好高度、清理后,板缝处贴封上胶带,贴平齐。

i. 当模板跨度大于 4~6 m 时,模板应起拱 2‰;当模板跨度大于 6~8 m 时,模板应起拱 2.5‰,起拱位置在跨中。

j. 立杆支承位置上下应保持对应,底部应加垫木板。

梁柱节点模板、主次梁交接处模板设计及安装质量是框架结构梁柱节点施工质量的直接表现。本工程不同类型的梁柱节点形式,将通过精心设计,制作专用节点模板,并通过变化其高度尺寸以调节不同层高柱子的模板安装。梁柱节点采用 15 mm 竹夹板配制成工具式专用模板,与柱、梁模配套安装。

(5)楼梯模板(略)。

(6)施工缝模板(略)。

(7)预留洞口模板(略)。

(8)脱模剂选择(略)。

(9)模板拆除。

1)模板拆除,应遵循先安后拆、后安先拆的原则。

2)拆除时先调减调节杆长度,再拆除主、次龙骨及竹胶板,最后拆除脚手架,严禁颠倒工序损坏面板材料。

3)拆除后的模板材料,应及时清除面板混凝土残留物,涂刷隔离剂。

4)拆除后的模板及支承材料按照顺序堆放,尽量保证上下对称使用。

5)严格按规范规定的要求拆模,严禁为抢工期、节约材料而提前拆模。

6)承重性模板(梁、板模板)拆除时间见表5-20。

表5-20 承重性模板(梁、板模板)拆除时间

结构名称	结构跨度/m	达到标准强度百分率/%
板	≤2	≥50
板	>2,≤8	≥75
板	>8	≥100
梁	>8	100≥
梁	≤8	≥75
悬臂构件	—	≥100

7)非承重构件(墙、柱、梁侧模)拆除时,其结构强度不得低于1.2 MPa,且不得损坏其棱角。

8)必须在拆模前加设临时支撑,支撑形式为1 200 mm×1 200 mm井字架,梁板均设置;待上部模板拆除后撤除该支撑,宜保持上部有两层以施工楼层。

(10)模板安装质量要求(略)。

(11)模板安装质量保证措施。

1)模板验收重点控制模板的刚度、垂直度、平整度,应特别注意外围模板、电梯井模板、楼梯间等处模板轴线位置的正确性。

2)模板支设前,必须与上道进行工序交接检查,检查钢筋、水电预埋箱盒、预埋件、预留筋位置及保护层厚度等是否满足要求,执行各专业工种联检制度,会签后方可进行下道工序施工。

3)为有效控制保护层及模板位置,模板支设前,其根部须加焊φ14 mm钢筋限位,以确保其位置正确。顶板混凝土浇筑时在墙根部预埋φ14 mm短钢筋头,以便与定位筋焊接,避免与主筋焊接咬伤主筋。限位筋按1.2 m设置。

4)为保证保护层厚度,在支设模板前要在墙筋上放置塑料垫块、限位卡梯形筋;并在墙、柱上口钢筋保护层限位器,以确保混凝土保护层厚度。

5)木制体系的模板拼装前须将龙骨和竹胶板的边缘刨光,以便使龙骨与模板、模板与模板接合紧密。

6)为防止墙、柱模板根部漏浆,可在其脚下垫10 mm厚海绵条及加设外流板的措施来防漏浆,污染墙面。

(12)模板施工安全技术措施。

1)起吊模板时,将吊装机械位置调整适当,稳起稳落,就位准确,严禁大幅度摆动。

2)模板应根据使用部位加以编号,分型号安排临时堆放场地,根据工艺要求依顺序进行模板安装就位。

3)安装和拆除模板时,操作人员和指挥必须站在安全可靠的地方,防止意外伤人。

4)拆模后起吊模板时,应检查所有穿墙螺栓和连接件是否全都拆除,在确无遗漏、模板与墙体完全脱离后,方准起吊。待起吊高度超过障碍物后,方准转臂行车。

8. 混凝土工程

混凝土采用商品混凝土。

本工程设计混凝土强度等级:桩混凝土为C30,承台混凝土为C25,墙体混凝土为C20~C30,楼面混凝土为C20,柱混凝土为C20。

(1)混凝土浇筑前的准备工作(略)。

(2)混凝土的加工要求(略)。

(3)混凝土泵送。

1)根据平面布置图布置每台混凝土拖式泵安排2个作业班组轮班作业,每班配备4~5名振捣手。

2)泵管采用搭设钢管架手架固定,钢管应与结构物连接牢固,在泵管转弯或接头部位均应固定,达到卸荷的目的。

3)混凝土的供应必须连续,避免中途停歇。如混凝土供应不上,可降低泵压送速度,如出现停料迫使泵停转,则泵必须每隔4~5 min进行运转,并立即与备用搅拌站联系。

4)混凝土泵送时,必须保证连续工作。若发生故障,停歇时间超过45 min或混凝土出现离析现象,应立即用压力水或其他方法冲洗管内残留的混凝土。

5)泵送混凝土时,料斗内混凝土必须保持20 cm以上的高度,以免吸入空气堵塞泵管。若吸入空气致使混凝土倒流,则将泵机反转,把混凝土退回料斗,除去空气后再正转压送。

6)泵出口堵塞时,将泵机反转把混凝土退回料斗,搅拌后再泵送,重复3~4次仍不见效时,停泵拆管清理,清理完毕后迅速重新安装好。

7)泵送管线要直,转弯要缓,接头要严密。泵管的支设应保证混凝土输送平稳,检验方法是用手抚摸垂直管外壁,应感到内部有集料流动而无颤动和晃动,否则立即进行加固。

8)板混凝土浇筑时,应使混凝土浇筑方向与泵送方向相反,混凝土浇筑过程中,只许拆除泵管,不得增设管段。

9)泵送时,每2 h换一次洗槽里的水。泵送结束后及时清理泵管。

10)泵送前先用适量的与混凝土内成分相同的水泥砂浆润滑输送管,再压入混凝土。砂浆输送到浇筑点时,应采用灰槽收集并将其均匀分散在接槎处,不允许水泥砂浆堆积在一个地方。

11)开始润管及浇筑完毕后清洗泵管的用水,应采用料斗收集排除,严禁流入结构内,影响混凝土质量。

(4)混凝土的浇筑。在浇筑前要做好充分的准备工作,技术协调部根据专项施工方案向工程部进行方案技术交底。浇筑前工程部牵头组织工人进行详细的技术交底,同时检查机具、材料准备,保证水电的供应,要掌握天气季节的变化情况,检查模板、钢筋、预留洞等的预检和隐蔽项目。检查安全设施、劳动力配备是否妥当,能否满足浇筑速度的要求。

1)工艺流程。作业准备→混凝土运送到现场→施工缝接浆→混凝土运送到浇筑部位→底板、柱、梁、板、剪力墙、楼梯混凝土浇筑与振捣→养护。

2)混凝土浇筑前的准备工作。

①混凝土浇筑层段的模板、钢筋、预埋件、预留洞、管线等全部安装完毕,经检验符合设计及规范要求,并办完隐检手续。

②模板内的杂物及钢筋上的污物等已清理干净。模板的缝隙及孔洞已堵严,并办完预检手续。

③混凝土泵调试完毕能正常运转使用,浇筑混凝土用的架子及马道已支搭完毕,并经检验合格。

④混凝土的各项指标已经过检验。

⑤技术交底全面完成,各专业负责人已在浇筑申请书上签字。

⑥签署各专业联检单。

⑦为保证混凝土质量,提供混凝土之前需与混凝土搅拌站签署协议书,提出坍落度、初、终凝时间等要求。

3)混凝土浇筑与振捣的要求。

①混凝土自吊斗口或布料管口下落的自由倾落高度不得超过 2 m,浇筑高度如果超过 2 m 时,必须用溜管伸到墙、柱的下部,浇筑混凝土。

②浇筑混凝土时要分段分层连续进行,浇筑层高度根据结构特点、钢筋疏密决定,控制在一次浇筑 500 mm 高。

③使用插入式振捣棒应快插慢拔,插点要均匀排列,逐点移动,顺序进行,不得遗漏,做到均匀振实。移动间距不大于振捣作用半径的 1.5 倍(一般为 45 cm)。振捣上一层时应插入下层 5 cm,以消除两层间的接缝。

④浇筑混凝土要连续进行。特殊情况下,由两班人员换班,现场不得中断。如果必须间歇,其间歇时间应尽量缩短,并应在前层混凝土初凝前,将次层混凝土浇筑完毕。

⑤浇筑混凝土时应派木工、钢筋工随时观察模板、钢筋、预埋孔洞、预埋件和插筋等有无移动,变形或堵塞情况,发生问题应立即处理并应在已浇筑的混凝土初凝结前修正完好。

4)墙体混凝土浇筑(略)。

5)楼梯、顶板混凝土浇筑(略)。

6)后浇带混凝土浇筑。

①本工程主楼内设抗裂后浇带,在主楼结构封顶后浇筑。

②后浇带混凝土采用无收缩水泥配制的比原混凝土高一等级的混凝土。

③由于后浇带搁置时间较长,为了控制其锈蚀程度,影响其受力性能,并覆盖竹胶板和塑料薄膜,防止垃圾及雨水和施工用水进入后浇带;后浇带两侧梁板要加设支撑,并同时布设水平安全网。

④在浇筑后浇带混凝土之前,应清除垃圾、水泥薄膜,剔除表面上松动砂石、软弱混凝土层及浮浆,同时还应加以凿毛,用水冲洗干净并充分湿润不少于 24 h。残留在混凝土表面的积水应予清除,并在施工缝处铺设 50 mm 厚与混凝土内成分相同的水泥砂浆一层,然后再浇筑混凝土。

⑤后浇带在底板、墙位置处混凝土要分层振捣，每层不超过50 cm，混凝土要细致捣实，使新旧混凝土紧密结合。

⑥在后浇带混凝土达到设计强度之前的所有施工期间，后浇带跨的梁板的底模及支撑均不得拆除。

(5) 混凝土养护。

1) 基础、地梁、外墙及顶板为抗渗混凝土，应指派专人养护，养护时间不应少于14天。

2) 柱要在浇筑混凝土强度达1.2 MPa后拆模，拆模后立即采用塑料薄膜覆盖进行养护，养护过程中保证塑料薄膜内有凝结水。

3) 板混凝土终凝后，应立即浇水养护。

4) 养护用水采用食用水或经检验符合混凝土拌合用水标准的水。

5) 一般混凝土养护时间不少于7天。

6) 混凝土浇筑完，在混凝土强度未达到1.2 MPa之前不允许上人或进行上部施工。

7) 进入冬期施工后，混凝土不得浇水养护；可在拆模后覆盖或包裹塑料薄膜及草帘被。

(6) 混凝土试验(略)。

(7) 混凝土质量标准(略)。

9. 脚手架工程

本工程脚手架分为外脚手架和内脚手架。内脚手架包括结构施工满堂脚手架和装修用脚手架，地下脚手架及4层结构以下的脚手架均为落地双排脚手架，4层以上使用爬架，外装修采用外墙整体自动升降外挑脚手架。

(1) 人员素质要求(略)。

(2) 落地双排脚手架。

1) 双排脚手架参数：立杆横距为900 mm，纵距为1 500 mm，大横杆步距为1 500 mm，小横杆间距为1 200 mm，立杆下端须设垫木或焊接固定支脚；剪刀撑搭设角度为45°～60°。

2) 双排脚手架搭设要求。

①排脚手架内侧立杆距离结构外墙250 mm。

②立杆为6 m+2 m钢管(或5 m+3 m)，大横杆采用4 m和6 m钢管，间隔使用，使里外、左右立杆的接头错开不在同一跨内。

③小横杆采用1 200 mm钢管。用十字扣件与大横杆连接，靠近立杆的小横杆可紧固于立杆上。在操作层脚手层脚手板对接处设两排小横杆，两小横杆间距不大于300 mm，操作层上满铺脚手板。

④脚手架与结构做刚性连接，连接件须做到外低内高；拉接点竖向每层设置，水平方向间距不大于4.5 m。

⑤剪刀撑须从脚手架纵向两端处开始搭设，间距连续设置。剪刀撑与水平面的夹角为45°～60°。

⑥脚手架须沿建筑物四周满搭，外排架外侧满挂密目网。

⑦剪刀撑钢管搭接长度不小于1 000 mm，搭接处至少三道扣件。

⑧脚手架各杆件相交伸出的端头均应大于100 mm，以防杆件滑脱。

(3) 外爬脚手架。由专业公司提供，并负责指导施工。

(4)水平安全网。

1)在第二层中间设第一道水平安全网,网绳采用 8 mm 的尼龙网绳,安全网设置两层,两层中间相距 40 cm、网宽 6 m,采用钢管架支撑。

2)在 6 层以上每隔 3 层分别设一道水平安全网,采用单层网,网宽为 3 m。各结构拉接的部位用 $\phi 10$ mm 钢丝绳通过大模板穿墙孔固定起来,外侧用架子管斜挑,杆件端部用扣件固定一铁环,内穿钢丝绳,水平安全网要外高内低,倾斜角度为 $10°\sim30°$。

3)建筑物转角处采用架子管悬挑钢丝绳,上挂水平安全网。

4)网接口处必须连接严密,与建筑物之间缝隙不大于 10 cm。

(5)安全要求与措施(略)。

10. 砌筑工程

本工程非承重墙采用蒸压加气混凝土砌块和烧结页岩实心砖。

(1)施工准备。

1)抄平弹线,在结构墙上弹好 500 mm 建筑标高水平线,在楼面上弹好墙身、门洞口、位置线。

2)将结构预留贴模筋剔出,焊接拉结筋,预检合格后方可砌筑。

3)清理基层,并于砌筑前一天,将加气混凝土砌块墙与结构相接处的部位甩毛并洒水湿润,以保证粘结牢固。

4)砌墙的前一天,做完地面垫层,将砌块墙根部先砌好 3 层实心砖或做混凝土带(且不小于 200 mm)。

5)提前浇水湿润砌块,含水率控制在 15% 左右。

6)砌筑前,应先编制砌块排列图,制作皮数杆,根据排列图指导施工,根据排列图提前加工补零砌块。

(2)施工工艺。楼面清理→墙体放线→砌体浇水→制备砂浆→砌块排列→铺砂浆→砌块就位→校正→砌筑→竖缝灌砂浆→勾缝。

(3)施工要求(略)。

(4)质量标准(略)。

11. 外墙保温工程

本工程外墙保温工程方案此组织设计中不详细编写,施工时将根据详细的施工图纸进行专项施工方案的编制,完成专家论证和各项审批后再施工。

12. 屋面工程

(1)施工准备。

1)屋面施工作业条件。

①在通过屋面的所有安装施工完成后,并得到监理工程师的验收批准。

②按工程量的需要,一次性备足需用材料,并通过抽样复检合格。

③施工前应准备好所有需要的施工机具,并检查性能完好。

2)屋面基层处理。屋面施工前,应将结构层上的松散杂物清理干净,凸出基层的硬块及水泥浆等要剔除干净,并去除表面的污染物,采用灰浆找补平整。做到屋面清洁、干净,无空隙、散裂、松动集料、尖凸物;没有灰尘、灰泥、密封剂、养护剂、模油和其他有害物质,以免影响屋面施工。

3)施工顺序。转换层露天部分上人屋面防水为05ZJ001图集第115页中的屋20细石混凝土防水和高聚物改性沥青卷材防水屋面,其做法为:钢筋混凝土板→20 mm厚(最薄处)1:8水泥珍珠岩找2%坡,20 mm厚1:2.5水泥砂浆找平层→刷基层处理剂一遍→4 mm厚SBS改性沥青卷材→40 mm厚挤塑聚苯乙烯泡沫塑料板→点粘一层350号石油沥青油毡→40 mm厚C30UEA补偿收缩混凝土防水层,表面压光,混凝土内配Φ4 mm钢筋双向中距150 mm→25 mm厚1:4干硬性水泥砂浆。

(2)主要工序的施工方法。

1)水泥砂浆找平层施工。

①水泥砂浆找平层分格缝的留置。分格缝在结构层屋面转折处、防水层与突出屋面结构的交接处,并按房间轴线尺寸设置,纵横分格缝按每间距6 000 mm设置一道,分格缝宽为30 mm。

②铺设水泥砂浆找平层。

③分格缝的处理。

a. 待水泥砂浆层硬化后,要对分格缝进行清理,所有分格缝应纵横相互贯通,缝边如有缺边掉角须修补完整,达到平整、密实。

b. 分格缝内必须干净,应清除缝内的砂浆及其杂物,并用吹尘机具吹净。

c. 采用高聚物改性沥青嵌缝膏对清理好后的分格缝进行嵌填密实。

④质量检验及要求。

a. 表面无脱皮和起砂等缺陷。

b. 表面平整度用2 m靠尺进行检查,偏差不大于5 mm。

2)屋面卷材防水层施工。

①施工准备。

a. 屋面基层与女儿墙、立墙、通风道等突出屋面结构的连接处,以及基层的转角处(各落水口、檐口、天沟、檐沟等),均应做成半径为50 mm的圆弧。

b. 铺设防水层前,找平层必须干净、干燥。检验干燥程度可将$1 m^2$卷材干铺在找平层上,静置3~4 h后掀开,覆盖部位与卷材上未见水印者为合格。

c. 基层处理剂可采用喷涂、刷涂施工,喷、刷应均匀。待基层干燥后,方可铺贴卷材。喷、刷基层处理剂前,应先在屋面节点、拐角、周边等处进行喷、刷。

②施工工艺。清理基层→涂刷基层处理剂→铺贴卷材附加层→铺贴大面防水卷材→封边→蓄水试验→保护层施工→质量验收。

③施工要求(略)。

3)挤塑聚苯板保温隔热层施工。

①施工前准备。铺设保温板块的基层应清理平整、干净、干燥。合格材料进场后,板块不应有破碎、缺棱掉角。

②铺贴保温板块。

a. 采用水泥砂浆作胶粘剂,在清理好的基层上均匀铺设一层胶粘剂。

b. 在胶粘剂上依次铺贴保温板块,铺设时遇有缺棱掉角不齐的,应锯平拼接使用。

c. 铺板块时,在沿女儿墙周边留30 mm宽的缝,在缝内嵌40 mm改性沥青油膏和刷聚氨酯防水胶进行处理。

d. 铺砌应平整、严实，并严格按设计要求作的找坡，方向为屋面水流方向。分层铺设的接缝应错开，板缝间或缺角处应用碎屑加胶粘剂拌匀填补密实。

③质量检验及要求。

a. 保温板块紧贴基层，铺平垫稳，找坡正确，上下层错缝并填嵌密实。

b. 用钢针插入和尺量检查保温块铺贴厚度，偏差在 $\pm 5\delta/100$，且不大于 4 mm（δ 为保温层厚度）。

(3)屋面功能性检查及蓄水检查验收。

屋面防水层施工完毕后，应保证屋面无积水，并且排水系统畅通，排水坡度方向达到设计要求，还应对屋面做蓄水检验有无渗漏现象，蓄水时间不小于 48 h，蓄水深度控制在 15~20 cm。在蓄水无渗漏．并得到监理工程师的认可的情况下，做好试水记录，并作竣工资料收集。蓄水合格后，再作面层施工。

13. 装饰、装修工程

(1)外墙贴面砖施工。

1)施工准备。

①在外墙饰面砖工程施工前，应对各种原材料进行复验。

②在外墙饰面砖工程施工前，应对找平层、结合层、粘结层及勾缝、嵌缝所用的材料进行试配，经检验合格后方可使用。

③外墙饰面砖工程施工前应做出样板，经建设、设计和监理等单位根据有关标准确认后方可施工。

④外墙饰面砖的粘贴施工还应具备下列条件：

a. 基体按设计要求处理完毕；

b. 日最低气温在 0 ℃以上，但当高于 35 ℃时，应有遮阳设施；

c. 基层含水率宜为 15%~25%；

d. 施工现场所需的水、电、机具和安全设施齐备；

e. 门窗洞、脚手眼和落水管预埋件等处理完毕。

⑤应合理安排整个工程的施工程序，避免后续工程对饰面造成损坏或污染。

2)施工操作程序及施工工艺。

①工艺流程。处理基体→抹找平层→刷结合层→排砖、分格、弹线→粘贴面砖→勾缝→清理表面。

②施工要求(略)。

3)质量检测要求(略)。

4)成品保护。

①外墙饰面砖粘贴后，对因油漆、防水等后续工程而可能造成污染的部位，应采取临时保护措施。

②对施工中可能发生碰损的入口、通道、阳角等部位，应采取临时保护措施。

③应合理安排水、电、设备安装等工序，及时配合施工，不应在外墙饰面砖粘贴后开凿孔洞。

(2)顶棚、内墙抹水泥(混合)砂浆面施工(略)。

(3)内墙、顶棚面刷乳胶漆(喷涂料)施工(略)。

(4)顶棚轻钢龙骨纸面石膏板吊顶施工(略)。
(5)水泥砂浆楼面施工(略)。
(6)铝合金门窗安装施工(略)。

(六)施工进度计划

1. 工程主要施工进度安排

测量放线	5 天
基础与地下室工程	70 天
裙楼工程	40 天
主体结构工程	155 天
屋面工程	40 天
外墙装饰装修工程	50 天
砌体工程	210 天
室内装修工程	190 天
预验交工	10 天

水电安装及预留预埋工程随土建工程进度插入施工,严禁事后开槽打洞。本工程总工期控制在 370 天内(含测量放线)。

2. 工期进度管理措施

根据公司多年来对施工进度管理的经验,对本工程将按"三个控制"的管理模式进行进度管理。

(1)公司计划进度管理:根据合同工期要求,确定各分部工程控制日期以及涉及其他未列项目的关键日期,由公司编制,其是进度计划的总方针。

(2)月进度计划管理:其是一个很详细、较具体的进度计划。分项目、部位、工序、月份的编制,根据工作量,确定开工和完工日期,流水穿插顺序分明。详细读解施工图、计算工程量,根据施工规范及操作工艺程序要求,分施工阶段,确定施工方法,使工序合理化,体现合同对该计划工期的要求。另外,各种材料、设备、加工供应量的能力和时间,管理人员和操作工人是否能满足要求也是一个关键,所以要分析所有因素,有针对性地将工程所要遇到的各种问题和矛盾,考虑在先,解决在前。只有这样,所编制出来的计划施工目标才能实现。该进度计划由项目技术负责人编制报项目经理审批。

(3)周进度计划管理:由项目部内业人员编制,第一周为本周的执行计划,第二周为下周执行计划,到了下周把第二周的计划提上来,作为执行计划(第二周计划开始时,可以检查上周计划执行情况,周计划可能会遇到一些其他不正常因素,未完全按计划运行,根据实际情况可调整周计划,直到达到预期目的),完成上一周计划前,编制下一周计划。因此,周计划是滚动计划,周计划是在月计划控制范围内,月计划在合同计划内,月计划保证"合同计划"。

3. 工程总进度计划

详见施工进度计划横道图(图 5-7)和双代号时标网络图(图 5-8)。

(七)施工准备

1. 施工准备工作计划

做好施工准备工作计划是顺利实施项目的前提和基础。施工准备工作计划见表 5-21。

图 5-7 ××帝豪大厦施工进度计划横道图

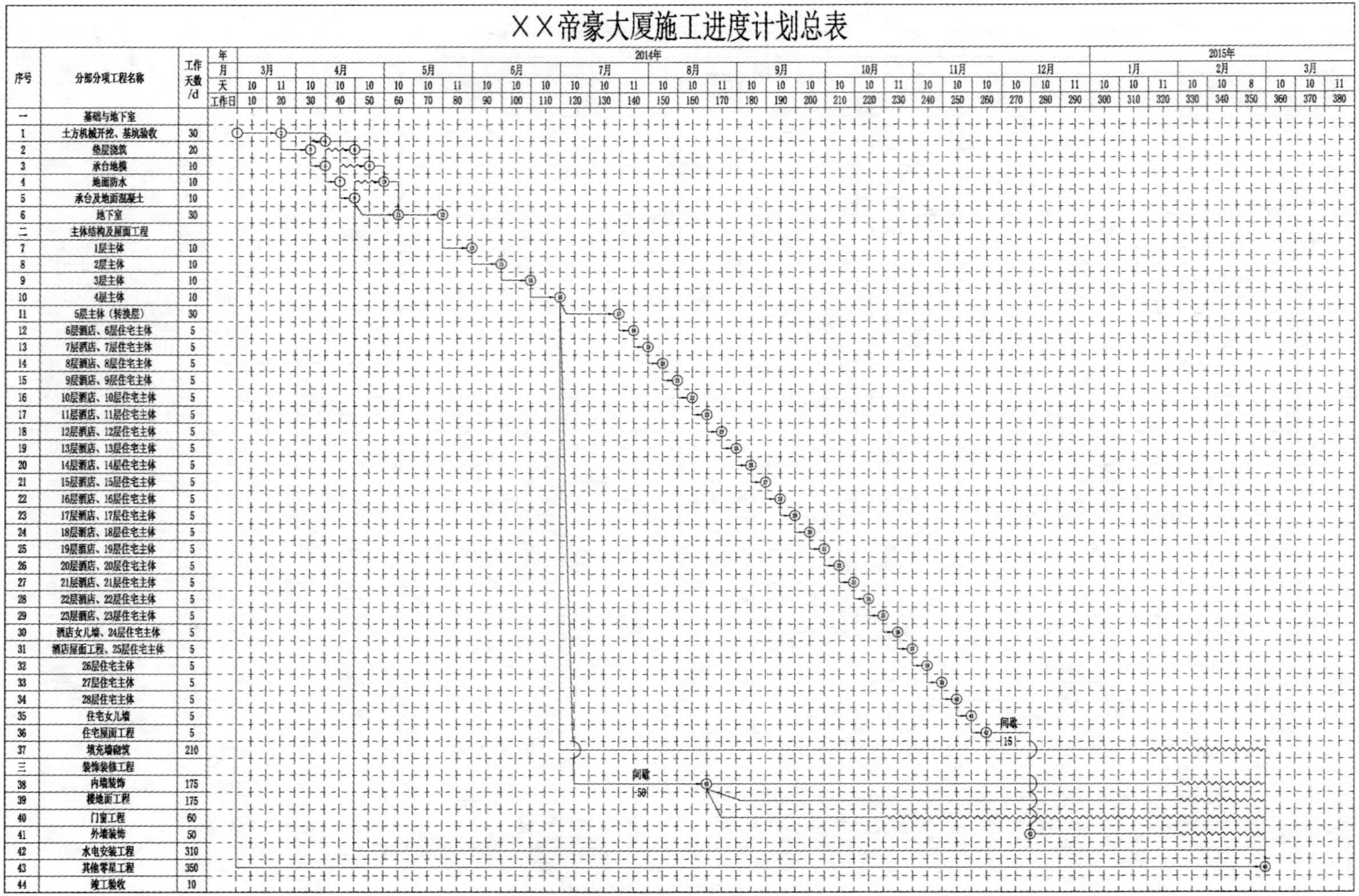
××帝豪大厦施工进度计划总表
序号
分部分项工程名称
工作天数/d
年
月
天
工作日
2014年
2015年
3月 4月 5月 6月 7月 8月 9月 10月 11月 12月 1月 2月 3月
10 11 10 10 10 10 10 11 10 10 10 10 10 11 10 10 11 10 10 10 10 10 11 10 10 10 10 10 11 10 10 11 10 10 8 10 10 11
10 20 30 40 50 60 70 80 90 100 110 120 130 140 150 160 170 180 190 200 210 220 230 240 250 260 270 280 290 300 310 320 330 340 350 360 370 380
一 基础与地下室
1 土方机械开挖、基坑验收 30
2 垫层浇筑 20
3 承台地模 10
4 地面防水 10
5 承台及地面混凝土 10
6 地下室 30
二 主体结构及屋面工程
7 1层主体 10
8 2层主体 10
9 3层主体 10
10 4层主体 10
11 5层主体（转换层） 30
12 6层酒店、6层住宅主体 5
13 7层酒店、7层住宅主体 5
14 8层酒店、8层住宅主体 5
15 9层酒店、9层住宅主体 5
16 10层酒店、10层住宅主体 5
17 11层酒店、11层住宅主体 5
18 12层酒店、12层住宅主体 5
19 13层酒店、13层住宅主体 5
20 14层酒店、14层住宅主体 5
21 15层酒店、15层住宅主体 5
22 16层酒店、16层住宅主体 5
23 17层酒店、17层住宅主体 5
24 18层酒店、18层住宅主体 5
25 19层酒店、19层住宅主体 5
26 20层酒店、20层住宅主体 5
27 21层酒店、21层住宅主体 5
28 22层酒店、22层住宅主体 5
29 23层酒店、23层住宅主体 5
30 酒店女儿墙、24层住宅主体 5
31 酒店屋面工程、25层住宅主体 5
32 26层住宅主体 5
33 27层住宅主体 5
34 28层住宅主体 5
35 住宅女儿墙 5
36 住宅屋面工程 5
37 填充墙砌筑 210
三 装饰装修工程
38 内墙装饰 175
39 楼地面工程 175
40 门窗工程 60
41 外墙装饰 50
42 水电安装工程 310
43 其他零星工程 350
44 竣工验收 10
间歇
15
间歇
50

图 5-8　××帝豪大厦双代号时标网络图

表 5-21 施工准备工作计划

序号	施工准备工作内容	负责人	时间安排
1	项目主要管理人员调动	总经理	中标后3天内
2	施工规划大纲	项目经理、技术负责人	施工组织设计编制之前
3	工程合同签订	总经理	接到中标通知书之日起
4	项目机构的组建运作	总经理	领标后组织,中标后运作
5	技术、合同交底	工程师、经营部	合同签订后3天内
6	项目配套规范、规程准备	资料室	中标后2天内
7	图纸会审及设计进度要求	项目技术负责人	按业主安排
8	施工机械及周转材料的准备	材料设备部及经济师	中标后组织,合同签订后执行
9	工程预算编制	经济师及公司经营部	中标后15天内
10	劳动力组织	项目经理	中标后计划
11	项目部人员教育与培训	公司人力资源部	合同签约3天内
12	定位复核放线	项目技术负责人	业主安排5天内结束
13	施工组织设计	项目技术负责人	施工图设计交底后3天
14	现场临时设施的搭建	项目经理	合同签约后立即执行
15	材料采购总计划	经营部、项目经理	开工后5天内
16	工程预定详细网络计划	项目经理、技术负责人	中标后业主通知5天内
17	施工平面布置	项目经理	中标后立即执行

2. 技术准备

(1)投入本工程的施工仪器及设备表(表 5-22)。

表 5-22 施工仪器及设备表

序号	仪器名称	单位	数量	用途及说明
1	全站仪	台	1	施工定位放线用
2	激光铅垂仪	台	1	施工定位放线用
3	水平仪	台	1	标高定位用
4	计算机	台	6	施工管理用
5	喷墨打印机	台	2	打印各种资料
6	市内电话	部	1	工作联系
7	照相机	部	1	收集施工资料
8	摄像机	部	1	收集施工影像资料
9	无线对讲机	对	4	塔式起重机指挥用
10	手机	部	2	对外联系用
11	铝合金塔尺(5 m)	把	2	施工测量
12	钢卷尺(50 m)	把	2	施工测量
13	钢卷尺(5 m)	把	10	施工测量
14	垂球(5 kg)	个	2	施工测量

续表

序号	仪器名称	单位	数量	用途及说明
15	吊线坠(0.5 kg)	个	8	施工测量
16	兆欧表	个	1	施工检测用
17	地阻仪	个	1	施工检测用
18	万用表	个	1	施工检测用

(2)技术准备工作。

1)组织施工技术人员阅读施工图,写出读图记录,并汇总施工图中存在的问题,以便在设计图纸会审交底会上解决。

2)准备本工程需用的施工验收规范及技术标准及其标准图集。

3)写出混凝土、砂浆试配委托书,送原材料检验。

4)提出原材料计划,半成品加工计划。

5)编制工程施工组织设计(或质量计划书、作业指导书)。

3. 生产准备

(1)现场生产准备。

1)生产安全部和项目工程部对施工现场将再做详尽的勘察,勘察内容包括建设工程的范围、地形、周围环境和交通运输。并实地了解工程地点的水文地质、地下有无障碍物等,做好勘察结果记录,与设计有关资料相比较,从而确定具体的工程平面布置、进一步完善施工组织设计等。

2)项目部与业主联系,做好工程施工前的"水通、电通、路通、通信通"和场地平整工作。

3)对已有施工区域围墙进行修复,围墙高度为2.2 m。在主要出入口挂置"六牌二图"。所搭建的临设工程应井然有序,加工房、机具设备房、办公室等按平面布置图建造并符合安全、卫生、通风、采光、防火等要求。

(2)施工用水及排水。为保证整个现场充足的临时供水和排水顺畅,使管网简洁化、规范化,根据施工总平面布置图,结合工程的用水排水特点及要求,对本工程临时供水管网进行规划布置,以保证施工的正常进行。

1)施工供水计划。

①临时施工用水的水源:该现场的用水水源拟由业主指定的给水管网引入,详见施工用水用电平面布置图。

②结合本工程的施工工作量、施工生活用水量和生活区生活用水量,通过对用水量计算,在不考虑施工现场消防用水的情况下,该现场总进水管采用DN60管能满足要求。

③施工现场供水管网布置:根据现场的具体情况,该临时供水管由一条主供水管道供水,分别供楼层施工用水、搅拌场的施工用水、环境清洁用水和生活区生活用水。具体布置详施工用水用电平面布置图。在施工用水水源的水压不能满足楼层的用水需要时,拟在现场设置施工用水的临时储水池,并设置水泵房,在水泵房内设两台扬程120 m的清水离心泵,为楼层施工供水。供水管道均采用PPR管,热熔连接。

2)现场排水布置。根据现场的具体情况,施工、生活污水导流做明沟排放,在各转角点及管道交汇点均设置沉砂井或集水井,沉砂后的废水排入业主指定的排污下水管道。

(3)施工用电及设施安排。根据施工供电三相五线制的原则,为保证施工供电的质量,提高施工供电的安全性,避免施工用电事故的发生,结合该施工现场的供电特点及要求,对现场的临时用电进行量的计算和线路布置。

结合高峰期时的主要用电设备量,通过对其电力总负荷的计算,经计算电力负荷不大于 400 kV·A,原有总配电房配置基本满足要求。

为保证用电安全、施工方便,结合土建施工总体平面布置图,把该低压线路分两路干线布置,并在施工现场设置多个二级配电箱,以满足施工机械设备用电。

本工程的所有三级箱由现场需要进行设置,但所有三级箱均为"一机一闸、一漏一箱"进行电力控制。动力和照明在二级箱处分开设置,三级箱处严禁动力、照明用电混合使用。本工程的临设照明用电采用铜芯电缆线沿墙配瓷夹、瓷瓶明敷;地面上的照明用电采用三芯线电力电缆进行供电,以达到用电安全、可靠。配电房、二级配电箱的位置及线路布置详见施工用电平面布置图。

(4)机具设备需要量计划(表 5-23)。

表 5-23 机具设备需要量计划

序号	机具名称	规格型号	单位	数量	用途及说明
1	塔式起重机	QTZ63	台	1	用于垂直、水平运输
2	混凝土输送泵	HBT-60C	台	1	输送商品混凝土
3	冲击夯	BS600	台	2	地下室周边回填
4	混凝土布料器	BLJ20	台	2	混凝土施工布料
5	混凝土搅拌机	HI325	台	2	拌制砂浆
6	电渣压力焊机		套	1	竖向钢筋连接
7	闪光对焊机	UN150	台	1	钢筋焊接
8	交流电焊机	BX1-500	台	1	钢筋、铁件等焊接
9	圆盘锯	BM106	台	3	木作加工
10	弯筋机	GW-40A	台	2	钢筋加工
11	钢筋调直机	BC-3	台	1	钢筋调直
12	钢筋切断机	GQ40	台	2	钢筋加工
13	弯箍机	W-20A	台	2	钢筋加工
14	平板振动器	1.5 kW	台	2	振捣混凝土
15	插入式振动器	1.5 kW	套	8	振捣混凝土
16	型材切割机	ϕ400 以内	台	1	型材切割
17	冲击电锤	ϕ25 以内	台	5	装修、安装用
18	潜水泵	ϕ50 以内	台	4	抽水、排水用
19	手推胶轮车		辆	20	施工平面水平运输
20	移动式碾压机		台	1	地下室周边回填

(5)模板架料需要量计划(表5-24)。

表5-24 模板架料需要量计划

序号	名称	单位	规格	数量	进场时间
1	扣件式脚手架	m		20 000	根据施工进度入场
2	对拉丝杆	套		500	
3	扣件	个		30 000	
4	优质松木九夹板	m²	1 m×2 m	6 000	
5	竹胶板	m²	1 m×2 m	2 000	
6	木枋	m³	5×10	80	
7	木枋	m³	6×16	40	
8	竹跳板	块	0.25×2.5	1 000	
9	尼龙安全网(含密目)	床	3.6×3.6	1 000	
10	钢模	m²		800	
11	U形扣	个		2 000	

(6)劳动力需要计划(表5-25)。

表5-25 劳动力需要量计划表

序号	工种名称	单位	数量	说明
1	木工	人	50	
2	架子工	人	40	
3	钢筋工	人	30	
4	抹灰工	人	30	
5	机具操作工	人	4	
6	机具指挥工	人	4	
7	混凝土工	人	12	按工程进展组织进场并调整
8	试件工	人	1	
9	泥工	人	40	
10	保卫人员	人	2	
11	炊事人员	人	5	
12	水电维护工	人	1	
13	安全维护工	人	2	
14	测量工	人	2	

(八)施工总平面布置规划

1. 总平面规划布置的依据

根据公司工程技术人员到现场勘察情况,结合进场前已搭设的临时设施情况及本施工组织设计提出的施工目标和主要施工方法,对施工现场进行平面布置。

2. 主要生产、生活设施的安排

(1)生产临时设施。根据工程进度计划要求和业主对建设临时设施的统一要求,陆续搭建钢筋加工房、木工房、用电配电房、材料库房、水泥库房等,并合理布置堆场,减少材料二次运输。生活设施搭建在施工现场内,与生产临时设施分开,并合理布置办公室、职工宿舍、食堂等。

(2)无论是生产临时设施还是生活临时设施,均用砖墙、预应力空心板屋盖,并按防火要求留出一定间距,配备灭火器材,要求布局合理,整齐美观。

(3)主要生产、生活临时设施搭建面积如下:

门卫房	20 m²
办公室	160 m²
食堂	20 m²
宿舍	80 m²
材料库房	50 m²
水泥库房	20 m²
钢筋加工棚	110 m²
木工房	30 m²
机具房	15 m²
配电房	10 m²
厕所	48 m²
浴室	15 m²

3. 消防控制管理

(1)根据现场的具体情况,设立两套消防系统。

1)利用现有地下室露天蓄水池兼作消防水池;

2)利用市政供水管设立消防水柱,配备加压、引水设置,物资、活动消防水龙带。

(2)加强重点控制,针对库房、材料堆场、配电房加工点等各重点部位增设干粉、泡沫灭火器若干。

(3)落实消防制度,组成由项目经理任组长的义务消防员约5人,接受公司及专业部门的培训,以预防为主,防消结合,确保安全生产。

4. 施工总平面布置图

施工总平面布置图,如图5-9所示。

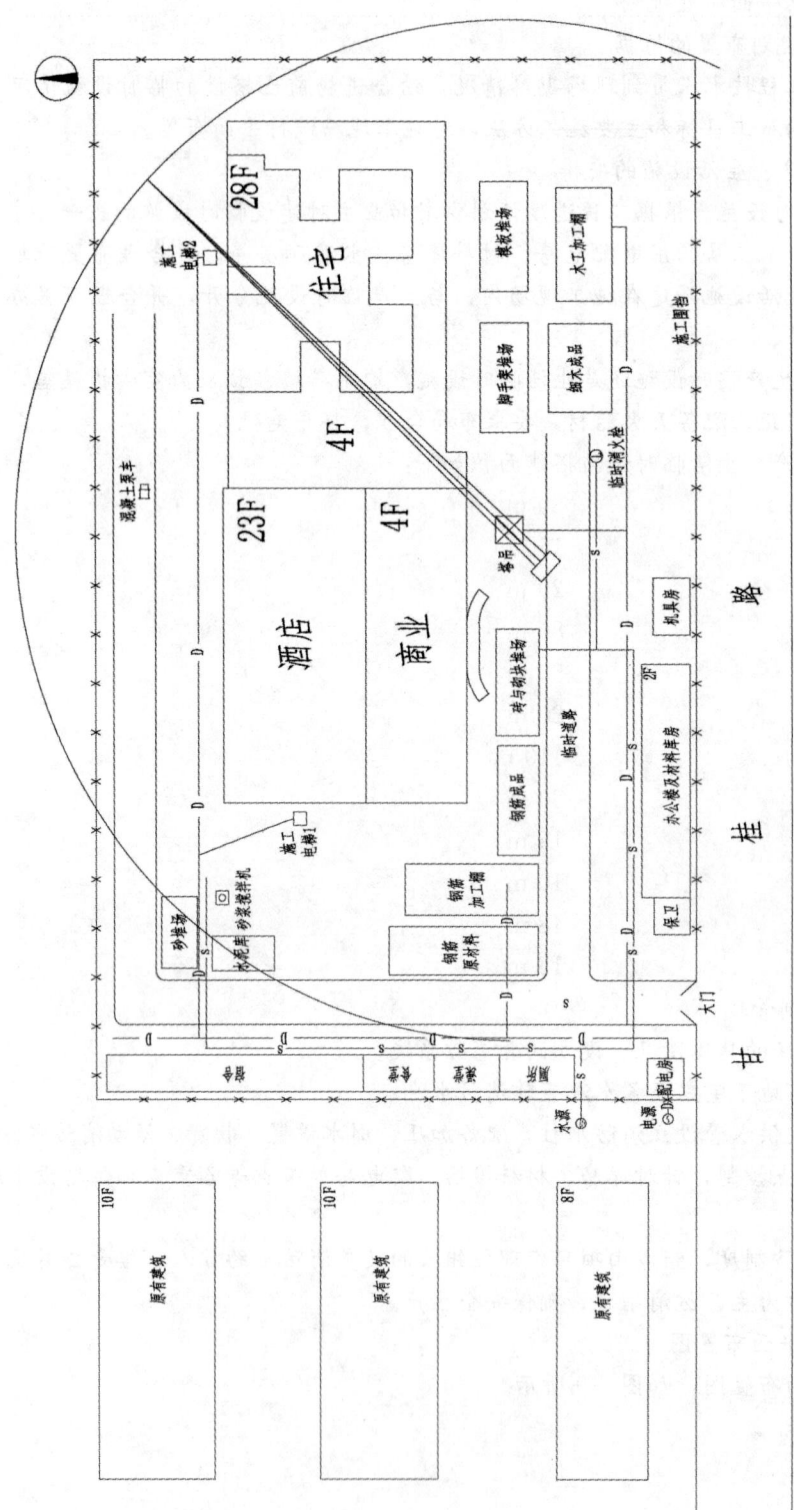

图 5-9 ××帝豪大厦施工平面图

注：—D—表示电线路线；
　　—S—表示水线路线。

第六章 建筑工程招投标

实训一 建筑工程招投标程序实训

一、实训背景

作为招投标工作的直接参与者(建设方或承包商等),对建筑工程招标投标的法定程序及运用应全面掌握。

二、实训能力标准要求

具有简单阅读有关招标投标方面的文件和信息的能力,并能应用《中华人民共和国招标投标法》及其他有关法律解决建筑招标投标相关问题的能力。

三、实训指导

《中华人民共和国招标投标法》中规定的招标工程包括招标、投标、开标、评标和中标几大步骤。建设工程招标是由一系列前后衔接、层次明确的工作步骤构成的。

招标投标是一个整体活动,涉及业主和承包商两个方面,招标作为整体活动的一部分主要是从业主的角度揭示其工作内容,但同时又需注意到招标与投标活动的关联性,不能将两者割裂开来。所谓招标程序,是指招标活动的内容的逻辑关系,如图6-1所示。

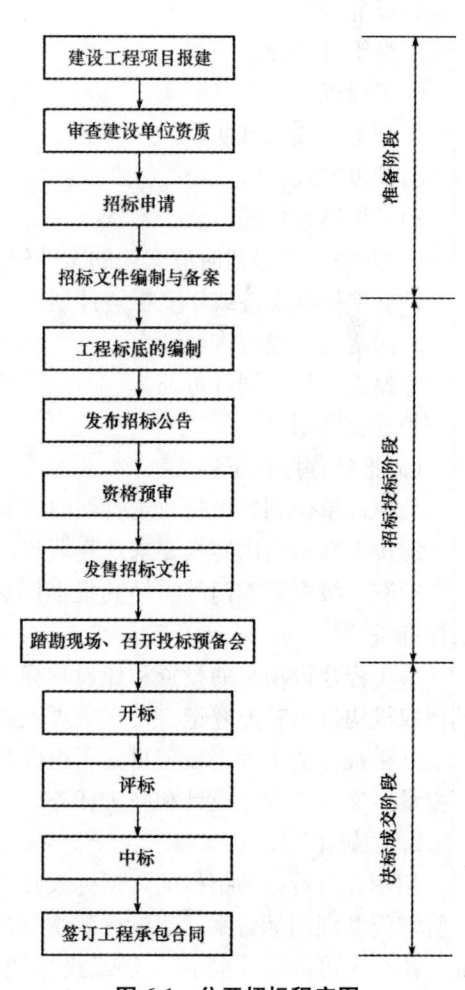

图6-1 公开招标程序图

(一)招标前的准备工作

招标前的准备工作由招标人独立完成,主要工作包括以下几个方面。

1. 确定招标范围

工程建设招标,可以分为:整个建设过程各个阶段全部工作的招标,称为工程建设总承包招标或全过程总体招标;或者其中某个阶段的招标;还有某个阶段中某一专项的招标。

2. 工程报建

(1)工程建设项目由建设单位或其代理机构在工程项目可行性研究报告或其他立项文件被批准后,须向当地建设行政主管部门或其授权机构进行报建。

(2)工程建设项目报建范围:各类房屋建设、土木工程、设备安装、管道线路敷设、装饰装修等固定资产投资的新建、扩建、改建以及技改等建设项目。

(3)工程建设项目的报建内容主要包括:

1)工程名称。
2)建设地点。
3)投资规模。
4)资金来源。
5)当年投资额。
6)工程规模。
7)开工、竣工日期。
8)发包方式。
9)工程筹建情况。

(4)办理工程报建时应交验的文件资料包括:

1)立项批准文件或年度投资计划。
2)固定资产投资许可证。
3)建设工程规划许可证。
4)资金证明。

(5)报建程序如下:

1)建设单位到建设行政主管部门或其授权机构领取《工程建设项目报建表》。
2)按报建表的内容及要求认真填写。
3)有上级主管部门的需经其批准同意后,一并报送建设行政主管部门,并按要求进行招标准备。
4)工程建设项目的投资和建设规模有变化时,建设单位应及时到建设行政主管部门或其授权机构进行补充登记。筹建负责人变更时,应重新登记。

凡未报建的工程建设项目,不得办理招投标手续和发放施工许可证,设计、施工单位不得承接该项工程的设计和施工任务。

3. 招标备案

招标人自行办理招标的,招标人在发布招标公告或投标邀请书 5 日前,应向建设行政主管部门办理招标备案,建设行政主管部门自收到备案资料之日起 5 个工作日内没有异议的,招标人可以发布招标公告或投标邀请书;不具备招标条件的,责令其停止办理招标事宜。

办理招标备案应提交材料主要有：
(1)《招标人自行招标条件备案表》。
(2)专门的招标组织机构和专职招标业务人员证明材料。
(3)专业技术人员名单、职称证书或执业资格证书及其工作经历的证明材料。

(二)建设工程项目招标投标阶段

1. 工程标底的编制

招标文件的商务条款一经确定，即可进入标底编制阶段。

2. 发布招标公告

公开招标可通过报刊、广播、电视等或者信息网上发布招标公告。

3. 资格预审

(1)**资格预审的概念**。资格预审是指招标人在招标开始之前或者开始初期，由招标人对申请参加投标的潜在投标人进行资质条件、业绩、信誉、技术、资金等多方面的情况进行资格审查。只有在资格预审中被认定为合格的潜在投标人(或者投标人)，才可以参加投标。如果国家对投标人的资格条件有规定的，依照其规定审查。

(2)**资格预审的作用**。

1)**排除不合格的投标人**。对于许多招标项目来说，投标人的基本条件对招标项目能否完成具有极其重要的意义。如工程建设，必须具有相应条件的承包人才能按质按期完成。招标人可以在资格预审中设置基本的要求，将不具备基本要求的投标人排除在外。

2)**降低招标人的采购成本，提高招标工作效率**。如果招标人对所有有意参加投标的投标人都允许投标，则招标、评标的工作量势必会增大，招标的成本也会增大。经过资格预审程序，招标人对想参加投标的潜在投标人进行初审，对不可能中标和没有履约能力的投标人进行筛选，把有资格参加投标的投标人控制在一个合理的范围内，既有利于选择到合适的投标人，也节省了招标成本，大大提高招标的工作效率。

3)**可以吸引实力雄厚的投标人**。实力雄厚的潜在的投标人有时不愿意参加竞争过于激烈的招标项目，因为编写投标文件费用较高，而一些基本条件较差的投标人往往会进行恶性竞争。资格预审可以确保只有基本条件较好的投标人参加投标，这对实力雄厚的潜在的投标人具有较大的吸引力。

(3)**资格预审的程序**。

1)**资格预审通告**。资格预审通告是指招标人向潜在投标人发出的参加资格预审的广泛邀请。就建设项目招标而言，可以考虑由招标人在一家全国或者国际发行的报刊和国务院为此目的随时指定的这类其他刊物上发表邀请资格预审的公告。资格预审公告至少应包括下述内容：招标人的名称和地址；招标项目名称；招标项目的数量和规模；交货期或者交工期；发售资格预审文件的时间、地点以及发放的办法；资格预审文件的售价；提交申请书的地点和截止时间以及评价申请书的时间表；资格预审文件送交地点、送交的份数以及使用的文字等。

2)**发出资格预审文件**。资格预审公告后，招标人向申请参加资格预审的申请人发放或者出售资格审查文件。资格预审的内容包括基本资格审查和专业资格审查两部分。基本资格审查是指对申请人的合法地位和信誉等进行的审查，专业资格审查是对已经具备基本资格的申请人履行拟定招标采购项目能力的审查。

3) **对潜在投标人资格的审查和评定。** 投标人在规定时间内，按照资格预审文件中规定的标准和方法，对提交资格预审申请书的潜在投标人资格进行审查。审查的重点是专业资格审查，其内容包括：

①施工经历，包括以往承担类似项目的业绩。

②为承担本项目所配备的人员状况，包括管理人员和主要技术人员的名单和简历。

③为履行合同任务而配备的机械、设备以及施工方案等情况。

④财务状况，包括申请人的资产负债表、现金流量表等。

4. 发售招标文件

将招标文件、图纸和有关技术资料发售给通过资格预审获得投标资格的投标人。投标人收到招标文件、图纸和有关资料后应认真核对，核对无误后应以书面形式予以确认。

5. 踏勘现场

招标人组织投标人踏勘现场的目的在于了解工程场地和周围环境状况，以获取投标人认为有必要的信息。

6. 投标预备会

投标预备会的目的在于澄清招标文件中的疑问，解答投标人对招标文件和勘察现场中所提出的疑问和问题。

7. 投标文件的提交

投标人根据招标文件的要求，编制投标文件，并进行密封和标志，在投标截止时间前按规定地点提交至招标人。招标人接收投标文件并将其密封封存。

（三）建设工程项目决标成交阶段

1. 开标

在投标截止日期即开标日期，按规定地点，在投标人或授权人在场情况下举行开标会议，按规定的议程进行开标。

2. 评标

由招标人按有关规定成立评标委员会，在招标管理机构的监督下，依据评标原则、评标方法，对投标人的报价、工期、质量、主要材料用量、施工方案或施工组织设计、以往业绩、社会信誉、优惠条件等方面进行综合评价，以保证评标公正、合理的原则确定中标人。

建设工程招标应具备的条件

3. 中标

中标人选定后由招标管理机构核准，获准后招标人发出"中标通知书"。

4. 合同签订

招标人与中标人在规定的期限内签订工程承包合同。

四、案例分析

【应用案例6-1】 某市越江隧道工程全部由政府投资。该项目为该市建设规划的重要项目之一，且已列入地方年度固定资产投资计划，概算已经主管部门批准，征地工作尚未全部完成，施工图及有关技术资料齐全。现决定对该项目进行施工招标。因估计除本市施工企业参加投标外，还可能有外省市施工企业参加投标，故业主委托咨询单位编制了两个标底,准备分别用于对本市和外省市施工企业投标价的评定。业主对投标单位就招标文件所提出的所有问题统一作了书面答复,并以备忘录的形式分发给各投标单位,为简明计,采用表格形式,见表6-1。

表6-1 招标文件答疑备忘录

序号	问题	提问单位	提问时间	答复
1				
2				
3				
4				
5				
⋮				
n				

在书面答复投标单位的提问后,业主组织各投标单位进行了施工现场踏勘。在投标截止日期前10日,业主书面通知了各投标单位,由于某种原因,决定将收费站工程从原招标范围内删除。

问题:请问该项目施工招标在哪些方面存在问题或不当之处?请逐一说明。

分析:该项目施工招标存在五个方面问题(或不当之处),分述如下:

(1)本项目征地工作尚未全部完成,尚不具备施工招标的必要条件,因而尚不能进行施工招标。

(2)不应编制两个标底,因为根据规定,一个工程只能编制一个标底,不能对不同的投标单位采用不同的标底进行评标。

(3)业主对投标单位提问只能针对具体的问题作出明确答复,但不应提及具体的提问单位(投标单位),也不必提及提问的时间(这一点可不答),因为按《中华人民共和国招标投标法》第二十二条规定,招标人不得向他人透露已获取招标文件的潜在投标人的名称、数量以及可能影响公平竞争的有关招标投标的其他情况。

(4)根据《中华人民共和国招标投标法》的规定,若招标人需改变招标范围或变更招标文件,应在投标截止日期至少15日(而不是10日)前以书面形式通知所有招标文件收受人。若迟于这一时限发出变更招标文件的通知,则应将原定的投标截止日期适当延长,以便投标单位有足够的时间充分考虑这种变更对报价的影响,并将其在投标文件中反映出来。本案例背景资料未说明投标截止日期已相应延长。

(5)现场踏勘应安排在书面答复投标单位提问之前,因为投标单位对施工现场条件也可能提出问题。

【应用案例6-2】 某省一级公路×路段全长224 km。本工程采取公开招标的方式,共分20个标段,招标工作从2010年7月2日开始,到8月30日结束,历时60天。招标工作的具体步骤如下:

(1)成立招标组织机构。

(2)发布招标公告和资格预审通告。

(3)进行资格预审。7月16~20日，出售资格预审文件，47家省内外施工企业购买了资格预审文件，其中的46家于7月22日递交了资格预审文件。经招标工作委员会审定后，45家单位通过了资格预审，每家被允许投3个以下的标段。

(4)编制招标文件。

(5)编制标底。

(6)组织投标。7月28日，招标单位向上述45家单位发出资格预审合格通知书。7月30日，向各投标人发出招标文件。8月5日，召开标前会。8月8日，组织投标人踏勘现场，解答投标人提出的问题。8月20日，各投标人递交投标书，每标段均有5家以上投标人参加竞标。8月21日，在公证员出席的情况下，当众开标。

(7)组织评标。评标小组按事先确定的评标办法进行评标，对合格的投标人进行评分，推荐中标单位和后备单位，写出评标报告。8月22日，招标工作委员会听取评标小组汇报，决定了中标单位，发出中标通知书。

(8)8月30日，招标人与中标单位签订合同。

问题：上述招标工作的顺序是否妥当？如果不妥，请确定合理的顺序。

分析：不妥当。合理的顺序应该是：成立招标组织机构；编制招标文件；编制标底；发售招标公告和资格预审通告；进行资格预审；发售招标文件；组织现场踏勘；召开标前会；接受投标文件；开标；评标；确定中标单位；发出中标通知书；签订承发包合同。

【应用案例6-3】 2005年年初，某房地产开发公司欲开发新区第3批商品房，同年4月，于某市电视台发出公告，房地产开发公司作为招标人就该工程向社会公开招标，择其最优者签约承建该项目。此公告一经发布，在当地引起不小反响，先后有20余家建筑单位参与投标。

原告A建筑公司和B建筑公司均在投标人之列。A建筑公司基于市场竞争激烈等因素，经充分核算，在投标书中作出全部工程造价不超过500万元的承诺，并自认为依此数额，该工程利润已不明显。房地产开发公司组织开标后，B建筑公司投标数额为450万元。两家的投标均高于标底440万元。最后B建筑公司因价格更低而中标，并签订了总价包死的施工合同。

该工程竣工后，房地产开发公司与B建筑公司实际结算的款额为510万元。A建筑公司得知此事后，认为房地产开发公司未依照既定标价履约，实际上侵害了自己的权益，遂向法院起诉要求房地产开发公司赔偿在投标过程中的支出等损失。

问题：

(1)你认为房地产开发公司(招标人)与B建筑公司(投标人)经过招标投标程序而确定的合同总价能否再行变更？

(2)A建筑公司的诉求可否得到支持？说明理由。

分析：

(1)首先应分析是否存在有招标人和中标人故意串通损害其他投标人利益的行为，若有，则应对其他投标人作出赔偿。

(2)本案例争议的焦点实质上是"经过招标投标程序而确定的合同总价能否再行变更"的问题。根据《中华人民共和国合同法》规定"建设工程的招标投标活动，应当依照有关法律的规定公开、公平、公正进行"的原则。本案例中又无招、投标人串通的证据，就只能认定调整合同总价是当事人签约后的意思变更(包括设计变更、现场条件引起措施的变更等)，是一种合同变更行为。

(3)依法律规定，通过招标投标方式签订的建筑工程合同属于固定总价合同，其特征在于：通过竞争决定的总价不会因为工程量、设备及原材料价格等因素的变化而改变，当事人投标标价应将一切因素涵盖，是一种高风险的承诺。当事人自行变更总价从实质上剥夺了其他投标人公平竞价的权利并势必纵容招标人与投标人之间的串通行为，因而这种行为是违反公开、公平、公正原则的行为，对其他投标人的权益将造成侵害，所以，A建筑公司的主张可予支持。

实训二　工程施工资格审查

一、实训背景

作为招标人（业主）或招标代理人应掌握招标过程中资格审查文件的编制方法。

二、实训目的

学生根据老师的指导和收集的资料自行编制资格审查文件。

三、实训能力标准要求

具有对资格审查文件进行独立编制的能力；具有结合招标投标文件对投标人进行资格审查的能力。

四、实训指导

（一）资格审查的类型

资格审查分为资格预审和资格后审。

1. 资格预审

资格预审是指在投标前对潜在投标人进行的资格审查。资格预审是在招标阶段对申请投标人第一次筛选，其目的是审查投标人的企业总体能力是否适合招标工程的需要，只有在公开招标时才设置此程序。

2. 资格后审

资格后审是指在开标后对投标人进行的资格审查。进行资格预审的，一般不再进行资格后审，但招标文件另有规定的除外。资格后审适用于工期紧迫、工程较为简单的建设项目，审查的内容与资格预审基本相同。

一般情况下，公开招标一般采用资格预审的形式，邀请招标一般采用资格后审的形式，这里重点介绍资格预审。

（二）资格预审的主要内容

资格预审应主要审查潜在投标人或者投标人是否符合下列条件：

(1)具有独立订立合同的权利。

(2)具有履行合同的能力,包括专业、技术资格和能力,资金、设备和其他物质设施状况,管理能力,经验、信誉和相应的从业人员。

(3)没有处于被责令停业,投标资格被取消,财产被接管、冻结,破产状态。

(4)在最近3年内没有骗取中标和严重违约及重大工程质量问题。

(5)法律、行政法规规定的其他资格条件。

对于大型复杂项目,尤其需要有专门技术、设备或经验的投标人才能完成时,应设置更加严格的条件,如针对工程所需的特别措施或工艺专长、专业工程施工经历和资质及安全文明施工要求等内容。但标准应适当,否则过高会使合格投标人过少而影响竞争,过低会使不具备能力的投标人获得合同而不能按预期目标完成建设项目。若有一项因素不符合审查标准的,便不能通过资格预审。

(三)资格预审的方法

资格预审的方法有合格制和有限数量制两种。合格制即不限定资格预审合格者数量,凡通过各项资格预审设置的考核因素和标准者均可参加投标。有限数量制则预先限定通过资格预审的人数,依据资格预审标准和程序,将审查的各项指标量化,最后按得分由高到低的顺序确定通过资格预审的申请人。通过资格预审的申请人不得超过限定的数量。

(四)资格预审的程序

1. 初步审查

初步审查是一般符合性审查。

2. 详细审查

通过第一阶段的初步审查后,即可进入详细审查阶段。审查的重点在于投标人的财务能力、技术能力和施工经验等内容。

3. 资格预审申请文件的澄清

在审查过程中,审查委员会可以以书面形式要求申请人对所提交的资格预审申请文件中不明确的内容进行必要的澄清或说明。申请人的澄清或说明应采用书面形式,并不得改变资格预审申请文件的实质性内容。申请人的澄清和说明内容属于资格预审申请文件的组成部门。招标人和审查委员会不接受申请人主动提出的澄清或说明。

资格预审文件格式

4. 提交审查报告

按照规定的程序对资格预审申请文件完成审查后,确定通过资格预审的申请人名单,并向招标人提交书面申请报告。当通过资格预审申请人的数量不足3个时,招标人重新组织资格预审或不再组织资格预审而直接招标。

五、案例分析

【应用案例6-4】 某医院综合楼工程进行公开招标,采用资格预审的方式,资金来源为政府补贴及自筹,工程概算2亿元,总面积为5万 m²,一类高层建筑,地上为17层,地下为3层,建筑高度为70 m。已完成立项报批手续,图纸设计、现场施工条件、工程资金已准备就绪。于××××年××月发布了资格预审公告并出售了资格预审文件。

(1)其资格预审公告和出售资格预审文件为3天,并在当地报纸网站发布;

(2)其资格条件为房建工程总承包二级资质,且具有钢结构工程专业总承包二级资质,项目经理为相关专业二级项目经理;

(3)需为当地建筑公司,不接受外地公司投标;

(4)评审办法中没有具体评审细则,由行政主管部门、业主、专家组评审小组采用投票方式择优确定5个单位。

问题:

以上案例中有哪些不妥之处?

分析:

(1)应为5个工作日,并应当在国家指定的网、报发布。

(2)应为总承包一级钢结构工程专业,承包一级项目经理为相关专业一级。

(3)此为歧视性不合理的要求。

(4)应当有评审细则,行政主管部门不能参加评审,评审专家要占评审人员的三分之二。要在合格申请人中排队,或采取抽取的方式,确定申请人不能少于9名。

【应用案例6-5】 以下为国信招标公司发布的一份招标公告:

招标编号:GXTC—0101008—1

拉萨贡嘎机场改扩建工程项目已经得到国家发展计划委员会批准立项,国信招标有限责任公司受拉萨贡嘎机场改扩建工程指挥部委托,对该项目的新航站楼土建工程施工(建筑规模约为1.5万 m^2)进行国内公开招标。现邀请有投标意向的、具有独立法人资格、工业与民用建筑工程施工一级资质,并最好拥有高寒地区施工经验和民用机场航站楼施工经验的单位持本单位介绍信、营业执照(副本)、资质等级证书和经办人身份证(以上均需原件)按下述要求领取资格预审文件。

(1)资格预审文件售价:每套1 500元人民币(限以现金或支票支付),售后不退。

(2)资格预审文件发放时间:自2001年5月24日起至2001年6月1日止。

每天上午8:30—12:00,下午14:00—17:00(北京时间,节假日照常办公)。

(3)资格预审文件发放地点:民航西藏自治区管理局驻成都办事处。

地址:成都双流机场往成都市方向约1 km处,路右手边距收费站约200 m。

联系电话:(028)5861772

联系人:李光

(4)资格预审申请书递交地点及时间:所有申请书必须于2001年6月4日上午8:00—12:00送至成都双流机场民航巨龙酒店(双流机场出口正对面约200 m)二楼会议室。

招标机构:国信招标有限责任公司

地址:北京市西城区金融街33号通泰大厦B座622号房间

邮编:100032 传真:(010)88086901

联系人:毛林

联系电话:(010)88086880 转226或208

日期:2001年5月18日

问题:

(1)资格预审公告应发布哪些内容?

(2)哪些项目可以进行资格预审？

(3)资格预审文件一般审查的内容包括哪些？

分析：

(1)资格预审公告发布的内容应包括：

1)招标人的名称和地址；

2)招标项目的性质和数量；

3)招标项目的地点和时间要求；

4)获取资格预审文件的办法、地点和时间；

5)对资格预审文件收取的费用；

6)提交资格预审申请书的地点和截止时间；

7)资格预审的日程安排。

(2)招标人可以根据招标项目本身的要求，对潜在投标人进行资格审查。

(3)资格预审文件一般审查的内容有：

1)具有独立订立合同的权利；

2)具有圆满履行合同的能力，包括专业、技术资格能力，资金、设备和其他物质设施状况的管理能力；

3)以往承担类似项目的业绩情况；

4)没有处于被责令停业，财产被接管、冻结、破产状态；

5)在最近几年内(如最近3年内)没有与骗取合同有关的犯罪或严重违法行为。

【应用案例6-6】 某城市建设项目，建设单位委托监理单位承担施工阶段的监理任务，并通过公开招标选定甲施工单位作为施工总承包单位。

桩基工程开始后，专业监理工程师发现，甲施工单位未经建设单位同意将桩基工程分包给乙施工单位，为此，项目监理机构要求暂停桩基施工。征得建设单位同意分包后，甲施工单位将乙施工单位的相关材料报项目监理机构审查，经审查乙施工单位的资质条件符合要求，可进行桩基施工。

问题：事件中，项目监理机构对乙施工单位资格审查的程序和内容是什么？

分析：

(1)项目监理机构对乙施工单位资质审查的程序为：审查甲施工单位报送的分包单位资格报审表，符合有关规定后，由总监理工程师予以签认。

(2)项目监理机构对乙施工单位资格审核的内容如下：

1)营业执照、企业资质等证书。

2)公司业绩。

3)乙施工单位承担的桩基工程范围。

4)专职管理人员和特种作业人员的资格证、上岗证。

【应用案例6-7】 某实行监理的工程，建设单位与总承包单位按《建设工程施工合同(示范文本)》签订了施工合同，总承包单位按合同约定将一专业工程进行分包。

施工工程开工前，总监理工程师在熟悉设计文件时发现部分设计图纸有误，立即向建设单位进行了口头汇报。建设单位要求总监理工程师组织召开设计交底会，并向设计单位指出设计图纸中的错误，在会后整理会议纪要。

在工程定位放线期间，总监理工程师指派专业监理工程师审查《分包单位资格报审表》及相关资料，安排监理员到现场复验总承包单位报送的原始基准点、基准线和测量控制点。

问题：专业监理工程师在审查分包单位的资格时，应审查哪些内容？

分析：应审核分包的单位的以下内容：

(1)分包单位的营业执照、企业资质等级证书、特殊行业施工许可证、国外(境外)企业在国内承包工程许可证。

(2)分包单位的业绩。

(3)拟分包工程的内容和范围。

(4)专职管理人员和特种作业人员的资格证、上岗证。

【应用案例6-8】 某地政府投资工程采用委托招标方式组织施工招标。依据相关规定，资格预审文件采用《中华人民共和国标准施工招标资格预审文件(2007年版)》编制。招标人共收到了16份资格预审申请文件，其中2份资格申请文件是在资格预审申请截止时间后2分钟收到的。招标人按照以下程序组织资格审查：

(1)组建资格审查委员会，由审查委员会对资格预审申请文件进行评审和比较。审查委员会由5人组成，其中招标人代表1人，招标代理机构代表1人，政府相关部门组建的专家库中抽取技术、经济专家3人。

(2)对资格预审申请文件外封装进行检查，发现2份申请文件的封装、1份申请文件封套盖章不符合资格预审文件的要求，这3份资格预审申请文件为无效申请文件。审查委员会认为只要在资格审查会议开始前送达的申请文件均为有效。这样，2份在资格预审申请截止时间后送达的申请文件，由于其外封装和标志符合资格预审文件要求，视为有效资格预审申请文件。

(3)对资格预审申请文件进行初步审查。发现有1家申请人使用的施工资质为其子公司资质，还有1家申请人为联合体申请人，其中有1个成员又单独提交了1份资格预审申请文件。审查委员会认为这3家申请人不符合相关规定，不能通过初步审查。

(4)对通过初步审查的资格预审申请文件进行详细审查。审查委员会依照资格预审文件中确定的初步审查事项，发现有1家申请人的营业执照副本(复印件)已过期，于是要求这家申请人提交营业执照的原件进行核查。在规定的时间内，该申请人将其重新申办的营业执照原件交给了审查委员会核查，并确认合格。

(5)审查委员会经过上述审查程序，确认以上第(2)、(3)两步中的10份资格预审申请文件通过审查，并向招标人提交资格预审书面审查报告，确定通过资格审查的申请人名单。

问题：

(1)招标人组织的上述资格审查程序是否正确？为什么？如果不正确，请给出一个正确的资格审查程序。

(2)在审查过程中，审查委员会的做法是否正确？为什么？

(3)如果资格预审文件中规定确定7名资格审查合格的申请人参加投标，招标人是否可以在上述通过资格预审的10人中直接确定，或者采用抽签方式确定7人参加投标？为什么？如果不正确，请给出正确的做法。

分析：

(1)本案中，招标人组织资格审查的程序不正确。依据《工程建设项目施工招标投标办法》(国家发展计划委员会、建设部、铁道部、交通部、信息、产业部、水利部、中国民用航空总局第 30 号令》，同时参照《中华人民共和国标准施工招标资格预审文件(2007 年版)》，审查委员会的职责是依据资格预审文件中的审查标准和方法，对招标人受理的资格预审申请文件进行审查。本案中，资格审查委员会对资格预审申请文件封装和标志进行检查，并据此判定申请文件是否有效的做法属于审查委员会越权行为。

正确的资格审查程序：
1) 招标人组建资格审查委员会；
2) 对资格预审申请文件进行初步审查；
3) 对资格预审申请文件进行详细审查；
4) 确定通过资格预审的申请人名单；
5) 完成书面资格审查报告。

(2) 审查过程中，审查委员会第(1)、(2)和(4)步的做法不正确。

第(1)步资格审查委员会的构成比例不符合招标人代表不能超过 1/3、政府相关部门组建的专家库专家不能少于 2/3 的规定，因为招标代理机构的代表参加评审，视为招标人代表；

第(2)步中对 2 份在资格预审申请截止时间后送达的申请文件评审为有效申请文件的结论不正确，不符合市场交易中的诚信原则，也不符合《中华人民共和国标准施工招标资格预审文件(2007 年版)》的精神；

第(4)步中查对原件的目的仅在于审查委员会进一步判定原申请文件中营业执照副本(复印件)的有效与否，而不是判断营业执照原件是否有效。

(3) 招标人不可以在上述通过资格预审的 10 人中直接确定，或者采用抽签方式确定 7 人参加投标，因为这些做法不符合评审活动中的择优原则，限制了申请人之间平等竞争的权利，违反了公平竞争的招标原则。

实训三　招标文件的编制

一、实训背景

作为招标人(业主)或招标代理人，应掌握招标过程中招标文件的编写方法。

二、实训能力标准要求

具备对招标文件进行独立编制的能力；具有阅读有关招标文件和信息的能力。

三、实训指导

按照《中华人民共和国招标投标法》的规定，招标文件应当包括招标项目的技术要求，对投标人资格审查的标准、投标报价要求和评标标准等所有实质性要求和条件以及拟签订合同的主要条款。建设工程招标文件由招标单位或其委托的咨询机构编制发布的，既是投标单位编制投标文件的依据，也是招标单位与将来中标单位签订工程承包合同的基础，招标文件中提出的各项要求，对整个招标工作乃至承发包双方都有约束力。建设工程招标投标分为许多不同阶段，每个阶段招标文件编制内容及要求不尽相同，这里重点介绍施工招标文件的内容和编制。

为了规范招标文件编制活动，提高招标文件编制质量，促进招标投标活动的公开、公平和公正，由国家发展和改革委员会等九部委在原2002年版招标文件范本基础上，联合编制了《标准施工招标文件(2007年版)》，并于2008年5月1日试行。2010年国家发展和改革委员会、财政部、住房和城乡建设部等九部委56号令发布了《标准施工招标文件》的配套文件《房屋建筑和市政工程标准施工招标文件》，此文件适用于一定规模以上，且设计和施工不是由同一承包人承担的房屋建筑和市政工程的施工招标。

标准施工招标文件共分为四卷八章，主要包括下列内容：
第一章　招标公告或投标邀请书
第二章　投标人须知
第三章　评标办法
第四章　合同条款及格式
第五章　工程量清单
第六章　图纸
第七章　技术标准和要求
第八章　投标文件格式

房屋建筑和市政工程
标准施工招标文件

四、案例分析

【应用案例6-9】 某公路路基工程具备招标条件，决定进行公开招标。招标人委托某招标代理机构K进行招标代理。招标方案由K招标代理机构编制，经招标人同意后实施。招标文件规定本项目采取公开招标、资格后审方式选择承包人，同时规定投标有效期为90日。2007年10月12日下午4：00为投标截止时间，2007年10月14日下午2：00在某某会议室召开开标会议。

2007年9月15日，K招标代理机构在国家指定媒介上发布招标公告。招标公告内容包括：招标人的名称和地址；招标代理机构的名称和地址；招标项目的内容、规模及标段的划分情况；招标项目的实施地点和工期；对招标文件收取的费用。

2007年9月18日，招标人开始出售招标文件。2007年9月22日，有两家外省市的施工单位前来购买招标文件，被告知招标文件已停止出售。

截至2007年10月12日下午4：00即投标文件递交截止时间，共有48家投标单位提交了投标文件。在招标文件规定的时间进行开标，经招标人代表检查投标文件的密封情况后，由招标代理机构当众拆封，宣读投标人名称、投标价格、工期等内容，并由投标人代表对开标结果进行了签字确认。

随后，招标人依法组建的评标委员会对投标人的投标文件进行了评审，最后确定了A、B、C三家投标人分别为某合同段第一、第二、第三中标候选人。招标人于2007年10月28日向A投标人发出了中标通知书，A中标人于当日确认收到此中标通知书。此后，自10月30日至11月30日招标人又与A投标人就合同价格进行了多次谈判，于是A投标人将价格在正式报价的基础上下浮了0.5%，最终双方于12月3日签订了书面合同。

问题:

(1)针对本工程的一个完整的招标程序是什么?

(2)本案招标投标程序有哪些不妥之处?为什么?

分析:

(1)针对本工程,一个完整的招标程序如下:成立招标工作小组→委托招标代理机构→编制招标文件→编制标底(如有)→发布招标公告→出售招标文件→组织现场踏勘和招标答疑→接受投标文件→开标→评标→确定中标人→发出中标通知书→签订合同协议书。

(2)本案招标程序中,存以下不妥之处:

1)开标时间 2007 年 10 月 14 日下午 2:00 与提交投标文件的截止时间 2007 年 10 月 12 日下午 4:00 不一致不妥。《中华人民共和国招标投标法》第三十四条规定,开标应当在招标文件确定的提交投标文件截止时间的同一时间公开进行。

2)招标公告的内容不全。《工程建设项目施工招标投标办法》第十四条规定,除已明确的内容外,还应载明以下事项:招标项目的资金来源、获取招标文件或资格预审文件的时间和地点、对投标人的资质等级要求等(注:在这里提醒大家,记住招标公告的编写方法与内容)。

3)招标文件停止出售的时间不妥。《工程建设项目施工招标投标办法》第十五条规定,自招标文件开始出售之日起至停止出售止,最短不得少于 5 个工作日。

4)由招标人代表检查投标文件的密封情况不妥。《中华人民共和国招标投标法》第三十六条规定,开标时,由投标人或者其推选的代表检查投标文件的密封情况,也可以由招标人委托的公证机构检查并公证。

5)中标通知书发出后,招标人与中标人 A 就合同价格进行谈判不妥。《中华人民共和国招标投标法》第四十六条规定,招标人和中标人应当自中标通知书发出之日起 30 日内,按照招标文件和中标人的投标文件订立书面合同。招标人和中标人不得再行订立背离合同实质性内容的其他协议。这里的合同价格属于《中华人民共和国招标投标法》第四十三条界定的实质性内容。

6)招标人和中标人签订书面合同的期限和合同价格不妥。《中华人民共和国招标投标法》第四十六条规定,招标人和中标人应当自中标通知书发出之日起 30 日内,按照招标文件和中标人的投标文件订立书面合同。本案例中,通知书于 10 月 28 日发出,直至 12 月 3 日才签订了书面合同,已超出了法律规定的 30 日期限。

中标人的中标价格属于合同实质性内容,其中标价就是签约合同价。本案例中将其下浮 0.5% 后作为签约合同价,违反了《中华人民共和国招标投标法》。

【应用案例 6-10】 某实施监理的工程,在招标与施工阶段发生如下事件:

事件 1:招标代理机构提出:评标委员会由 7 人组成,包括建设单位纪委书记、工会主席,当地招投标管理办公室主任,以及从评标专家库中随机抽取的 4 位技术、经济专家。

事件 2:建设单位要求招标代理机构在招标文件中明确:投标人应在购买招标文件时提交投标保证金;中标人的投标保证金不予退还;中标人还需提交履约保函,保证金额为合同总额的 20%。

问题:

(1)指出事件 1 总评标委员会人员组成的不正确之处,并说明理由。

(2)指出事件 2 中建设单位要求的不妥之处,并说明理由。

分析：

(1)事件1中：

1)按照招标投标法规的规定，评标委员会应由5人以上单数的评标委员组成，其中专家人数不少于2/3。由7人组成的评标委员会从评标专家库抽取技术、经济专家应不少于5人，因此，只抽取了4位专家不符合规定的数量。

2)当地招投标管理办公室主任作为评标委员不正确，违反了行政监督部门的人员不得担任评标委员会成员的规定。

(2)事件2中：

1)投标保证金的作用是约束投标人在投标截止日期后不能违反招标文件的规定。投标人购买招标文件后退出投标竞争不构成违约，因此，要求投标人在购买招标文件时提交投标保证金不妥，应在递交投标文件时提交；

2)中标人与招标人签订合同后即表明中标人在招标投标阶段没有违约行为，投标保证金应予退还。因此，在招标文件中规定不退还中标人投标保证金不妥；

3)国内招标订立的合同履约保证金的额度通常为中标合同价的5%，国际招标的履约保证金为中标合同价的10%，因此，要求中标人提交履约保证金为合同总额的20%过高。

【应用案例6-11】 某工程分A、B两个监理标段同时进行招标，建设单位规定参与投标的监理单位只能选择A标段或B标段进行投标。工程实施过程中，发生如下事件：

事件1：

在监理招标时，建设单位提出：

(1)投标人必须具有工程所在地域类似工程监理业绩；

(2)应组织外地投标人考察施工现场；

(3)投标有效期自投标人送达投标文件之日起算；

(4)委托监理单位有偿负责外部协调工作。

事件2：拟投标的某监理单位在进行投标决策时，组织专家及相关人员对A、B两个标段进行了比较分析，确定的主要评价指标、相应权重及相对于A、B两个标段的竞争力分值见表6-2。

表6-2 评价指标、权重及竞争力分值

序号	评价指标	权重	标段的竞争力分值	
			A	B
1	总监理工程师能力	0.25	100	80
2	监理人员配置	0.20	85	100
3	技术管理服务能力	0.20	100	80
4	项目效益	0.15	60	100
5	类似工程监理业绩	0.10	100	70
6	其他条件	0.10	80	60
	合计	1.00		

事件3：建设单位与A标段中标监理单位按《建设工程监理合同(示范文本)》签订了监理合同，并在监理合同专用条件中约定附加工作酬金为20万元/月。监理合同履行过程中，

由于建设单位资金未到位致使工程停工,导致监理合同暂停履行,半年后恢复。监理单位暂停履行合同的善后工作时间为1个月,恢复履行的准备工作时间为1个月。

事件4:建设单位与施工单位按《建设工程施工合同(示范文本)》签订了施工合同,施工单位按合同约定将土方开挖工程分包,分包单位在土方开挖工程开工前编制了深基坑工程专项施工方案并进行了安全验算,经分包单位技术负责人审核签字后,即报送项目监理机构。

问题:

(1)逐条指出事件1中建设单位的要求是否妥当,并对不妥之处说明理由。

(2)事件2中,根据表6-2,分别计算A、B两个标段各项评价指标的加权得分及综合竞争力得分,并指出监理单位应优先选择哪个标段投标。

(3)计算事件3中监理单位可获得的附加工作酬金。

(4)指出事件4中有哪些不妥,分别写出正确做法。

分析:

(1)事件1中:

1)不妥。理由:不得以特定行政区域的监理业绩限制潜在投标人。

2)不妥。理由:没有组织所有投标人考察施工现场。

3)不妥。理由:投标有效期应自投标截止之日起算。

4)妥当。

(2)事件2中:

1)相对于A标段的加权得分:25、17、20、9、10、8;综合评价得分为89。

2)相对于B标段的加权得分:20、20、16、15、7、6;综合评价得分为84。

3)应优先投标A标段。

(3)事件3中,附加工作酬金=(1+1)×20=40(万元)

(4)事件4中的不妥之处及正确做法如下:

1)不妥之处:深基坑工程专项施工方案由分包单位技术负责人审核签字后即报送项目监理机构;正确做法为:专项施工方案应经施工单位技术负责人审核签字。

2)不妥之处:专项施工方案未经专家论证审查;正确做法为:专项施工方案必须经专家论证审查。

3)不妥之处:分包单位向项目监理机构报送专项施工方案;正确做法为:应由施工单位报送项目监理机构。

实训四 投标文件的编制

一、实训背景

作为投标工作的直接参与者(承包商)应会编制建筑工程投标文件。

二、实训目的

(1)按照标资格预审文件的要求填写投标资格预审文件。

(2)学生按 4~6 人分为一组,收集相关资料,分别完成本组所代表施工单位的投标文件编制。

三、实训能力标准要求

具备对投标文件进行独立编制的能力;具有阅读有关投资文件和信息的能力。

四、实训指导

建设工程投标文件是工程投标人单方面阐述自己响应招标文件要求,旨在向招标人提出愿意订立合同的意愿表示,是投标人确定、修改和解释有关投标事项的各种书面表达形式的统称。投标人在投标文件中必须明确向招标人表示愿以招标文件的内容订立合同的意思;必须对招标文件提出的实质性要求和条件做出响应,不得以低于成本的报价竞标;必须由有资格的投标人编制;必须按照规定的时间、地点递交给招标人。否则,该投标文件将被招标人拒绝。

投标文件一般由下列内容组成:

(1)投标函及投标函附录。

(2)法定代表人身份证明。

(3)授权委托书。

(4)联合体协议书。

(5)投标保证金保函。

(6)已标价工程量清单。

(7)施工组织设计。

(8)项目管理机构。

(9)拟分包项目情况表。

(10)资格审查资料。

(11)招标文件规定的其他材料。

投标人必须使用招标文件提供的投标文件表格格式,但表格可以按同样格式扩展。招标文件中拟定的供投标人投标时填写的一套投标文件格式,主要有投标函及其附录、工程量清单与报价表、辅助资料表等。

投标文件编制的准备工作

五、案例分析

【应用案例 6-12】 某房地产公司计划在北京开发某住宅项目,采用公开招标的形式,有 A、B、C、D、E 五家施工单位领取了招标文件。本工程招标文件规定 2003 年 1 月 20 日上午 10:30 为投标文件接收终止时间。在提交投标文件的同时,需投标单位提供投标保证金 20 万元。

在 2003 年 1 月 20 日,A、B、C、D 四家投标单位在上午 10:30 前将投标文件送达,E 单位在上午 11:00 送达。各单位均按招标文件的规定提供了投标保证金。

在上午10：25时，B单位向招标人递交了一份投标价格下降5%的书面说明。

在开标过程中，招标人发现C单位的标袋密封处仅有投标单位公章，没有法定代表人印章或签字。

问题：

(1)本次招标中，哪几家标书为废标？原因是什么？

(2)B单位向招标人递交的书面说明是否有效？

(3)通常情况下，废标的条件有哪些？

分析：

(1)在此次招标投标过程中，C、E两家标书为无效标。C单位因投标书只有单位公章未有法定代表人印章或签字，不符合招标投标法的要求，为废标；E单位未能在投标截止时间前送达投标文件，按规定应作为废标处理。

(2)B单位向招标人递交的书面说明有效。根据《中华人民共和国招标投标法》的规定，投标人在招标文件要求提交投标文件的截止时间前，可以补充、修改或者撤回已提交的投标文件，补充、修改的内容作为投标文件的组成部分。

(3)废标的条件如下：

1)逾期送达的或者未送达指定地点的；

2)未按招标文件要求密封的；

3)无单位盖章并无法定代表人签字或盖章的；

4)未按规定格式填写，内容不全或关键字迹模糊、无法辨认的；

5)投标人递交两份或多份内容不同的投标文件，或在一份投标文件中对同一招标项目报有两个或多个报价，且未声明哪一个有效（按招标文件规定提交备选投标方案的除外）；

6)投标人名称或组织机构与资格预审时不一致的；

7)未按招标文件要求提交投标保证金的；

8)联合体投标未附联合体各方共同投标协议的。

【应用案例6-13】 某建设工程，建设单位决定进行公开招标。经过资格预审，A、B、C、D、E五家施工单位通过了审查，并在规定时间内领取了招标文件。**根据招标文件的要求，本工程的投标采用工程量清单的方式报价。在招标文件中，只提供了部分分部分项工程的清单数量，而措施项目与其他项目清单仅仅列出了项目，没有具体工程量。**

在这种情况下，投标人B在对报价部分计算时，工程量直接套用了招标文件中的清单数量，价格采用当地造价管理处的信息价格与估算价。及至招标截止时间前5分钟，C公司又递交了一份补充材料，表示愿意降低报价25万元，再让利1.5个百分点。

在招标人主持开标会议之时，经由他人提醒，E投标人意识到自己的报价存在重大问题，于是立刻撤回了自己的投标文件。

问题：

(1)投标人B的工程量计算与报价是否妥当？为什么？

(2)工程量清单报价中应当怎样计算措施费？

(3)投标人C的做法属于什么投标报价技巧、手段？

(4)投标人E撤回投标文件的行为是否正确？为什么？招标人应当如何应对？

分析：

(1)投标人B的工程量计算与报价不妥当。一般情况下，招标文件中提供的工程量含有预估成分，所以，为了准确地确定综合单价，应根据招标文件中提供的相关说明和施工图，重新校核工程量，并根据核对的工程量确定报价。由于工程量清单给出的工程量不是严格意义上的实际工程量，因此，只根据招标文件中提供的清单工程量是无法准确组价的，合理的组价必须计算工程数量，并以此计算综合单价，必要时还应和招标单位进行沟通。

造价管理处的信息价格是一种综合价，不能准确地反映个别工程的实际使用价格，因此，必须按实际情况询价。根据当前当地的市场状况、材料供求情况和材料价格情况，来确定报价中使用的价格数据，才能使报价具有竞争力。目前市场竞争较强，能不能中标，确定价格是至关重要的一个环节。另外，当地的造价计价标准、相关费用标准、相关政策和规定等，都是不可缺少的参考资料。

(2)根据工程量清单报价的组成要求，工程量清单项目包括分部分项工程量清单、措施项目清单和其他项目清单等。对于市政工程工程量清单报价，招标单位通常只列出措施项目清单或不列，但是投标单位必须根据施工组织设计确定措施项目并计算措施费，否则视为在其他项目中已考虑了措施费。

(3)投标人C的做法属于突然降价法和许诺优惠法。

(4)投标人E撤回投标文件的行为不正确，因为在投标截止日期后不允许撤标。对此，招标人可以没收投标人E的投标保证金。

【应用案例6-14】 政府投资的某工程，监理单位承担了施工招标代理和施工监理任务。该工程采用无标底公开招标方式选定施工单位。工程招标时，A、B、C、D、E、F、G共7家投标单位通知资格预审，并在投标截止时间前提交了投标文件。评标时，发现A投标单位的投标文件虽加盖了公章，但没有投标单位法定代表人的签字，只有法定代表人授权书中被授权人的签字(招标文件中对是否可由被授权人签字没有具体规定)；B投标单位的投标报价明显高于其他投标单位的投标报价，分析其原因是施工工艺落后造成的；C投标单位以招标文件规定的工期380天作为投标工期，但在投标文件中明确表示如果中标，合同工期按定额工期400天签订；D投标单位投标文件中的总价金额汇总有误。

问题：分别指出事件中A、B、C、D投标单位的投标文件是否有效？说明理由。

分析：

(1)A单位的投标文件有效。在招标文件对此没有具体规定的前提下，签字人有法定代表人的授权书，签字有效。

(2)B单位的投标文件有效。未明确招标文件中设有招标控制价，对高报价没有限制。

(3)C单位的投标文件无效。没有响应招标文件的实质性要求，附有招标人无法接受的条件。

(4)D单位的投标文件有效。总价金额汇总有误属于细微偏差，计算错误允许补正。

参 考 文 献

[1] 郝永池. 建筑施工组织[M]. 北京：机械工业出版社，2009.
[2] 蔡红新. 建筑施工组织与进度控制[M]. 北京：北京理工大学出版社，2009.
[3] 吴继锋，于会斌. 建筑施工组织设计[M]. 北京：北京理工大学出版社，2009.
[4] 王士川，胡长明. 土木工程施工[M]. 北京：科学出版社，2009.
[5] 穆静波. 土木工程施工组织[M]. 上海：同济大学出版社，2009.
[6] 危道军. 建筑施工组织[M]. 3版. 北京：中国建筑工业出版社，2014.
[7] 姚谨英. 建筑施工技术[M]. 3版. 北京：中国建筑工业出版社，2007.